员工岗位手册系列

起重装卸机械操作工
岗位手册

北京京城机电控股有限责任公司工会　编

主　编　赵　莹
副主编　李全强
参　编　潘　宏　高凯清　康　凯
　　　　　　刘振全　韩　宁　郝兴华
　　　　　　陈阳林

机械工业出版社

本手册是起重装卸机械操作工岗位员工必备的工具书，内容依据国家现行的职业技能标准编写，涵盖了该岗位必需的基本知识和技能，以及掌握这些知识和技能必备的基础数据资料。全书共五篇，主要内容包括职业道德及岗位规范、岗位基础知识、工程起重机的结构和工作原理、操作规范、典型案例，最后还附有工程起重机操作工职业标准。

本手册非常适合起重装卸机械操作工岗位人员学习和培训使用，对现场的有关工程技术人员了解起重装卸机械操作工的岗位知识、指导起重装卸机械操作工工作也有重要的参考价值。

图书在版编目（CIP）数据

起重装卸机械操作工岗位手册/赵莹主编；北京京城机电控股有限责任公司工会编 . —北京：机械工业出版社，2015.5（2021.1 重印）
（员工岗位手册系列）
ISBN 978-7-111-51621-7

Ⅰ.①起…　Ⅱ.①赵…②北…　Ⅲ.①起重机械—操作—技术手册②装卸机械—操作—技术手册　Ⅳ.①TH2-62

中国版本图书馆 CIP 数据核字（2015）第 226811 号

机械工业出版社（北京市百万庄大街 22 号　邮政编码 100037）
策划编辑：何月秋　责任编辑：何月秋　李　超
版式设计：赵颖喆　责任校对：陈　越
封面设计：马精明　责任印制：常天培
北京虎彩文化传播有限公司印刷
2021 年 1 月第 1 版第 2 次印刷
169mm×239mm·17.75 印张·363 千字
3 001—3 500 册
标准书号：ISBN 978-7-111-51621-7
定价：59.00 元

凡购本书，如有缺页、倒页、脱页，由本社发行部调换

电话服务　　　　　　　　　　网络服务
服务咨询热线：010-88361066　机 工 官 网：www.cmpbook.com
读者购书热线：010-68326294　机 工 官 博：weibo.com/cmp1952
　　　　　　　010-88379203　金 书 网：www.golden-book.com
封底无防伪标均为盗版　教育服务网：www.cmpedu.com

员工岗位手册系列编委会名单

主 任 赵 莹

编 委（按姓氏笔画排序）

于 丽　马 军　方咏梅　王 诚　王兆华　王克俭

王连升　王京选　王博全　卢富良　石仲洋　刘 哲

刘运祥　刘海波　孙玉荣　权英姿　阮爱华　吴玉琪

吴伯新　吴振江　张 健　张 维　张文杰　张玉龙

张红秀　李 平　李 英　李洪川　李笑声　杜跃熙

周 强　周纪勇　林乐强　武建军　宣树青　胡德厚

赵晓军　夏增周　徐文秀　爱新觉罗·蕤琪　聂晓溪

袁新国　常胜武　韩 湧　廉 红　谭秀田　薛俊明

序

当前我国正面临千载难逢的战略机遇期，同时，国际金融危机、欧债危机等诸多不稳定因素也将对我国经济发展产生不利影响。在严峻考验面前，创新能力强、结构调整快、职工素质高的企业才能展示出勃勃生机。事实证明：在"做强二产"，实现高端制造的跨越发展中，除了自主创新、提高核心竞争力外，还必须拥有一支高素质的职工队伍，这是现代企业生存发展的必然要求。我国已进入"十二五"时期，转方式、调结构，在由"中国制造"向"中国创造"转变的关键期和提升期，重要环节就是培育一批具有核心竞争力和持续创新能力的创新型企业，造就数以千万的技术创新人才和高素质职工队伍，这是企业在经济增长中谋求地位的战略选择；是深入贯彻科学发展观，加快职工队伍知识化进程，保持工人阶级先进性的重大举措；也是实施科教兴国战略，建设人才战略强国的重要任务。

《2002 年中国工会维权蓝皮书》中有段话："有一个组织叫工会，在任何主角们需要的时候和地方，他们永远是奋不顾身地跑龙套，起承转合，唱念做打……为职工而生，为维权而立。"北京京城机电控股有限责任公司工会从全面落实《北京"十二五"时期职工发展规划》入手，从关注企业和职工共同发展做起，组织编撰完成了涵盖 30 个职业的"员工岗位手册系列"，很好地诠释了这句话。此套丛书是工会组织发动企业工程技术人员、一线生产技师、职业教师和工会工作者共同参与编著而成的，注重了技术层面的维度和深度，体现了企业特色工艺，涵盖了较强的专业理论知识，具有作业指导书、学习参考书以及专业工具书的特性，是一套独特的技能人才必备的"百科全书"。全书力求实现企业工会让广大职工体验"一书在手，工作无忧"以及好书助推成长的深层次服务。

我们希望，机电行业的每名职工都能够通过"员工岗位手册系列"的帮助，学习新知识，掌握新技术，成为本岗位的行家能手，为"十二五"发展战略目标彰显工人阶级的英雄风采！

中共北京市委常委，市人大常委会副主任、
党组副书记，市总工会主席

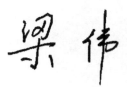

前　言

　　起重作业是人类认识世界、改造世界的一项重要劳动，从古埃及的金字塔、中国的万里长城，到现在的三峡水库、火箭上天，无不凝聚着人类在起重作业上的智慧和勇气。起重作业是一项高风险、高责任心的工作，它需要从业人员为之精心竭力、一丝不苟，不得有半点马虎和侥幸心理，要求所有从业人员具有良好的职业道德和文明生产意识以及相关安全生产知识。为了满足企业培养起重装卸机械操作技能人才的需求以及从事起重装卸机械操作的技术工人学习并掌握起重装卸机械操作知识和技能的需求，北京京城机电控股有限责任公司工会组织公司内经验丰富的技术人员编写了这本《起重装卸机械操作工岗位手册》。

　　本手册是起重装卸机械操作工岗位员工必备的工具书，内容依据国家现行的职业技能标准编写，涵盖了该岗位必需的基本知识和技能，以及掌握这些知识和技能必备的基础数据资料。全书共五篇，主要内容包括职业道德及岗位规范、岗位基础知识、工程起重机的结构和工作原理、操作规范、典型案例，最后还附有工程起重机操作工职业标准。

　　本手册非常适合起重装卸机械操作工岗位人员学习和培训使用，对现场的有关工程技术人员了解起重装卸机械操作工的岗位知识、指导起重装卸机械操作工工作也有重要的参考价值。

　　本手册由赵莹任主编，李全强任副主编。潘宏、高凯清、康凯、刘振全、韩宁、郝兴华、陈阳林参与了编写工作。

　　由于编写人员水平有限，不足之处在所难免，敬请广大读者批评、指正。

编　者

目　　录

序

前言

第一篇　职业道德及岗位规范

第一章　职业道德 …………………… 1　　第二章　岗位规范 ……………………… 5

第二篇　岗位基础知识

第一章　机电基础知识 …………… 8　　　　　　气元件的图形符号 … 33

　第一节　机械基础 …………… 8　　第二章　工程起重机基础知识 …… 53

　第二节　电气 ………………… 19　　　第一节　工程起重机概述 …… 53

　第三节　液压传动 ………… 23　　　第二节　起重机主要技

　第四节　常用的液压元件与电　　　　　　　　术参数 …………… 57

第三篇　工程起重机的结构和工作原理

第一章　起重机底盘部分 ………… 62　　第二章　起重机上车部分 ………… 122

　第一节　起重机底盘的分类　　　　　第一节　上车工作装置概述

　　　　　及组成 ………… 62　　　　　　　及组成 ………… 122

　第二节　起重机底盘系统　　　　　　第二节　上车机构及系统

　　　　　介绍 ………… 67　　　　　　　介绍 ………… 122

第四篇　操作规范

第一章　安全常识 ………… 165　　　　第一节　底盘行驶操作 ……… 186

　第一节　行驶安全 ………… 165　　　第二节　作业准备步骤 ……… 193

　第二节　人员的选择、职责和　　　　　第三节　安全装置 ………… 194

　　　　　基本要求 ………… 167　　　第四节　起重作业操作

　第三节　标识说明 ………… 169　　　　　　　方法 ………… 202

第二章　安全操作 ………… 172　　第四章　工程起重机维修及

　第一节　安全操作规范 ………… 172　　　　　　保养 ………… 223

　第二节　指挥手势 ………… 181　　　第一节　底盘保养及维修

第三章　工程起重机操作方法 …… 186　　　　　　　指南 ………… 223

第二节　起重机上车保养及　　　　　　　维修指南 ……………… 236

第五篇　典型案例

第一章　吊装方案案例 ………… 249
　第一节　综合厂房起重机吊装
　　　　　方案 …………… 249
　第二节　某变电站支架吊装
　　　　　方案 …………… 253
　第三节　某电子有限公司厂房
　　　　　设备吊装方案 ……… 256
第二章　汽车起重机事故典型
　　　　案例 ………… 259
　第一节　汽车起重机吊臂焊
　　　　　缝撕裂事故 ………… 259
第二节　两台汽车起重机吊
　　　　装主梁坠落 ………… 260
第三节　汽车起重机倾斜吊
　　　　物坠落事故 ………… 261
第四节　汽车起重机超载
　　　　倾翻事故 …………… 262
第五节　汽车起重机吊
　　　　拔电柱事故 ………… 263
第六节　汽车起重机臂杆
　　　　触电事故 ………… 264

附录　工程起重机操作工职业标准

参考文献 ……………………… 275

第一篇 职业道德及岗位规范

| 第一章 |
职 业 道 德

一、职业道德的基本概念

职业道德是规范和约束从业人员职业活动的行为准则。加强职业道德建设是推动社会主义物质文明和精神文明建设的需要，是促进行业、企业生存和发展的需要，也是提高从业人员素质的需要。掌握职业道德基本知识，树立职业道德观念是对每一个从业人员最基本的要求。

1. 道德与职业道德

道德，就是一定社会、一定阶级向人们提出的处理人和人之间、个人与社会之间、个人与自然之间各种关系的一种特殊的行为规范。道德是做人的根本。道德是一个庞大的体系，而职业道德是这个体系中一个重要部分，它是社会分工发展到一定阶段的产物。所谓职业道德，是指从事一定职业劳动的人们，在特定的工作和劳动中以其内心信念和特殊社会手段来维持的，以善恶进行评价的心理意识、行为原则和行为规范的总和，它是人们在从事职业的过程中形成的一种内在的、非强制性的约束机制。职业道德的内容包括职业道德意识、职业道德行为规范和职业守则等。职业道德是社会道德在执业行为和职业关系中的具体体现，是整个社会道德生活的重要组成部分。

2. 职业道德的特征

职业道德的特征有以下三个方面：

（1）范围上的局限性　任何职业道德的适应范围都是不普遍的，而是特定的、有限的。一方面，它主要适用于走上社会岗位的成年人；另一方面，尽管职业道德也有一些共同性的要求，但某一特定行业的职业道德也只适用于专门从事本职业的人。

（2）内容上的稳定性和连续性　由于职业分工有其相对的稳定性，与其相适应

1

的职业道德也就有较强的稳定性和连续性。

（3）形式上的多样性　因行业而异，一般来说，有多少种不同的行业，就有多少种不同的职业道德。

二、职业道德的社会作用

1. 职业道德与企业的发展

（1）职业道德是企业文化的重要组成部分　职工是企业的主体，企业文化必须以企业职工为中介，借助职工的生产、经营和服务行为来实现。

（2）职业道德是增强企业凝聚力的手段　职业道德是协调职工之间、职工与领导之间以及职工与企业之间关系的法宝。

（3）职业道德可以提高企业的竞争力　职业道德有利于企业提高产品和服务的质量；可以降低产品成本、提高劳动生产率和经济效益；有利于企业的技术进步；有利于企业摆脱困难，实现企业阶段性的发展目标；有利于企业树立良好形象、创造著名品牌。

2. 职业道德与人自身的发展

（1）职业道德是事业成功的保证　没有职业道德的人干不好任何工作，每一个成功的人往往都有较高的职业道德。

（2）职业道德是人格的一面镜子　人的职业道德品质反映着人的整体道德素质，职业道德的提高有利于人的思想道德素质的全面提高，提高职业道德水平是人格升华最重要的途径。

三、社会主义职业道德

职业道德是社会主义道德体系的重要组成部分。由于每个职业都与国家、人民的利益密切相关，每个工作岗位、每一个职业行为，都包含着如何处理个人与集体、个人与国家利益的关系问题。因此，职业道德是社会主义道德体系的重要组成部分。

职业道德的实质内容是树立全新的社会主义劳动态度。职业道德的实质就是在社会主义市场经济条件下，约束从业人员的行为，鼓励其通过诚实的劳动，在改善自己生活的同时，增加社会财富，促进国家建设。劳动无疑是个人谋生的手段，也是为社会服务的途径。劳动的双重含义决定了从业人员要有全新的劳动态度和职业道德观念。社会主义职业道德的基本规范包括如下几个方面。

1. 爱岗敬业，忠于职守

任何一种道德都是从一定的社会责任出发，在个人履行对社会责任的过程中，培养相应的社会责任感，从长期的良好行为和规范中建立起个人的道德。因此，职业道德首先要从爱岗敬业、忠于职守的职业行为规范开始。

爱岗敬业是对从业人员工作态度的首要要求。爱岗就是热爱自己的工作岗位，热爱本职工作。敬业就是以一种严肃认真的态度对待工作，工作勤奋努力，精益求精，尽心尽力，尽职尽责。

爱岗与敬业是紧密相连的，不爱岗很难做到敬业，不敬业更谈不上爱岗。如果工作不认真，能混就混，爱岗就会成为一句空话，只有工作责任心强，不辞辛苦，不怕麻烦，精益求精，才是真正的爱岗敬业。

忠于职守，就是要求把自己的职业范围内的工作做好，达到工作质量标准和规范要求。如果从业人员都能够做到爱岗敬业、忠于职守，就会有力地促进企业与社会的进步和发展。

2. 诚实守信，办事公道

诚实守信、办事公道是做人的基本道德品质，也是职业道德的基本要求。诚实就是人在社会交往中不讲假话，能够忠于事物的本来面目，不歪曲、篡改事实，不隐瞒自己的观点，不掩饰自己的情感，光明磊落，表里如一。守信就是信守诺言，讲信誉、重信用，忠实履行自己应承担的义务，办事公道是指在利益关系中，正确处理好国家、企业、个人及他人的利益关系，不徇私情，不谋私利。在工作中要处理好企业和个人的利益关系，做到个人服从集体，保证个人利益和集体利益相统一。

信誉是企业在市场经济中赖以生存的重要依据，而良好的产品质量和服务是建立企业信誉的基础。企业的从业人员必须在职业活动中以诚实守信、办事公道的职业态度，为社会创造和提供质量过硬的产品和服务。

3. 遵纪守法，廉洁奉公

任何社会的发展都需要有力的法律、规章制度来维护社会各项活动的正常运行。法律、法规、政策和各种组织制定的规章制度，都是按照事物发展规律制定出来的，用于约束人们的行为规范。从业人员除了要遵守国家的法律、法规和政策外，还要自觉遵守与职业活动行为有关的制度和纪律，如劳动纪律、安全操作规程、操作程序、工艺文件等，才能很好地履行岗位职责，完成本职工作任务。

廉洁奉公强调的是，要求从业人员公私分明，不损害国家和集体的利益，不利用岗位职权牟取私利。遵纪守法、廉洁奉公，是每个从业人员都应该具备的道德品质。

4. 服务群众，奉献社会

服务群众就是为人民服务。一个从业人员既是别人服务的对象，又是为别人服务的主体。每个人都承担着为他人做出职业服务的职责，要做到服务群众就要做到心中有群众、尊重群众、真心对待群众，做什么事都要想到方便群众。

奉献社会是职业道德中的最高境界，同时也是做人的最高境界。奉献社会就是不计个人的名利得失，一心为社会做奉献；是指一种融在一件件具体事情中的高尚人格，就是为社会服务，为他人服务，全心全意为人民服务。从业人员达到了一心为社会做奉献的境界，就与为人民服务的宗旨相吻合了，就必定能做好自己的本职工作。

四、职业守则

1）遵守国家法律、法规和有关规定。

2）具有高度的责任心，爱岗敬业、团结合作。

3）严格执行相关标准、工作程序与规范、工艺文件和安全操作规程。

4）学习新知识、新技能，勇于开拓和创新。

5）爱护设备、系统及工具、夹具、量具。

6）着装整洁，符合规定；保持工作环境清洁有序，文明生产。

第二章
岗位规范

一、岗位定义和概述

起重作业是人类认识世界、改造世界的一项重要劳动，从古埃及的金字塔、中国的万里长城，到现在的三峡水库、宇航火箭，无不凝聚着人类在起重作业上的智慧和勇气。法国埃菲尔铁塔、美国自由女神像、中国东方明珠电视塔这些近代的大型建筑都是人类战胜自然、克服难以想象的困难创立的一个又一个丰碑。人类在生产活动中必然要进行物料的搬运，一个现代化的大型钢厂或一个现代化的港口，每年需搬运的物料有几千万吨乃至上亿吨。现代化的货场、码头、物料流水线、建设工地等都离不开起重作业。

起重作业是一项高风险、高责任心的工作，它需要从业人员为之精心竭力、一丝不苟，不得有半点马虎和侥幸心理，要求所有从业人员具有良好的职业道德和文明生产意识以及相关的安全生产知识。

二、岗位守则

起重作业是一项危险性较大的工作，起重工不同于其他一般工种，它在生产过程中担负着特殊的任务，具有一定的风险性和不可预见性，容易发生重大事故，而且一旦发生事故，对整个企业的生产影响较大，造成国家、集体、个人重大损失。所以，起重工要遵纪守法，忠于职守。

遵纪守法指的是每个职业劳动者都要遵守劳动纪律与职业活动相关的法律、法规。职业纪律是在特定的职业活动范围内从事某种职业的人们要共同遵守的行为准则，它包括劳动纪律、财经纪律、群众纪律等基本纪律要求以及各行业的特殊纪律要求。作为一个合格的从业人员，应熟悉和了解与本人职业有关的法规，诸如《中华人民共和国劳动法》《中华人民共和国安全生产法》《企业法》等，做到自觉遵纪守法，同时也使个人的权益得到保护。遵纪守法是一种最基本的道德行为，也是一种高尚的职业情操。

1. 诚实负责，爱岗敬业

任何一种职业都承担着一定的职业责任，社会把各种职业的社会责任和义务赋予每个职业劳动者，只有每一个职业劳动者都履行了职业责任，整个社会生活才能有条不紊地进行。因此，社会的职业道德必然要求人们忠实地履行自己的职业责任，把忠于职守作为一条主要的规范，坚决谴责任何不负责任、玩忽职守的态度和行为。我们应当培养自己高度的职业责任感，以主人翁的态度对待自己的工作，从认识上、情感上、信念上、意志上，乃至习惯上养成"忠于职守"的自觉性。

2. 科学管理，安全生产

起重作业每时每刻都在与千变万化的"力"打交道。每进行一项，哪怕是很小的一项起重作业，都得考虑物体的受力情况，如重物在力作用下的平衡，受力的工具、索具及起重机械的技术能力和稳定等问题。

其他工种基本上是先有图样，然后依图作业，而起重作业除了编制施工方案、安全措施等项目外，大多数是没有施工图样的，这一点正是与其他工种作业相比最大的区别。同一种重物起重施工，也会因人、场地、工具设备等施工条件变化，使得施工方法随之变化。由此可见，起重作业需要可靠的科学管理和扎实的数理计算。安全生产是起重作业的重中之重。因为在具体作业时，人、机、物在一个大范围的立体空间中运动，工种之间的配合、动作协调要求严格，特别是指挥工、挂钩工、起重机械操作人员必须熟悉工具设备的性能、工作环境、工作物体，尤其要注意安全装置的状况，并要求作业时注意力高度集中，且有应对突发事件的能力。安全生产要贯彻在起重作业的全过程中，每一个环节、每一个方面都要注意安全，把安全摆在头等重要的位置，认真贯彻"安全第一，预防为主"的方针，加强安全管理，做到安全生产。

三、文明生产守则

现代化的生产是一个高度机械化、电气化、自动化、程序化的过程，人员、机械、材料、方法、环境组成一个有机的整体。以人为本、保护环境、文明生产已代表着企业的素养和形象。它要求劳动者在作业中严格遵循作业程序，坚守各项规程，有效监督检查，主动爱护环境，使生产始终处于有效、合理、高效的状态。

文明生产是指生产过程的发展更加合理、更加有序，进入到一个比较高层次、较高文化和较高的人文水平。

文明生产就是要坚持合理的生产程序，按规定的生产组织设计、筹划好的作业方案，科学地组织生产，严格地执行各项管理制度，做到经常性地监督检查，保证生产场地整洁卫生、工完料清、路平道顺、原料与产品堆放整齐、生产程序良好、安全保障有效、环境保护到位。以起重吊装工地为例，对现场的各项基本要求都有许多明文规定，有政府性法规，如国务院颁布的《特种设备安全监查条例》，人力资源和社会保障部颁发的《建设项目（工程）劳动安全卫生监察规定》。此外各个地方根据本地区的施工特点也相应制定了许多地方性的规定，施工企业根据本单位的生产实际，也相应地制定了一些规章制度来强化生产管理。一般情况下施工现场在开工前要做到"三通一平"，即：运输道路通、临时用电线路通、上下水管道通、施工场地平整。施工现场应符合安全、卫生和防火要求，并做到安全生产、文明施工。主要有以下要求：

1）施工现场与外界隔离的设施。施工现场周围应设置围栏、砖墙、密目式安全网等围护设施与外界隔离，做到严密、牢固、整齐美观。市区主要路段的工地围挡设置不低于2.5m，一般路段工地围挡设置不低于1.8m，围挡外侧颜色搭配要美观大方。

2）标牌。施工现场大门内侧应设：安全警示标志牌、施工平面布置图、管理机构人员名单及监督电话牌、安全方针及目标标志牌、质量目标管理标志牌。标牌书写字迹要工整规范，内容要简明。施工现场的施工区和生活区的划分、责任区的划分，都要设置标牌，并注明责任人的姓名，实行分片包干到人。施工现场主要区域和地段都必须设置安全标志，并根据区域、地段的性质可设提示、警告、禁止等标志牌。

3）输送道路要畅通。施工现场要有道路指示标志，人行道、车行道应坚实平坦，保持畅通。应尽量采用单行线和减少不必要的交叉点，载重汽车的变道半径一般不应小于15m，特殊情况不小于10m。在场地狭小、行人来往和运输频繁的地方，应该设有明显的警告标志或设置临时交通指挥，必要时安排临时交通指挥人员。

4）材料堆放整齐。施工现场的各种施工材料、构件、设备等，都应该按照施工平面布置图上已设计好的位置，分类堆放，不能超过规定的高度，更不能靠近围护栅栏或建筑物的墙壁位置。料场、料库的选择不能影响施工时的流水作业，以靠近使用地点为原则，尽量减少二次倒运和搬动。

5）施工现场应有卫生设施。每个施工现场都必须为职工准备足够的清洁饮用水，吃饭和休息的场所，以及洗浴场所和男、女厕所。工地内的沟、坑应该填平，或者设置围栏、盖板。施工现场要定期进行打扫，为了防止蚊蝇孳生，生活垃圾要集中存放并定期打药、及时清理。

6）施工现场应有监护措施。特殊工程施工现场周围要设置围护，要有出入制度并设门卫（值班人员）。对特殊工程作业场所要有安全监护。

7）施工现场应有环保措施。施工作业应不破坏周边自然环境，不污染水源，噪声不超标，不破坏周边人文环境，一旦有环保指标超标，应停止施工并采取防护措施。

第二篇 岗位基础知识

第一章

机电基础知识

第一节 机 械 基 础

一、力

1. 力的概念

力是物体与其他物体间的相互机械作用，而这种机械作用改变物体的运动状态或使物体产生变形。这种物体间的相互机械作用就称为力。

2. 力的三要素

力作用在物体上所产生的效果，不但与力的大小和方向有关，而且与力的作用点有关。我们把力的大小、方向和作用点称为力的三要素。

例如用力 F 推一物体（见图2-1-1），力 F 的大小不同，或施力的作用点不同，或施力的方向不同都会对物体产生不同的作用效果。

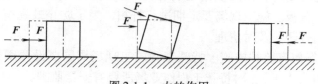

图 2-1-1 力的作用

3. 作用力与反作用力

力是一个物体对另一个物体的作用。一个物体受到力的作用，必定有另一个物体对它施加这种作用，那么施力物体也同时受到力的作用。例如，用手拉弹簧，弹簧受力而伸长，同时手也受到一反方向的力，即弹簧拉手的弹力。

钢丝绳下端吊有一重力为 G 的货物（见图2-1-2），绳索给重物的作用力为 T，重力给绳索的反作用力为 T'，T 和 T' 的值相等，方向相反，同在一条直线且分别作用在两个物体上。

4. 力的合成与分解

在大多数实际问题里，物体不是只受到一个力，而是同时受到几个力。如果一个力的作用效果与几个力共同的作用效果相同，则这一个力就称为这几个力的合力（合力是假想的力，不是真实存在的）。

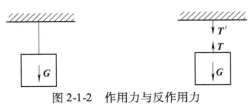

图 2-1-2　作用力与反作用力

力的合成是求两个或两个以上力的合力的过程或方法。

（1）当力施于一条直线上时

1）若两个力作用在同一方向上，那么合力的方向与此两个力方向相同，大小为两者之和。

2）若两个力作用于相反方向，那么合力的方向与较大的力的方向相同，大小为两者之差。

（2）当力施于不同方向上时　画一个平行四边形，两条边分别代表两个力的大小和方向，从两个力的交点到平行四边形对角的线段就是合力的大小和方向。

与力的合成相对应的是把一个力分解并表示为两个或两个以上的分力，这称为力的分解。

5. 力的平衡

力在物体之间的作用力是相互的，所以如果有力作用于一个物体，反作用力必然作用于相反方向上。因此，作用力和反作用力是一对相互作用力，如果物体处于静止状态，则这两个作用力大小相等，方向相反。

在操作起重机中，有一个巨大的力施加在起重机的支腿上，地面同样也给支腿一个相同大小的力。

二、滑轮

1. 定滑轮与拉力

滑轮轴固定不动的滑轮称为定滑轮。

当用定滑轮提升一个 10kg 的物体时，施加在牵引绳上的拉力至少需要 98N。

当起重机使用副臂（一根绳子、一个钩子）举起 1000kg 的物体时，拉绳子的力最小是 9800N。定滑轮不省力，但可以改变力的方向。

2. 动滑轮与拉力

滑轮轴和物体一起运动的滑轮称为动滑轮。

当用一个动滑轮提升一个 10kg 的物体时，顶棚也施于物体其重力一半的力，那么人拉绳子的力就剩下一半，即 49N。动滑轮实质是动力臂和阻力臂两倍的杠杆，省一半的力。

当用起重机主臂（一个钩子、两根绳子状态）举起一个2000kg的物体时，右侧的绳子施力9800N，所以左侧的绳子剩余的重力，也就是9800N。

3. 绳子的行程

定滑轮和动滑轮提升物体时绳子的行程不同。

4. 滑轮组

"滑轮组"是一套动滑轮和定滑轮的组合。

当一个定滑轮和一个动滑轮组合，绳子一端固定，提升一个80kg的重物时，拉绳子的拉力最小为392N。

三、力矩与扭矩

1. 力矩

若作用在扳手上的力为 F，力臂为 L，拧螺母的转动效应的大小可用两者的乘积 FL 来度量（见图2-1-3）。表示力对物体绕某点的转动作用的量称为力对 O 点之矩，即力矩，以 M 表示，则 $M = FL$。

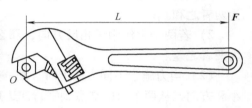

图2-1-3　力矩

力对点之矩为一代数量，它用正负号表示力矩在平面上的转动方向。一般规定力使物体绕矩心逆时针方向旋转为正，顺时针方向旋转为负，其计算公式为：$M = \pm FL$。

力矩的国际单位为 N·m。

2. 力矩平衡

就像力的平衡一样，当力矩达到平衡状态时，物体是静止的。

3. 转矩

使轴沿轴线转动的一种力矩称为转矩。

4. 卷扬卷筒的拉力

起重机的卷扬被电动机驱动，电动机的输出力矩被传送到卷筒。

卷筒的转矩和拉力通过以下公式计算：

卷筒的转矩（N·m）＝拉力（N）×卷筒中心到绳子中心的距离（m）

如果电动机的输出转矩是连续且保持不变的，则随着绳子缠绕的层数增加，绳子的拉力会逐渐减小。

四、运动和做功

1. 速度和加速度

在物理学中，将物体相对于另一个物体位置的变化称为机械运动。

速度是描述物体运动快慢的物理量，定义为位移随着时间的变化率。速度在国际单位制的最基本单位是 m/s，常用单位是 km/h，换算关系是 1m/s＝3.6km/h。

加速度是物理学中的一个物理量，是一个矢量，主要应用于经典物理当中，一般用字母 a 表示，在国际单位制中的单位为 m/s²。加速度是速度矢量关于时间的变化率，描述速度的方向和大小变化的快慢。

2. 惯性

所有的物体都有以下特性：当物体不受外力作用时，静止物体永远静止下去，运动的物体永远保持匀速运动，这种特性称为惯性，惯性施于物体的力称为惯性力。

人造地球卫星围绕地球转动，即使它不需要火箭的动力，卫星也能保持圆周运动，这是因为惯性力施于卫星上的原因。

当公共汽车从静止开始猛烈加速运动，车内乘客想保持他们的原始状态，他们就必须施加与汽车运动相反的力，这是因为惯性力施于汽车上的人的原因。

起重机的吊钩提升重物旋转时，若立即停止，则重物由于惯性力不会立即停止。

3. 离心力和向心力

当物体做圆周运动时，一个力使物体远离圆心，称为离心力；另一个同样大小的力使物体靠近圆心，称为向心力。

当投掷一个链球时，若松手，链球会因为离心力而沿着圆的切线飞出去。为了保持圆周运动，向心力和离心力大小相等、方向相反。

当操作一台起重机吊起重物时，起重机进行回转作业。由于离心力的作用，吊钩下的重物会在起重机转动之后，做一个比原先半径更大的圆周运动，并且这个转动会引起重物上升或幅度增大，因此，造成起重机倾翻的力矩要比原先起重机静止状态的倾翻力矩有所增大。

4. 功

力作用于物体上并且物体在力的方向上进行了运动，就说已经做"功"了。功的大小是"力"乘以物体在力的方向上移动的距离，即功（W）＝力的大小（F）×物体移动的距离（L）。

当沿着地面推一个物体时，"摩擦力"起作用，阻碍物体相对运动或相对运动趋势的力称为摩擦力，摩擦力和物体运动方向相反，其大小等于物体的重力乘摩擦因数，即摩擦力（F）＝物体的重力（W）×摩擦因数（μ），摩擦因数是指两物体表面间的摩擦力和作用在其表面上的垂直力之比值。摩擦因数和接触表面的粗糙度有关。

因此，要推动一个物体，推力 F 必须比摩擦力大，所做的功 $W＝FL$。

5. 功率

力在单位时间内做的功称为功率，用 P 表示，功率（P）＝功（W）/时间（t）。功率是描述做功快慢的物理量，功的数量一定，时间越短，功率值就越大。

五、材料力学

1. 载荷及其类型

使结构或构件产生内力和变形的外力及其他因素称为载荷。根据外力的作用方式，可以把载荷划分为不同的类型。

（1）表面载荷　表面载荷是作用于物体表面的载荷，又可分为分布载荷和集中载荷。分布载荷是连续作用于物体表面的载荷，如作用于液压缸内壁上的液体的压力。有些分布载荷是沿杆件的轴线作用的。若外力的分布面积远小于物体的表面尺寸，或沿杆件轴线分布范围远小于轴线长度，就可以看作是作用于一点的集中载荷，如滚珠轴承对轴的反作用力。

（2）体积载荷　体积载荷是连续分布于物体内部各点的力，例如物体的自重和惯性力等。

2. 按载荷随时间变化的情况分类

（1）静载荷　若载荷缓慢地由零增加到某一值，以后即保持不变，或变动不显著，即为静载荷。

例如：载荷的状态是被起重机提升得非常慢，或提升后仍然静止。

（2）动载荷　若载荷随时间而变化，则为动载荷。动载荷可分为"冲击载荷"和"交变载荷"。

1）冲击载荷：物体的运动在瞬时内发生突然变化所引起的动载荷。当降落重物时操作突然停止或松弛的绳子突然全速卷起产生的载荷均属于冲击载荷。

2）交变载荷：随时间做周期性变化的动载荷。例如：当轮子转动时，载荷重复地作用于弹簧和轮轴。

3. 应力

物体由于外因（受力、湿度、温度场变化等）而变形时，在物体内各部分之间会产生相互作用的内力，以抵抗这种外因的作用，并试图使物体从变形后的位置恢复到变形前的位置。在所考察的截面某一点单位面积上的内力称为应力。同截面垂直的称为正应力或法向应力，同截面相切的称为剪应力或切应力（见图2-1-4）。

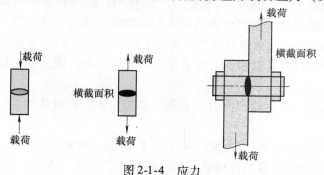

图 2-1-4　应力

应力 = 材料上所受载荷(N)/材料的横截面积(cm²)

4. 许用应力

机械设计或工程结构设计中允许零件或构件承受的最大应力值称为许用应力。许用应力用下式计算：

$$许用应力 = 材料的屈服强度/安全系数$$

安全系数一般由国家工程主管部门根据安全和经济的原则，按材料的强度、载荷、环境情况、加工质量、计算精度和零件或构件的重要性能等加以规定。

5. 伸长率

当一个材料受外力作用被拉伸时，其形状发生变化被拉长，变化长度相对原始状态长度的比率称为"伸长率"。

当一个长度为 L 的圆柱体被张力拉伸至 L_1 时：

$$伸长率 = (L_1 - L)/L$$

6. 应力和变形

当一个碳素钢试件被实验机拉伸时，载荷和变形的关系（见图2-1-5）如下：

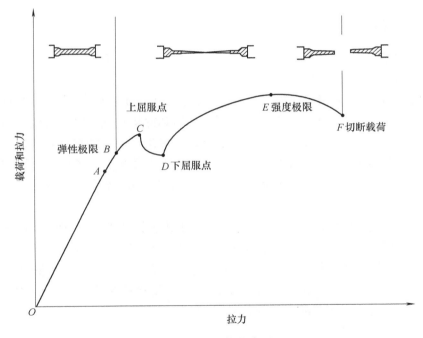

图 2-1-5 拉伸曲线图

（1）第Ⅰ阶段（O 点→B 点） 试件受力以后，长度增加，产生变形，这时如将外力卸去，试件工作段的变形可以消失，恢复原状，变形为弹性变形，因此，称第Ⅰ阶段为弹性变形阶段。低碳钢试件在弹性变形阶段的大部分范围内（O 点→A 点），外力与变形之间成正比，拉伸图呈一直线。A 点以后（O 点→B 点）虽然仍是弹性变形（卸去外力后，变形会恢复），但外力与变形之间不成正比。

（2）第Ⅱ阶段（B 点→D 点）　B 点（弹性变形阶段）以后，试件的伸长显著增加，但外力却滞留在很小的范围内上下波动。这时低碳钢似乎是失去了对变形的抵抗能力，外力不需增加，变形却继续增大，这种现象称为屈服或流动。因此，第Ⅱ阶段称为屈服阶段或流动阶段。屈服阶段中拉力波动的最低值（下屈服点）称为屈服载荷。

（3）第Ⅲ阶段（D 点→E 点）　过 D 点（屈服阶段）以后，若要继续增大变形，则需要加大外力，试件对变形的抵抗能力又获得增加。因此，第Ⅲ阶段称为强化阶段。强化阶段中，力与变形之间不再成正比，呈现着非线性的关系。

（4）第Ⅳ阶段（E 点→F 点）　当拉力继续增大达某一确定数值时，可以看到，试件某处突然开始逐渐局部变细，形同细颈，称为颈缩现象。颈缩出现以后，变形主要集中在细颈附近的局部区域。因此，第Ⅳ阶段称为局部变形阶段。局部变形阶段后期，颈缩处的横断面积急剧减小，试件所能承受的拉力迅速降低，最后在颈缩处被拉断（F 点）。

六、钢材

1. 钢材的分类

（1）按化学成分分类

1）碳素钢：碳素钢简称碳钢，是碳的质量分数 $0.0218\% < w(C) < 2.11\%$，并含有少量锰、硅、硫、磷等元素的铁碳合金。锰和硅是在炼钢时作为脱氧剂加入钢中的，锰和硅的加入可以提高钢的强度和硬度，对碳钢的性能有良好的影响。硫和磷是从原料及燃料中带入钢中的有害杂质。根据碳的质量分数不同，碳素钢分为低碳钢 $[w(C) < 0.25\%]$、中碳钢 $[0.25\% < w(C) < 0.6\%]$ 和高碳钢 $[w(C) > 0.6\%]$。

2）合金钢：就是在碳素钢的基础上，为了改善钢的性能，在冶炼时有目的地加入一些元素的钢，加入的元素称为合金元素，常用的合金元素有锰、硅、铬、镍、钨、钒、钛、硼、稀土等。根据金属元素的总量，合金钢又分为低合金钢（合金元素总的质量分数低于5%）、中合金钢（合金元素总的质量分数为 5%～10%）和高合金钢（合金元素总的质量分数高于10%）。

（2）按制品分类

1）钢材的一次制品即钢块从熔炉中出来制成的产品。根据形状分为三种：棒材（圆形、方形、六边形）；板材（薄、中、厚）；型钢（L型、I型、T型）。

2）钢材的二次制品即将一次制品进一步加工使其得到应用。例如：钢棒产品（磨杆、铆钉）；线材产品（钢琴线、线路）；钢板产品（冷轧制钢板、镀锡铁板）；钢管产品（构造用碳素钢管、配管用碳素钢管等）。

2. 钢材在起重机上的应用

1）热轧钢板，如 Q235-BF。

2）铸铁，如 HT250。

3）优质碳素结构钢，如 35。此钢强度较好、塑性较高、冷塑性高，适合用来制造起重机的吊钩。

4）冷轧钢板，如 08 钢。在正常室温下，薄钢板被轧制，表面平滑，用于制造车身。

5）机械构造用碳素钢管，通常制成圆形或方形，用于承担较重的物体载荷。

6）高强度钢，如 Q345C。抗拉强度大于 340MPa 的钢称为"高强度钢"。汽车起重机吊臂采用高强度钢制造，优点是：减轻主臂的重量，增大主臂强度，提高起重机的起重性能。然而，主臂板变薄，则失稳性增加，所以主臂的横截面应制成六边形，并且增加加强板。

3. 钢的热处理

（1）正火　将钢加热奥氏体化后在空气中冷却，以获得接近于平衡状态组织的热处理工艺方法称为正火。正火只适用于碳素钢及低、中合金钢，而不适用于高合金钢。

（2）退火　将钢加热到一定温度，保温一定时间，随后缓慢冷却（一般采用随炉冷却的方法）至室温，以获得接近于平衡状态组织的热处理工艺方法。退火的目的主要是为了消除钢中的残余应力，防止变形和开裂。退火也可以降低钢的硬度，提高钢的塑性，以便于进行切削加工和冷变形加工。

（3）淬火　将钢加热到一定温度，然后以适当方式（置于冷水中或其他溶剂中迅速冷却）冷却至室温的热处理工艺。淬火的目的主要是获得马氏体组织，为回火做组织准备；获得高硬度和耐磨性以及提高弹性和韧性，以达到强化材料的目的；使之具有某些特殊的物理和化学性能，如永磁性、耐蚀性和耐热性等。

（4）回火　指钢在淬火之后，再加热到某一温度，保温一定时间，然后冷却到室温的热处理工艺（回火与正火的区别在于温度不同）。回火的目的是调整钢的硬度和强度，提高钢的韧性，获得所需的性能；消除淬火时的内应力，防止变形和开裂；稳定组织和尺寸。

七、标准件

标准件是指结构、尺寸、画法、标记等各个方面已经完全标准化，并由专业厂生产的常用零（部）件，包括标准化的紧固件、连接件、传动件、密封件、液压元件、气动元件、轴承、弹簧等机械零件。

1. 螺栓、螺母、螺钉

螺栓、螺母、螺钉等都是带螺纹的金属部件，均起紧固作用。

（1）螺栓　螺栓按连接的受力方式分为普通的和铰制孔用的。铰制孔用的螺栓一般在受横向力时使用。螺栓按头部形状分有六角头的、圆头的、方形头的和沉头的等等。另外还有特殊用途的，如T形槽螺栓、地脚螺栓、U形螺栓等。起重机上的常用螺栓有六角螺栓、内六角螺栓、螺柱、U形螺柱等（见图2-1-6）。

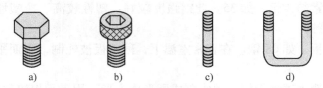

图 2-1-6　螺栓
a）六角螺栓　b）内六角螺栓　c）螺柱　d）U形螺柱

（2）螺母　螺母俗称螺帽，是与螺栓或螺杆拧在一起用来起紧固作用的零件。螺母一般外部为六角形，内部为螺纹。根据材质的不同分为碳钢、不锈钢、有色金属（如铜）等几大类型。起重机上常用的螺母有六角形螺母和六角帽形螺母两种（见图2-1-7）。

（3）螺钉　螺钉可用螺钉旋具嵌上，起重机上常用的螺钉一般有圆头螺钉和平头螺钉两种（见图2-1-8）。

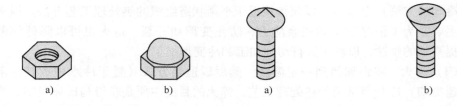

图 2-1-7　螺母　　　　　　　　　　图 2-1-8　螺钉
a）六角螺母　b）六角帽螺母　　　a）圆头螺钉　b）平头螺钉

2. 螺栓垫圈

螺栓垫圈一般分为平垫圈和弹簧垫圈两大类（见图2-1-9）。

1）平垫圈：用于防止损坏螺钉与机器的接触部分。

2）弹簧垫圈：弹簧垫圈装置在螺母下面用来防止螺母松动。

图 2-1-9　垫圈
a）平垫圈　b）弹簧垫圈

3. 铆钉

在铆接中，利用铆钉的自身形变或过盈连接被铆接的零件，一般用于半永久的钢板接合。例如：连接底盘的两主边缘和其他钢板时使用。

4. 轴承

轴承是机械设备中的一种重要零部件。其主要功能是支撑机械旋转体，降低其运动过程中的摩擦因数，并保证其回转精度。轴承可分为滚动轴承和滑动轴承两大类。滚动轴承一般由外圈、内圈、滚动体和保持架四部分组成（见图 2-1-10）。滚动轴承按其所能承受的载荷方向分为径向力轴承和轴向力轴承两种。

（1）径向力轴承　径向力轴承的转动轴承受来自半径方向的力（见图 2-1-11）。

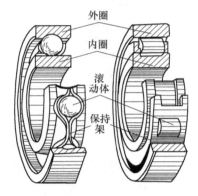

图 2-1-10　轴承

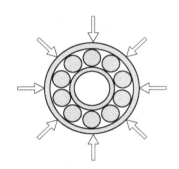

图 2-1-11　径向力轴承

（2）轴向力轴承　轴向力轴承承受和转动轴同方向的力（见图 2-1-12）。

5. 齿轮

齿轮是能互相啮合的有齿的机械零件，一般用来改变转动速度或动力方向。

图 2-1-12　轴向力轴承

（1）直齿圆柱齿轮　它是最简单、最常用的一种齿轮（见图 2-1-13），例如汽车起重机的回转支承中用的齿轮。

（2）齿条　齿条的齿廓为直线而非渐开线，相当于分度圆半径为无穷大的圆柱齿轮，齿轮与齿条啮合，用来把旋转运动转化成直线运动。

（3）直齿锥齿轮　它是用来改变转动轴的方向和速度（见图 2-1-14）。

（4）蜗轮蜗杆　转动从蜗杆传向蜗轮，但由于接触面间的摩擦自锁，不能反向传动（见图 2-1-15）。

图 2-1-13　直齿圆柱齿轮

图 2-1-14　直齿锥齿轮

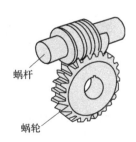

图 2-1-15　蜗轮蜗杆

（5）行星传动　用于减速器的轻巧设计，目前已得到广泛运用，例如：卷扬减速器、轮边减速器（见图2-1-16）。

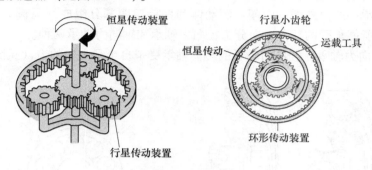

图 2-1-16　行星传动

6. 键和键槽

键是一种标准零件，通常用来实现轴与轮毂之间的周向固定以传递转矩，有的还能实现轴上零件的轴向固定或轴向滑动的导向。例如：轴和齿轮通过键与键槽相联接，将轴的转动传递给齿轮（见图2-1-17）。

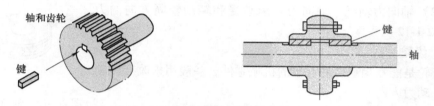

图 2-1-17　键和键槽

7. 联轴器

联轴器主要用来联接轴与轴（或联接轴与其他回转零件），以传递运动与转矩（见图2-1-18）。联轴器可分为刚性联轴器和挠性联轴器两大类，挠性联轴器又可分为无弹性元件的挠性联轴器和有弹性元件的挠性联轴器。

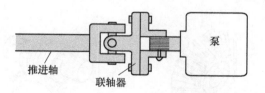

图 2-1-18　联轴器

十字轴式万向联轴器属于一种无弹性元件的挠性联轴器，这种联轴器可以允许两轴间有较大的夹角，而且在机器运转时，夹角发生改变仍可正常传动（见图2-1-19）。这类联轴器广泛应用于汽车、多头钻床等机器的传动系统中。如在汽车起重机底盘的转向系统和传动系统中都有使用。

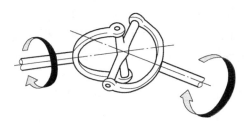

图 2-1-19　万向联轴器

第二节　电　气

一、电

电荷在媒质中的运动形成电流。金属导体内的电流是导体内自由电子在电场力的作用下运动而形成的。

1. 直流电和交流电

按流动方式区分，电流可分为直流电和交流电两大类。

（1）直流电（DC）　电流的方向不变（见图 2-1-20）。例如：干电池、电池组。

（2）交流电（AC）　一般指大小和方向随时间作周期性变化的电压或电流（见图 2-1-21）。

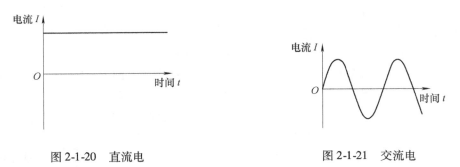

图 2-1-20　直流电　　　　　　　　　　　　图 2-1-21　交流电

在电路中只具有单一的交流电压，在电路中产生的电流、电压都以一定的频率随时间变化，比如在单个线圈的发电机中（即只有一个线圈在磁场中转动），在线圈中只产生一个交变电动势，这样的交流电是单相交流电。三相交流电是由三个频率相同、电势振幅相等、相位差互差 120°的电动势作用产生的。

单相 220V 一般为家庭用电，三相 380V 为工业用电。

2. 电压、电流和电阻

（1）电压　也称作电势差或电位差，是衡量单位电荷在静电场中由于电势不同所产生的能量差的物理量。电压用符号 U 表示，单位为 V（伏特）。

（2）电流　导体中的自由电荷在电场力的作用下做有规则的定向运动就形成了电流。单位时间内通过导体任一截面的电量叫做电流，通常用字母 I 表示，单位 A（安培）。

（3）电阻　电压除以电流之商即电阻，表示导体对电流的阻碍作用，用符号 R 或 r 表示，单位为 Ω（欧）。

（4）欧姆定律　电流和电压成正比，和电阻成反比（见图 2-1-22），即 $I = U/R$。

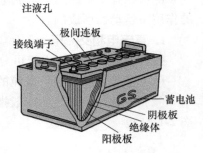

图 2-1-22　电路图

3. 蓄电池

用在机动车内的蓄电池，一般是铅蓄电池，它为发动机起动和预热提供能量。蓄电池释放存储的电能，当电量低时，可以通过发电机再蓄电。蓄电池的容量用"安培时"（A·h）来表示，等于电流乘以时间（小时）。

蓄电池的构造：一个标准的蓄电池分为 6 节。一节电池能产出 2V 的电，所以整个蓄电池能产出 12V 的电，卡车用电为 24V，所以得用 2 个标准蓄电池连接（见图 2-1-23）。

4. 串联和并联

连接电路元件的基本方式有两种，即"串联"和"并联"。串联是将电路元件（如电阻、电容、电感等）逐个顺次首尾相连接；并联是将电路元件首首相接，同时尾尾相连的连接方式。串联电路两端的总电压等于分电压之和即 $U = U_1 + U_2 + \cdots + U_n$，并联电路中各支路电压相等，且等于电路两端的电压，即 $U = U_1 = U_2 = \cdots = U_n$。

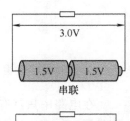

图 2-1-23　蓄电池

例如：2 节 1.5V 的干电池连起来（见图 2-1-24），串联电压为 $1.5\text{V} \times 2 = 3.0\text{V}$（串联电池的寿命和单个电池一样）；并联电压为 1.5V（并联电池的寿命是单个电池的 2 倍）。

5. 导体、绝缘体

（1）导体　导体指电阻率很小且易于传导电流的物质，导体中存在的大量可自由移动的带电粒子称为载流子。在外电场作用下，载流子作定向运动，形成明显的电流。例如：金、银、铜、铝、铁、炭及人体等均是导体。

（2）绝缘体　不容易导电的物体叫做绝缘体，它们的电阻率极高。例如：橡胶、草、树脂、塑料及大理石等均是绝缘体。

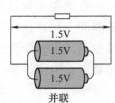

图 2-1-24　串联、并联

6. 半导体

半导体（见图 2-1-25）指常温下导电性能介于导体与绝缘体之间的材料，例如：硅、锗、砷化镓等。半导体具有一些特殊性质，如利用半导体的电阻率与温度的关系可制成自动控制用的热敏元件（热敏电阻）；利用它的光敏特性可制成自动控制用的光敏元件，像光电池、光电管和光敏电阻等。

图 2-1-25　半导体

7. 电功率

电流在单位时间内做的功称为电功率，是用来表示消耗电能快慢的物理量。用符号 P 表示，单位为 W（瓦特）。电功率等于电流乘以电压，即 $P = IU$。

电灯泡和电热器被标有"220V/60W"和"220V/500W"。这里"60W"或"500W"指的是电功率的数值，单位是瓦特。随着瓦数的增加，电流就增大，如果电压不变，电流增加，电功率就增加（见图 2-1-26）。

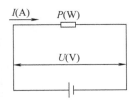

图 2-1-26　电功率

8. 发电机

（1）交流发电机　由线圈绕成的转子在磁铁的南北极间转动时，切割磁力线，因此产生了电流（右手法则）（见图 2-1-27）。

右手法则：伸出右手大拇指、食指、中指，若食指指向磁场方向，大拇指指向导体运动方向，那么中指就指向电流的方向（见图 2-1-28）。

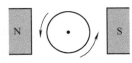

图 2-1-27　发电机

图 2-1-28　电流的方向

（2）直流发电机　和交流发电机的原理一样，但其增加了"整流功能"，可以使电流按一个方向流动。

现实中，增加线圈和整流器的数量就可以产生直流电（脉动电流）。

9. 电动机

（1）交流电动机　当把一个马蹄形磁铁放在一块铜板上，并朝箭头方向移动时，铜盘也随之转动。根据这个原理，将线圈缠在铁心上并通交流电，那么铁心就会产生南北极。利用这种现象制造的电动机称为交流电动机（见图2-1-29）。

（2）直流电动机　由一个固定的线圈、一个转子和一个电刷组成（见图2-1-30）。其原理是当直流电通过固定的线圈时，铁棒的一端变成了北极，另一端变成了南极，并且，当直流电通过转子的线圈时，转子的一端变成北极，另一端变成南极。同极相斥，异极相吸，所以转子会转动。之后，当转子转半圈时，转子线圈中的直流电被电刷改变了方向，所以南、北极互换，转动继续。

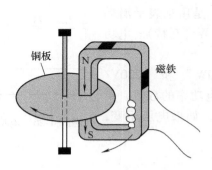

图2-1-29　交流电动机

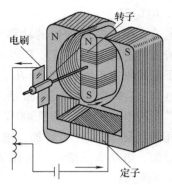

图2-1-30　直流电动机

10. 从发电到用电

（1）发电站　发电站利用火力、风力、原子核能、水能和太阳能进行发电。

（2）变电站　把在发电站里产生的电能转化成在实际中应用的电压和电流。

（3）变压器　为减少电能在远程传输过程中转变成热能损失掉，利用变压器使电压变高，从而通过减小电流的方法来减少热能产生。变压器也是为终端用户降低电压必不可少的设备。对于交流电，通过变压器升高或降低电压，理论上不损失电能。

变压器的基本原理是电磁感应原理（见图2-1-31）。在两个同样的铁心上缠有不同数量的线圈 N_1 和 N_2，当一次绕组上加上电压 U_1 时，流过电流 I_1，在铁心中就产生交变磁通。这些磁通称为主磁通，在它的作用下，两侧绕组分别感应电动势 E_1、E_2，由于二次绕组与一次绕组匝数不同，感应电动势 E_1 和 E_2 大小也不同，当略去内阻抗压降后，电压 U_1 和 U_2 大小也就不同。两侧线圈匝数与电压有下列关系：$U_1/U_2 = N_1/N_2$，该式说明，改变两侧线圈匝数，就可以使输出电压升高或降低。

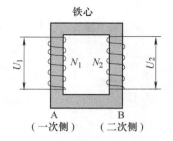

图2-1-31　变压器原理图

（4）高压线和配电线

1）高压线：电线从发电站到变电站再到其他地方输送电力（特别高压线可载150000～270000V电压）；

2）配电线：此电线把电从变电站传送到工厂（高压线可载 600～70000V 电压，低压线可载 600V 以下电压）。

（5）入户线　此电线将电从配电所连入小工厂和住宅，通常是 220V 或 380V。

11. 模拟电路和逻辑电路

（1）模拟电路　可以持续输出不等量的电压、电流（见图 2-1-32）。

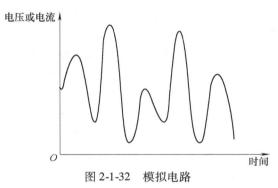

图 2-1-32　模拟电路

（2）逻辑电路　电路只通过"是""否"来控制电压和电流（见图 2-1-33）。

图 2-1-33　逻辑电路

其他电子用语：

RAM：读写存储器，很容易做到读写。电源切断，存储丢失。

ROM：只读存储器，用于固化一些程序。电源切断，存储不丢失。

P-ROM：读程序存储器，写、擦、重写都可以。

CPU：中央处理器，电路控制决策的中心。

第三节　液 压 传 动

一、液压传动的原理与优点

液压传动的原理是：一个力作用在静止的密封液体的任一部分，就会传递到整个液体中，并且力的大小不变。其具有以下优点。

1. 小巧而轻便

液压设备有液压泵、液压油缸、液压马达等。液压泵输出具有压力的液压油传递给各机构并产生较大的能量。

例：50t 液压起重机的主臂变幅缸的内径仅为 21.5cm，但压力高达 24MPa，它有约 80t 的承载量。若将两个液压缸连接，就有 160t 的承载量支承主臂。

2. 易于远程控制

机械起重机以摇把、手柄盘、连杆和链条作为控制系统，控制系统必须置于机械装置附近；而对于液压起重机，只需将控制阀与机械系统用管路连接就可以实现远距离控制了。

3. 易于无级变速

因为机械起重机用齿轮、带和链传动，所以只能从设定的速度中选择；而液压起重机可以根据变化液压油的流量来任意改变速度，并且只需简单地改变液压油的流向就可实现工作方向上的改变。

4. 易于控制负荷

在液压回路中安装安全阀，可以避免回路中的压力异常升高，从而保护液压设备（见图 2-1-34）。

液压传动系统的工作载荷可通过设定溢流压力来控制。

5. 易于增设装置

可以通过安装其他液压装置来增加液压传动系统的功能，只需用液压管把装置连接到主油路中即可。

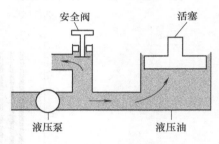

图 2-1-34　安全阀回路

二、流量

流量是指在单位时间内流过的液体（气体）的体积。总体来讲，流量用在单位时间内的通过量来衡量。当移动一个同样直径的液压缸时，流量大的伸缩速度就快。

$$速度\ v = \frac{流量\ q}{受力面积\ A}$$

我们可比较图 2-1-35 中 A、B 两气缸在 1min 内活塞杆移动的距离

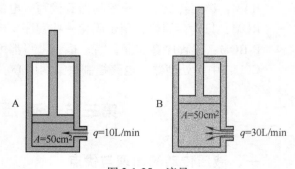

图 2-1-35　流量

A：
$$\frac{10L/\min \times 1000}{50cm^2} = 200cm = 2m$$

B：
$$\frac{30L/\min \times 1000}{50cm^2} = 600cm = 6m$$

可见，B 比 A 伸缩速度快。

三、液压系统与液压元件

1. 液压系统

在人体中，整个身体可以视为一个液压系统。心脏供血，肺部保持血的干净，四肢通过大脑的命令移动。心脏是泵，提供液压油。肺是过滤器，使液压油纯净。四肢是执行装置，就像是液压缸和马达，通过操作控制阀来做出反映。

除此之外，就像人体由许多器官和组织组成一样，液压系统也是由大量的部件组成的，各有不同的作用。

2. 起重机的基本液压系统

为了实现不同的运动，如主臂升高、落下、卷筒收放钢丝绳、回转和伸缩吊臂，液压起重机采用了整套液压系统。它由液压泵产生动力，液压缸和液压马达作为驱动装置，各种阀作为控制装置（见图 2-1-36）。

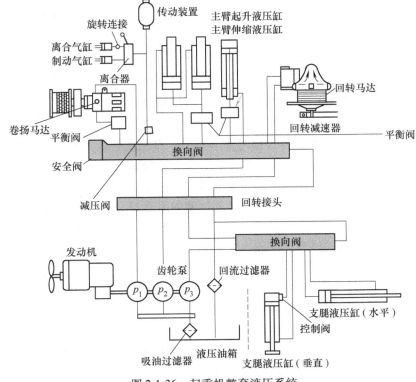

图 2-1-36 起重机整套液压系统

3. 液压泵

液压泵是依靠电动机或发动机提供的转动能量，把液压油从油箱中吸出，经过液压泵，将产生压力的液压油输出到液压油路中的装置。

若发动机直接驱动泵，只要发动机转动，泵就工作（见图2-1-37）。

若泵被PTO（取力器）驱动，则泵只在PTO啮合的情况下工作。PTO是一个动力开关装置，它通过齿轮传动发动机的机械能（见图2-1-38）。

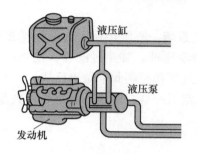

图 2-1-37　发动机直接驱动泵

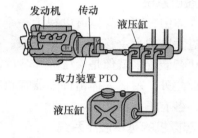

图 2-1-38　发动机接 PTO 到液压泵

4. 液压泵的种类

（1）齿轮泵　在液压起重机中应用得非常普遍，特点是构造简单、小而轻、不易坏、好保养、价格低。

在液压起重机中采用的是外啮合齿轮泵。当齿轮在铸造壳体中转动时，在齿与齿脱离啮合处产生真空，油液被吸入；随着主动齿轮转动，主动齿轮的齿挤入被动齿轮的齿间，使排油腔面积减小，给液压油加压并通过排油口排油（见图2-1-39）。

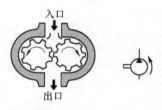

图 2-1-39　齿轮泵

（2）柱塞泵　柱塞泵的特点是内部渗漏小、容积效率高、工作压力高；转速相同的情况下可得到不同的流量；价格高，有少许流量脉动。

在液压起重机中通常采用固定斜盘式柱塞泵。在柱塞泵中，柱塞的往复运动引起油液的吸入和排出。在柱塞泵中缸体和柱塞的滑动部分长，因此渗油率较小，从而更适应高压泵。一个固定斜盘式柱塞泵通过连接缸体的驱动轴转动而工作，这种转动使柱塞远离或靠近斜盘，形成往复运动。

（3）叶片泵　叶片泵的特点是噪声小，低压到高压都适用，价格低。

随着转子转动，叶片进出，叶片间的容积变化形成了泵的运动。

叶片泵有两种类型：定量泵和变量泵。

5. 执行机构

执行机构是把液压油的液压能转化成直线运动或转动的机械装置，就像四肢的肌肉一样。液压缸和液压马达都是执行机构。

（1）液压缸　液压缸是把液压能转化为直线运动的装置，根据运动方式分为两种：单作用液压缸和双作用液压缸。

1）单作用液压缸：仅有一个进油孔或仅有一个出油孔，通过液压朝一个方向运动，靠自身重力恢复原始状态（见图 2-1-40）。

2）双作用液压缸：有两个孔，即进油孔和出油孔，用液压实现伸缩（见图 2-1-41）。

图 2-1-40　单作用液压缸　　　　　图 2-1-41　双作用液压缸

3）液压缸的组成元素：缸筒、活塞杆、油封、活塞，O 形密封圈和防尘圈等（见图 2-1-42）。

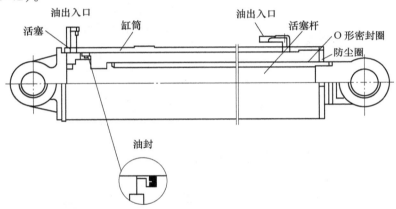

图 2-1-42　液压缸的组成元素

4）计算液压缸推力的公式：

若液压缸内径为 D，活塞杆直径为 d，则当压力为 p 的油液充入无杆腔时（见图 2-1-43）推力 F_1 为

$$F_1 = p\,\frac{\pi D^2}{4}$$

若液压缸内径为 D，活塞杆直径为 d，则当压力为 P 的油液充入有杆腔时（见图 2-1-44），推力 F_2 为

$$F_2 = p\,\frac{\pi(D^2 - d^2)}{4}$$

（2）液压马达　液压马达是把液压能转化成持续转动的运动能的传动装置，结构相对液压泵简单。两个装置的不同之处是，液压泵把机械能转化成液压能，而液压马达则把液压能转化成机械（转动）能。

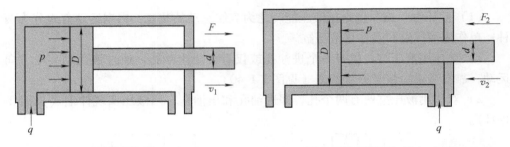

图 2-1-43　液压缸推力（一）　　　　　图 2-1-44　液压缸推力（二）

液压马达的种类有齿轮液压马达与叶片液压马达等（见图 2-1-45）。

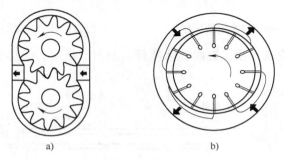

图 2-1-45　液压马达

a）齿轮液压马达　b）叶片液压马达

6. 液压油箱

液压油箱（见图 2-1-46）通常称为储油桶。

（1）液压油箱的功能

1）储存液压油，必要时向液压回路供油。

2）将液压油中的杂质、气泡排除。

3）将液压油中的水分离到箱底，并定期将水排掉。

4）释放液压系统工作时产生的热量。

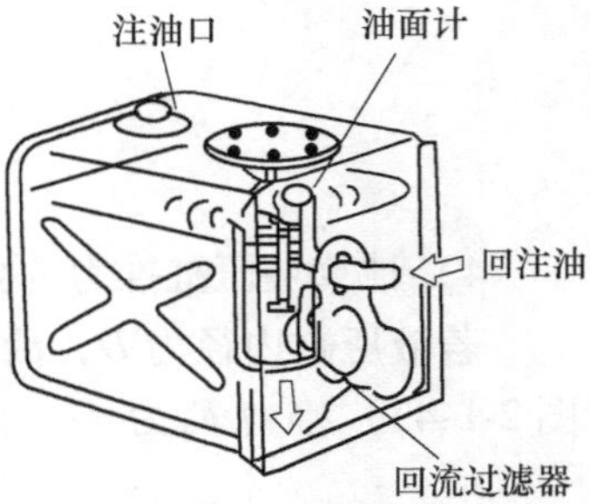

（2）检查并确认液压起重机油箱中的油量　当液压缸活塞杆伸出时，油箱中油量减少；当液压缸活塞杆压缩时，则油量增加。

起重机工作时，液压油箱中的油量应不低于工作标准线；当起重机行驶时，油箱中的油量不应高于行驶标准线。

图 2-1-46　液压油箱

（3）过滤装置　随着油面的升高和降低，空气过滤器保证空气进出油箱，同时阻止空气中杂质的进入。若空气过滤器被阻塞，则空气不能进入和离开油箱，导致泵的阻力增大，特殊情况下，油箱会破裂。因此，须有规律地更换滤芯。

7. 过滤器

过滤器的作用是过滤掉液压油中的杂质（金属屑、铁制物等），防止液压系统中各装置被污染。

8. 过滤器的种类

（1）吸油过滤器（见图 2-1-47）　其作用是把泵吸入油液中的杂质滤去。

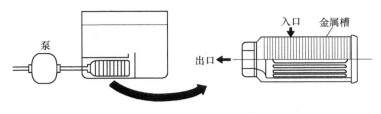

图 2-1-47　吸油过滤器

（2）油路过滤器（见图 2-1-48）　用在主要的压力回路中，和吸油过滤器不一样，它有完备的网状滤芯（精度为 4 ~ 20μm）。用于制动回路、离合器回路和自动保险回路中。

（3）回油过滤器（见图 2-1-49）　在油箱的回油处排除杂质，一些安装于油箱内部，其他的安装在配油管上。

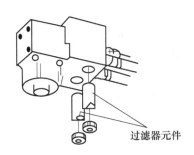

图 2-1-48　油路过滤器

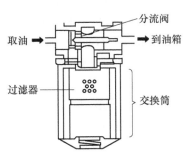

图 2-1-49　回油过滤器

四、液压回路

1. 液压回路中的阀

液压回路中的阀用于控制油液压力、流量大小和方向。

（1）溢流阀（见图 2-1-50）　若没有一条通路让液压油流出，而是不断地由液压泵输出，液压回路就会被破坏。溢流阀的作用就是当液压回路中的压力超出限定压力值时，溢流阀自动打开，让多余的压力油从回路中流回液压油箱。

（2）压力补偿流量调整阀　该阀可使节流口前后压差在负载压力变化时保持恒定。这种稳压作用使调速阀的调定流量可以基本不受负载变化的影响。

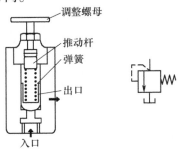

图 2-1-50　溢流阀

（3）换向阀（见图2-1-51） 为使液压缸活塞杆伸长，需将油液输入 A 腔；为使液压缸活塞杆收缩，需将油液输入 B 腔；这种控制油液流动方向的阀称为换向阀。

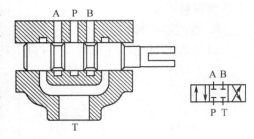

图 2-1-51　换向阀

换向阀是通过阀芯的移动而使油液流动方向改变的阀门。通过改变流向，从而改变液压缸的运动方向，或者改变液压马达的转动方向。

在起重机中，操作者用一个控制杠杆来操作换向阀。还有一种换向阀是用电磁铁控制的，称为电磁换向阀。

（4）单向阀 可以让油液向一个方向自由流动，而不能反方向流动，并具有防止回流功能的阀称为单向阀。当油液从左流向右时，弹簧压缩，阀芯与阀座开启，油液就可以自由流动，但不能从右向左流动，因为打不开阀芯。

液压锁的作用是根据需要将阀门打开或关闭。若没有先导压力，那么它就和普通的单向阀没有区别，只能让油液朝一个方向流动，从入到出。当先导压力存在时，阀芯升高，阀芯与阀座开启，油液就可以从出口到入口流动了。若没有液压锁，支脚的油液就会反向流回，支脚就缩回了。安装一个液压锁后，其自锁功能会使液压油不流出，支腿保持伸开的状态，即使回路中有泄漏，起重机也不会由于自身的重力而下沉。

（5）平衡阀（见图2-1-52） 由一个先导式溢流阀和单向阀组成。其作用跟液压锁一样，是使起重机不会由于自身的重力而下沉。为了强调此作用，该阀门有时被称为"锁止阀"。若没有平衡阀，当下降重物时，重物会由于自身重力而加速，从而无法控制。

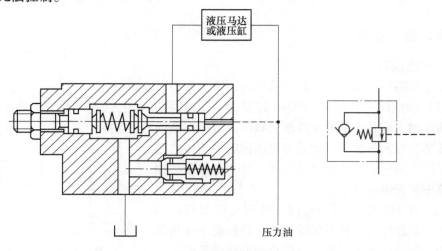

图 2-1-52　平衡阀

平衡阀也用在主臂变幅回路中，如无平衡阀，在减小变幅仰角时，会无法控制。

（6）电磁换向阀（见图2-1-53）　当电信号输入电磁阀时，电磁铁产生的吸力使阀芯移动，从而改变流向。因为阀门的开关是通过电信号控制的，遥控和自动控制就简单了。

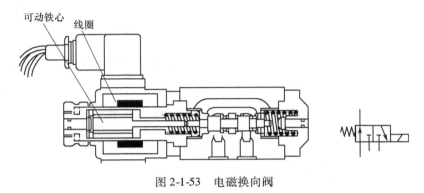

图 2-1-53　电磁换向阀

2. 配管

油路中的配管是将液压油从液压泵输入液压装置中的通道。运送压力油的配管就如同人的动脉、静脉一样重要。

配管有许多种，如液压钢管、高压胶管和低压胶管（棉线纺织胶管）。配管应能承受在相关油路中的最大压力值。

（1）液压管的构造（见图2-1-54）

1）橡胶层：防止使用时油液的渗漏。

2）钢丝编织层：防止由于压力，橡胶管内表面扩张和爆裂。

3）中间橡胶层：防止钢丝编织层间的摩擦，增强钢丝编织层的黏着度。

4）棉绳：防止钢丝编织层遭到外界破坏，也防止生锈。

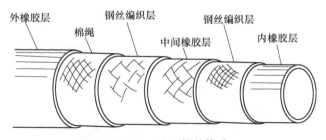

图 2-1-54　液压管的构造

（2）接头　有扩口接头和不扩口接头。

1）扩口接头（见图2-1-55）：配管的一头扩张为有边缘的形状，形成一个扩口，然后在带有锥度的接口的一端插入扩口并拧紧。

31

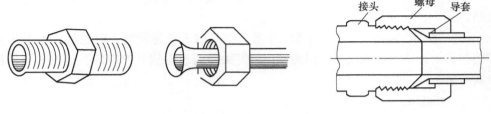

图 2-1-55　扩口接头

2）不扩口接头（见图 2-1-56）：卡套装在配管上，然后插入另一个接头中并拧紧。

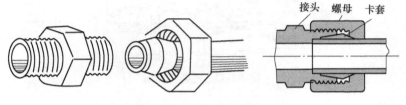

图 2-1-56　不扩口接头

3. 冷却器

液压系统中油液温度不宜过高，否则会产生许多问题，故一般在回路中安装有冷却器，当油液温度超过一个设定的值时，就会被冷却器冷却。

油液高温易引起的问题举例：液压装置内部泄漏增加（尤其是泵和马达），效率降低；密封物和填充物材料的性质发生变化，液压油更快变质。

在高温下工作或持续工作时，冷却器可防止温度增加并缓解能量损失。液压起重机一般使用的是空气冷却器。总体来讲，液压油最大允许温度为 80℃。当起重机用于热带地区时，要选择合适的液压油。若液压油温度升高得太快，则密封材质会受影响。

4. 密封

密封是液压装置中最重要的部分，通过它可以防止进水、漏油等。密封的种类包括密封圈（见图 2-1-57）、密封垫和防尘圈。

（1）特形密封圈　可以防止油液泄漏或由于热膨胀而产生的小缝隙带来的问题，以及操作中由于各部件相互间的移动而产生的其他问题。

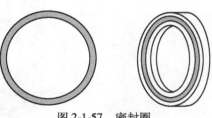

图 2-1-57　密封圈

特形密封圈截面的形状有 U 形、V 形、L 形、O 形等。U 形密封圈用于轴向密封和径向密封，适用于低压和高压，移动阻力小；V 形密封圈用于轴向密封和径向密封，适用于低压和高压（根据压力，可多个合用），移动阻力大；L形密封圈用于径向密封，适用于低压和高压，移动阻力小；O形密封圈用于轴向密封和径向密封，适用于低压和高压，移动阻力小。

（2）密封垫　它是一种薄片形的密封，使用时将它插入固定不动的部分之间，防止灰尘进入。通常用于管接口的密封，可由人造橡胶、金属和石棉制成。

5. 蓄能器

蓄能器的作用是吸收或减小液压回路中产生的压力脉动；当液压泵关闭时，充当临时压力源。

6. 中心回转接头

当起重机部分（上车）回转时，中心回转接头（见图2-1-58）壳体相对转台不动，因而配管不会扭转，中心回转接头体固定在车架上，与壳体有相对旋转运动。

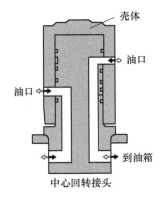

图2-1-58　中心回转接头

第四节　常用的液压元件与电气元件的图形符号

一、常用的液压元件的图形符号

常用的液压元件的图形符号见表2-1-1～表2-1-17。

表2-1-1　泵和马达

图形符号	说　明	图形符号	说　明
	变量泵		双向流动，带外泄油路，单向旋转的变量泵
	双向变量泵或马达单元，双向流动，带外泄油路，双向旋转		单向旋转的定量泵或马达
	操纵杆控制，限制转盘角度的泵		限制摆动角度，双向流动的摆动执行器或旋转驱动

33

（续）

图形符号	说　明	图形符号	说　明
	单作用的半摆动执行器或旋转驱动		变量泵，先导控制，带压力补偿，单向旋转，带外泄油路
	带复合压力或流量控制（负载敏感型）变量泵，单向驱动，带外泄油路		机械或液压控制的变量泵
	电液伺服控制的变量液压泵		恒功率控制的变量泵
	带两级压力控制元件的变量泵，电气转换		静液传动（简化表达）驱动单元，由一个能反转、带单输入旋转方向的变量泵和一个带双输出旋方向的定量泵组合而成

（续）

图形符号	说　明	图形符号	说　明
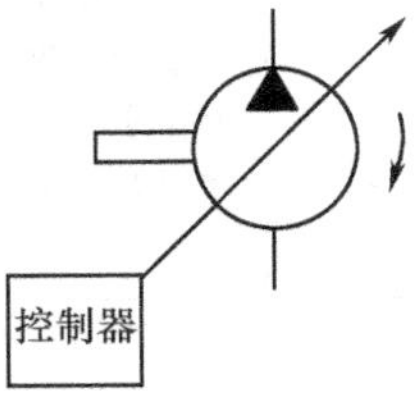	表现出控制和调节元件的变量泵，箭头表示调节能力可扩展，可以在箭头任意一边连接控制器	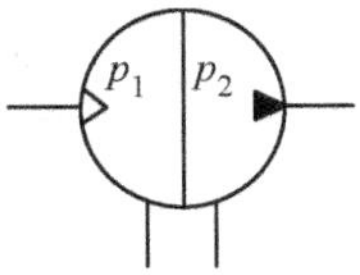	连续增压器，将气体压力 p_1 转换为较高的液体压力 p_2

表 2-1-2　缸

图形符号	说　明	图形符号	说　明
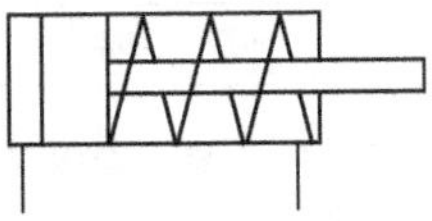	单作用单杆缸，靠弹簧力返回行程，弹簧腔带连接油口	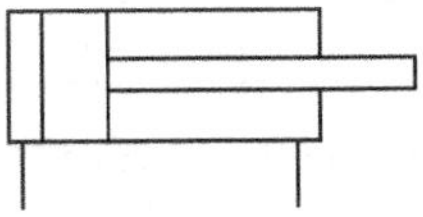	双作用单杆缸
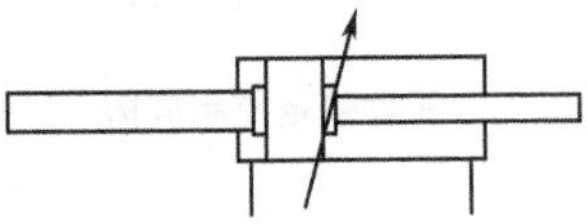	双作用双杆缸，活塞杆直径不同，双侧缓冲，右侧带调节	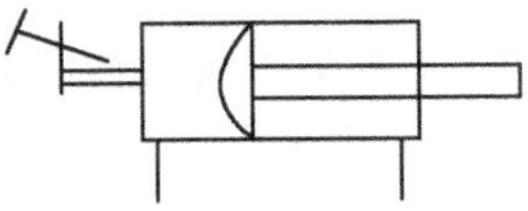	带行程限制器的双作用膜片缸
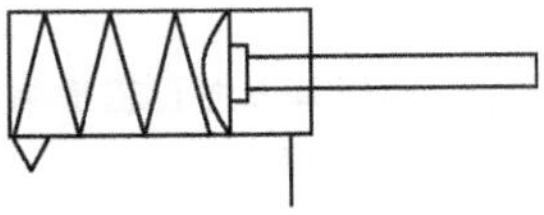	活塞杆终端带缓冲的单作用膜片缸，排气口不连接	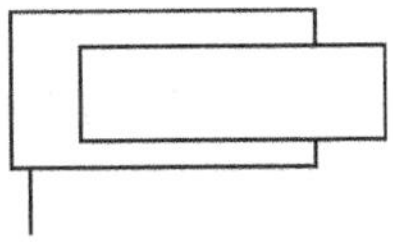	单作用缸，活塞缸
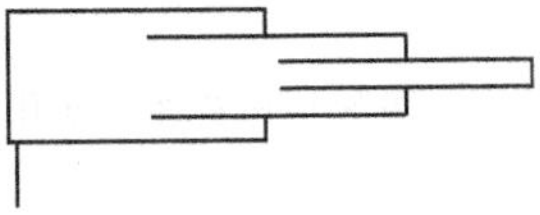	单作用伸缩缸	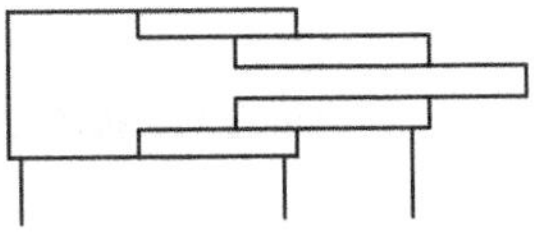	双作用伸缩缸
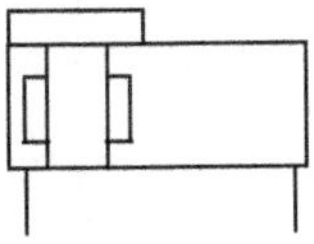	双作用带状无杆缸，活塞两端带终点位置缓冲	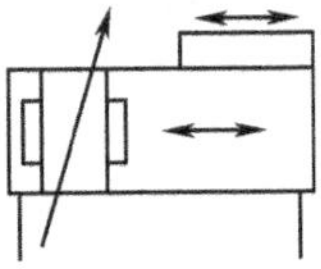	双作用缆线式无杆缸，活塞两端带可调节终点位置缓冲
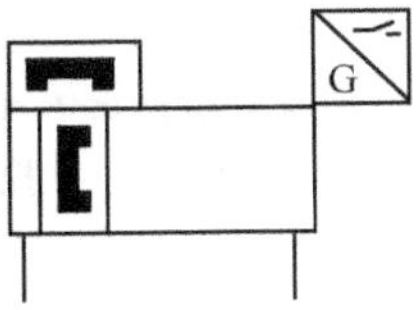	双作用磁性无杆缸，仅右边终端位置切换	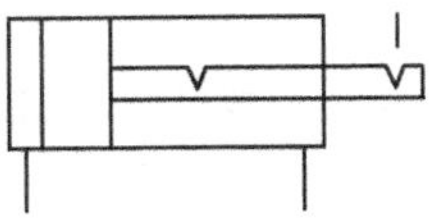	行程两端定位的双作用缸

（续）

图形符号	说　明	图形符号	说　明
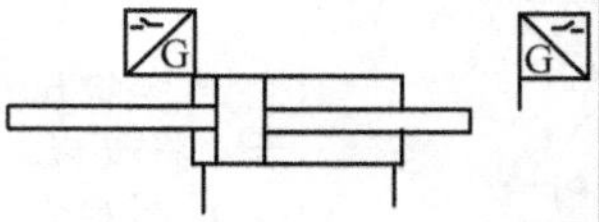	双杆双作用缸，左终点带内部限位开关，内部机械控制，右终点有外部限位开关，由活塞杆触发	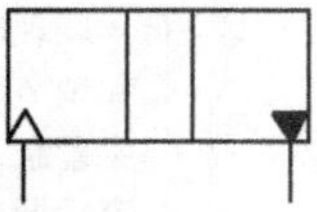	单作用压力介质转换器，将气体压力转换为等值的液体压力，反之亦然
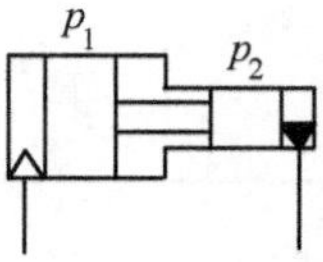	单作用增压器，将气体压力 p_1 转换为更高的液体压力 p_2		

表 2-1-3　控制机构

图形符号	说　明	图形符号	说　明
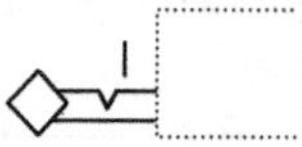	带有分离把手和定位销的控制机构	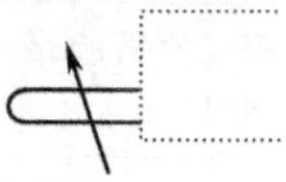	具有可调行程限制装置的定杆
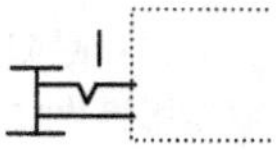	带有定位装置的推或拉控制机构	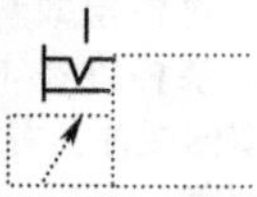	手动锁定控制机构
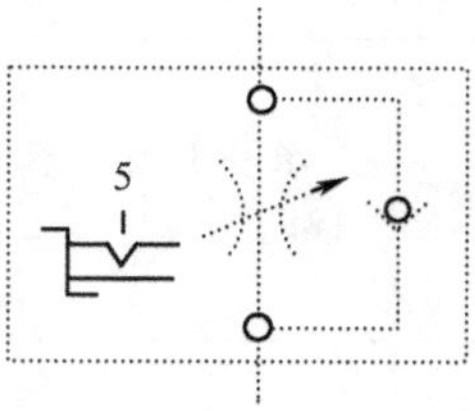	具有 5 个锁定位置的调节控制机构	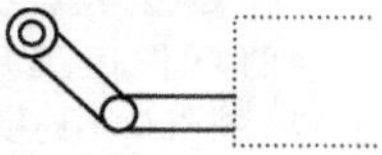	用作单方向行程操纵的滚轮杠杆
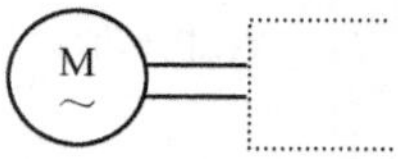	使用步进电动机的控制机构		单作用电磁铁，动作指向阀芯
	单作用电磁铁，手动背离阀芯	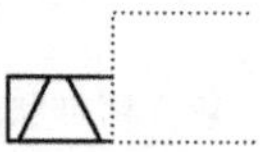	双作用电气控制机构，动作指向或背离阀芯
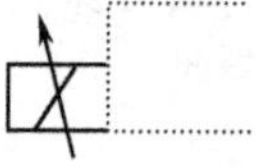	单作用电磁铁，动作背离阀芯，连续控制		双作用电气控制机构，动作指向或背离阀芯，连续控制
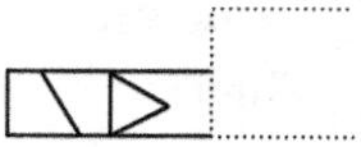	电气操纵的气动先导控制机构	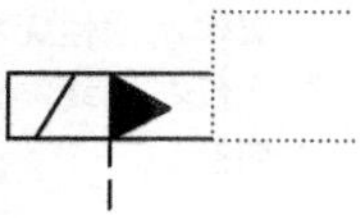	电气操纵的带有外部控油的液压先导控制机构

（续）

图形符号	说　　明	图形符号	说　　明
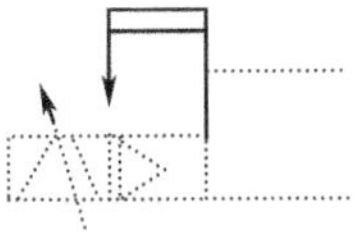	机械反馈	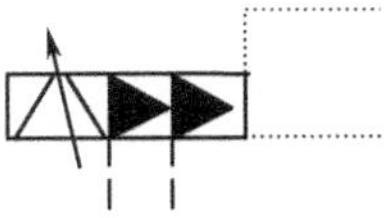	具有外部先导供油，双比例电磁铁，双向操作，集成在同一组件上，连续工作的双先导装置的液压控制机构

表 2-1-4　方向控制阀

图形符号	说　　明	图形符号	说　　明
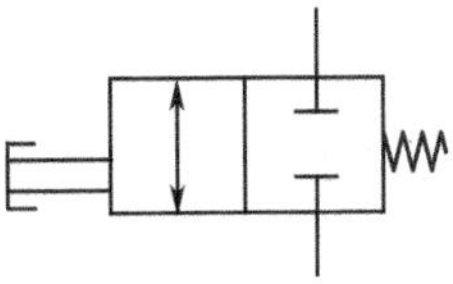	二位二通方向控制阀，两通，两位，推压控制机构，弹簧复位，常闭	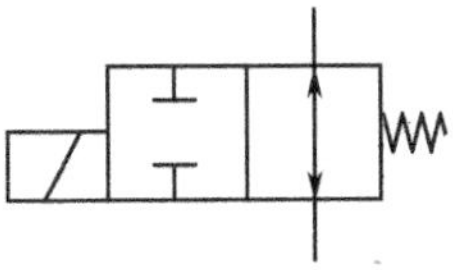	二位二通方向控制阀，两通，两位，电磁铁操纵，弹簧复位，常开
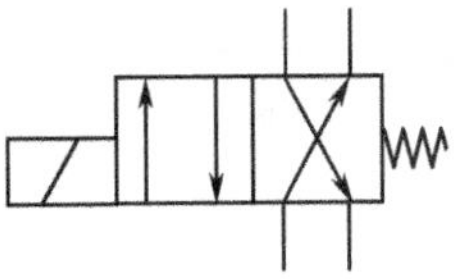	二位四通方向控制阀，电磁铁操纵，弹簧复位	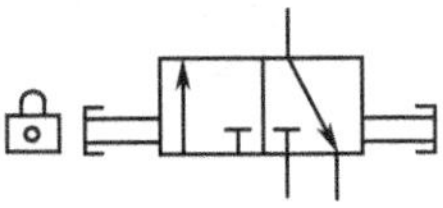	二位三通锁定阀
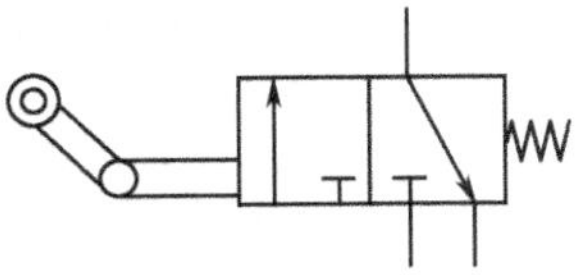	二位三通方向控制阀，滚轮杠杆控制，弹簧复位	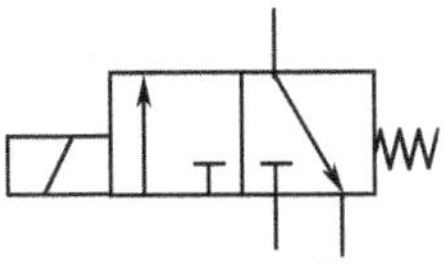	二位三通方向控制阀，电磁铁操纵，弹簧复位，常闭
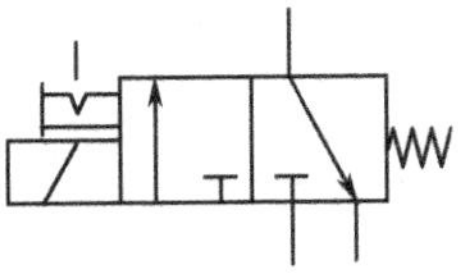	二位三通方向控制阀，单电磁铁操纵，弹簧复位，定位销式手动定位	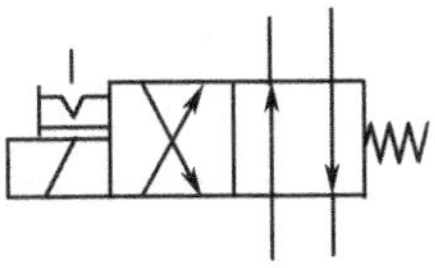	二位四通方向控制阀，单电磁铁操纵，弹簧复位，定位销式手动定位
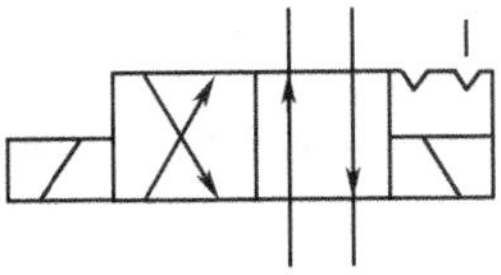	二位四通方向控制阀，双电磁铁操纵，定位销式（脉冲阀）	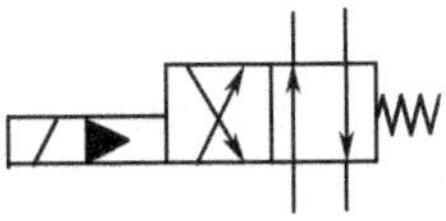	二位四通方向控制阀，电磁铁操纵，液压先导控制，弹簧复位

（续）

图形符号	说　明	图形符号	说　明
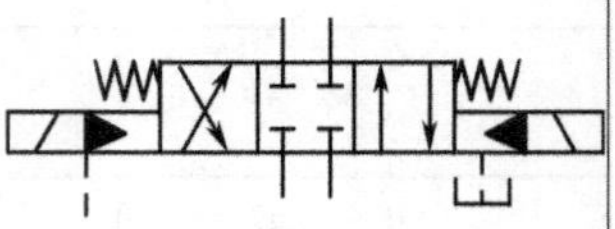	二位四通方向控制阀，电磁铁操纵先导级和液压操作主阀，主阀及先导级弹簧对中，外部先导供油和先导回油	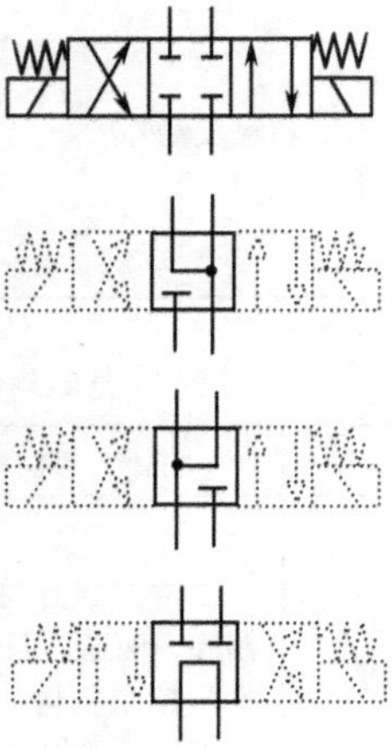	二位四通方向控制阀，弹簧对中，双电磁铁直接操纵，不同中位机能的类别
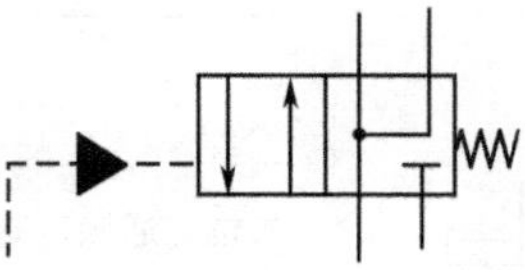	二位四通方向控制阀，液压控制，弹簧复位	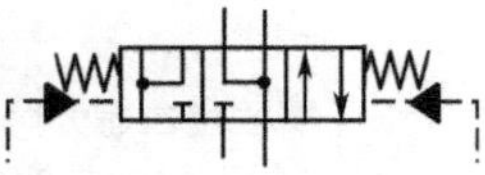	二位四通方向控制阀，液压控制，弹簧对中
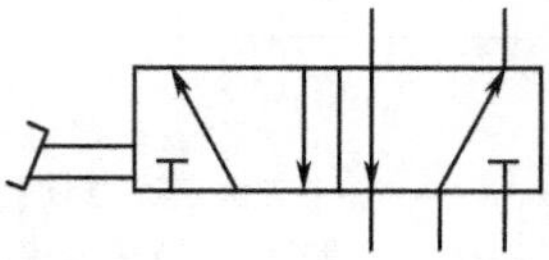	二位五通方向控制阀，踏板控制	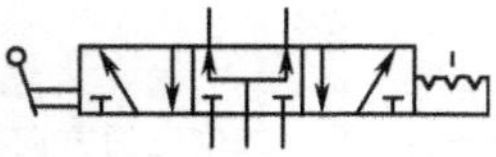	二位五通方向控制阀，定位销式各位置杠杆控制
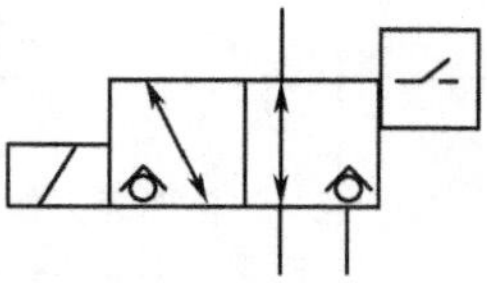	二位三通电磁换向座阀，带行程开关	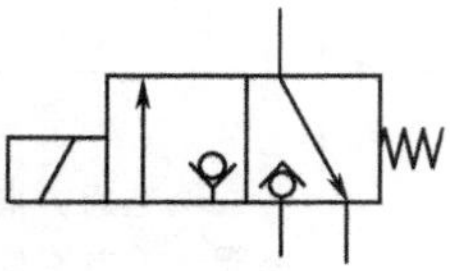	二位三通电磁换向座阀

表 2-1-5　压力控制阀

图形符号	说　明	图形符号	说　明
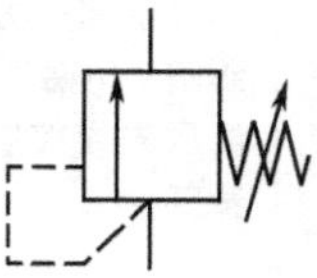	溢流阀，直动式，开启压力由弹簧调节	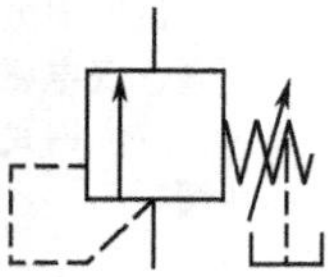	顺序阀，手动调节设定值

（续）

图形符号	说　明	图形符号	说　明
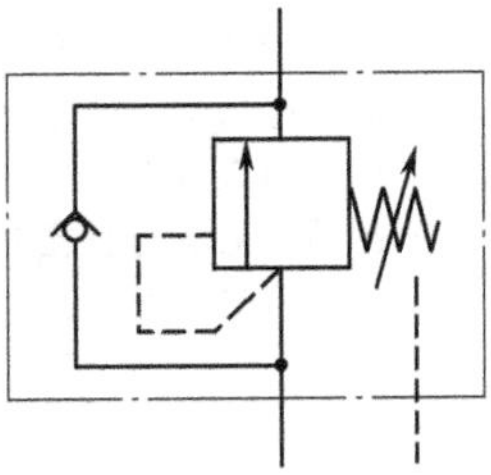	顺序阀，带有旁通阀	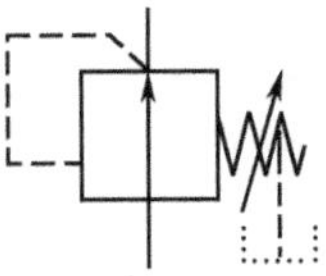	二通减压阀，直动式，外泄型
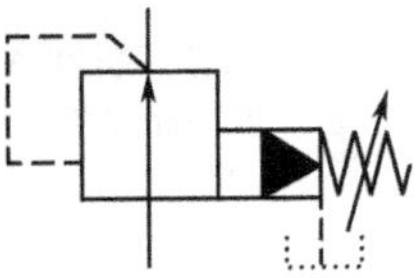	二通减压阀，先导式，外泄型	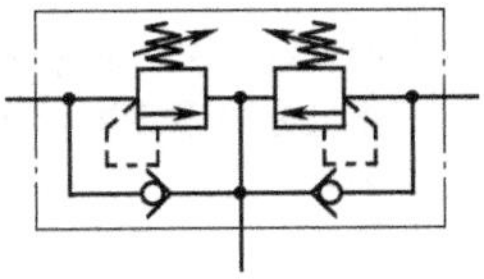	防气蚀溢流阀，用来保护两条供油管道
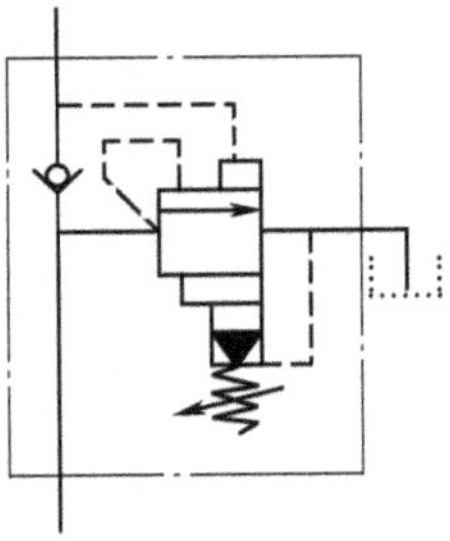	蓄能器充液阀，带有固定开关压差	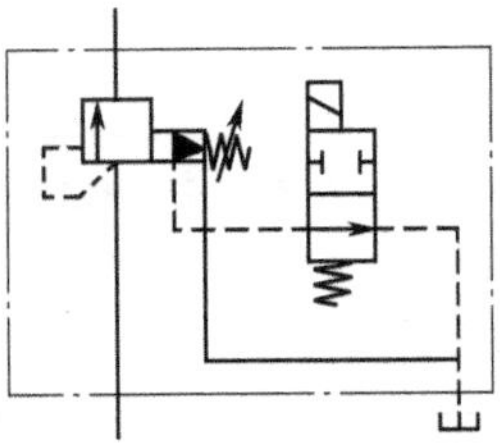	电磁溢流阀，先导式，电气操纵预设定压力
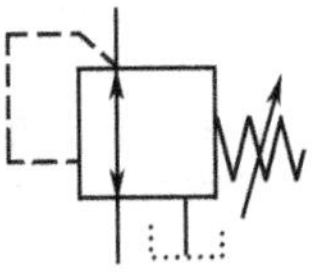	三通减压阀（液压）		

表 2-1-6　流量控制阀

图形符号	说　明	图形符号	说　明
	可调节流量控制阀	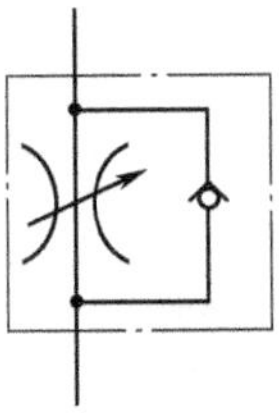	可调节流量控制阀，单向自由流动

（续）

图 形 符 号	说　明	图 形 符 号	说　明
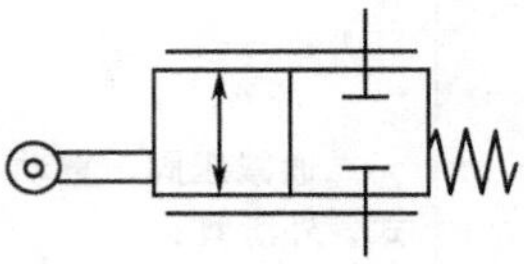	节流量控制阀，滚轮杠杆操纵，弹簧复位	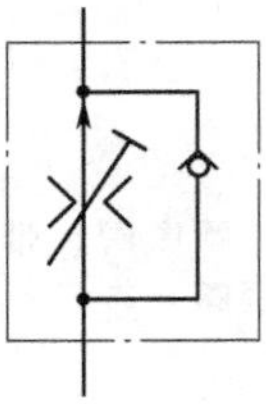	二通节流量控制阀，可调节，带旁通阀，固定设置，单向流动，基本与黏度和压差无关
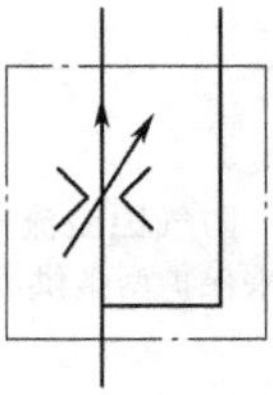	三通节流量控制阀，可调节，将输入流量分成固定流量和剩余流量	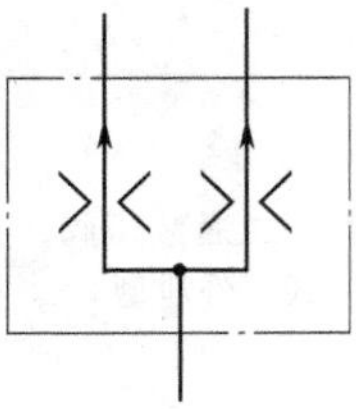	分流器，将输入流量分成两路输出
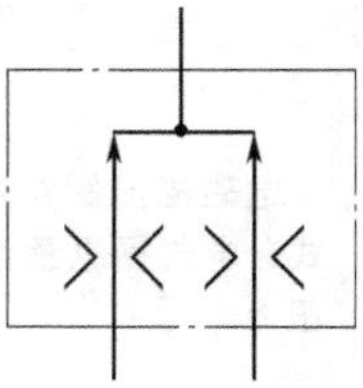	集流阀，保持两路输入流量相互恒定		

表 2-1-7　单向阀和梭阀

图 形 符 号	说　明	图 形 符 号	说　明
	单向阀，只能在一个方向自由流动		单向阀，带有复位弹簧，只能在一个方向流动，常闭
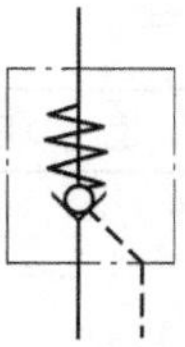	先导式液控单向阀，带有复位弹簧，先导压力允许在两个方向自由流动	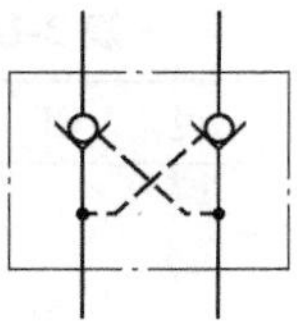	双单向阀，先导式
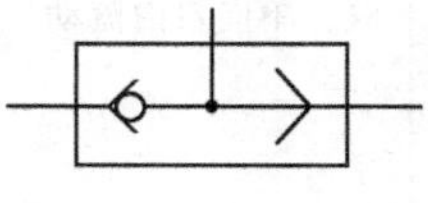	梭阀（"或"逻辑），压力高的入口自动与出口接通		

表 2-1-8　比例方向控制阀

图形符号	说明	图形符号	说明
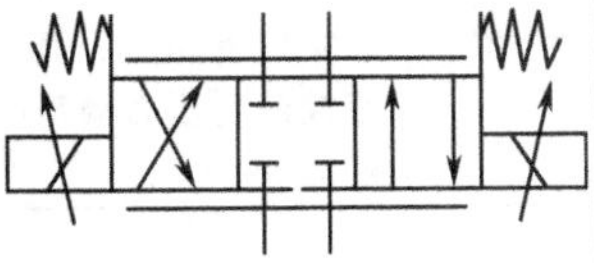	直动式比例方向控制阀	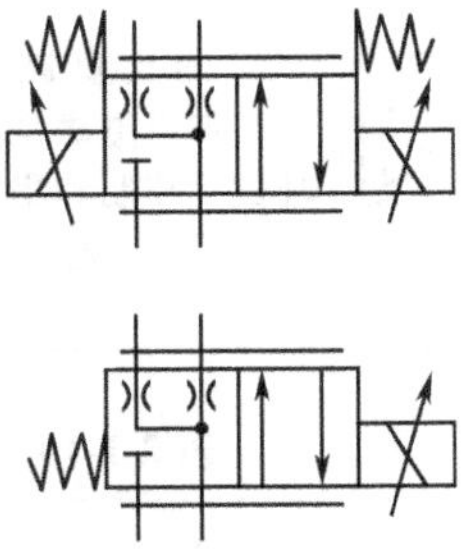	比例方向控制阀，直接控制
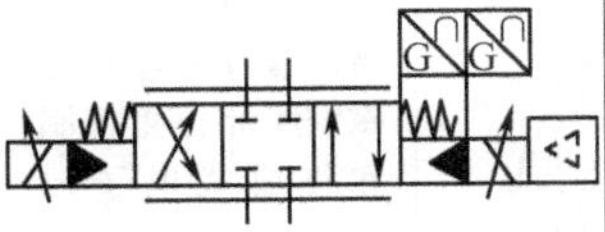	先导比例方向控制阀，带主级和先导级的闭环位置控制，集成电子器件	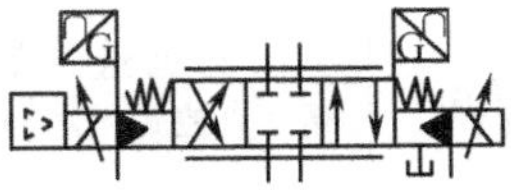	先导式伺服阀，带主级和先导级的闭环位置控制，集成电子器件，外部显得供油和回油
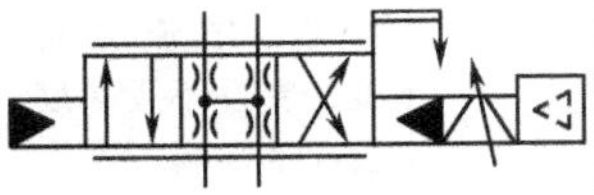	先导式伺服阀，先导级带双线圈电气控制机构，双向连续控制，阀芯位置机械反馈到先导装置，集成电子器件	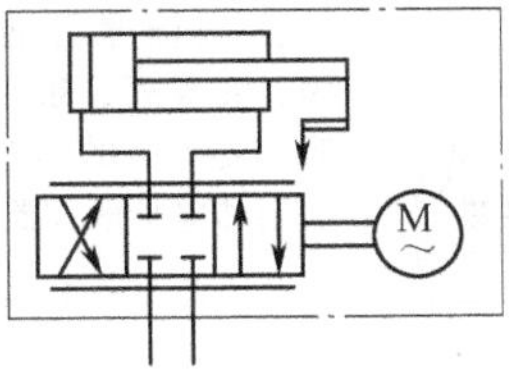	电液线性执行器，带由步进电机驱动的伺服阀和液压缸位置机械反馈
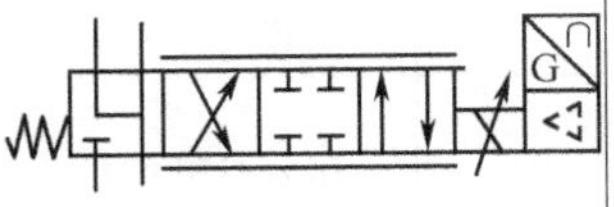	伺服阀，内置电反馈和集成电子器件，带预设动力故障位置		

表 2-1-9　比例压力控制阀

图形符号	说明	图形符号	说明
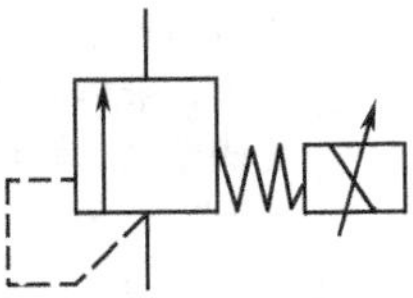	比例溢流阀，直动式，通过电磁铁控制弹簧工作长度来控制液压电磁铁换向座阀	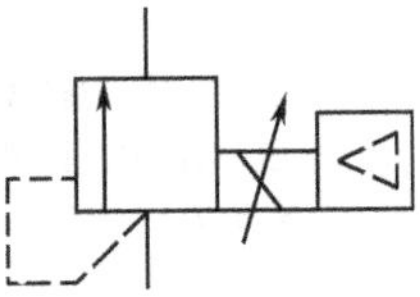	比例溢流阀，直动式，电磁铁直接作用在阀芯上，集成电子器件
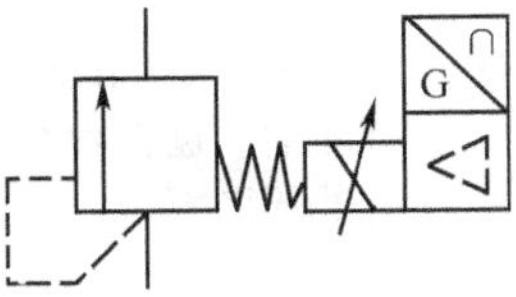	比例溢流阀，直动式，带电磁铁位置闭环控制，集成电子器件	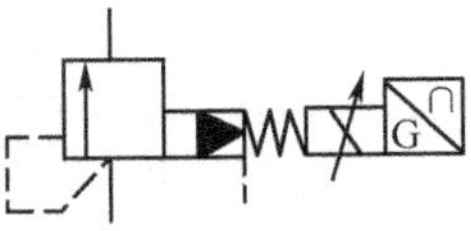	比例溢流阀，先导控制，带电磁铁位置反馈

（续）

图形符号	说　明	图形符号	说　明
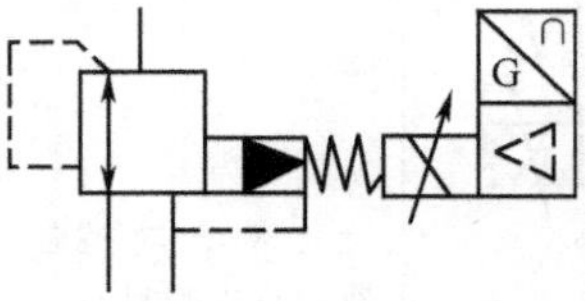	三通比例减压阀，带带电磁铁闭环位置控制和集成式电子放大器	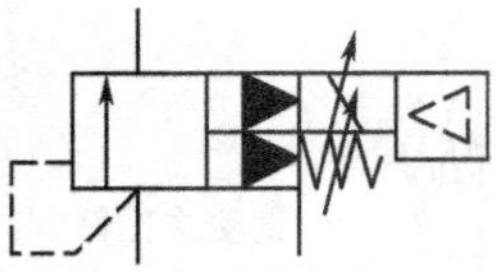	比例溢流阀，先导式，带电子放大器和附加先导级，以实现手动压力调节或最高压力溢流功能

表 2-1-10　比例流量控制阀

图形符号	说　明	图形符号	说　明
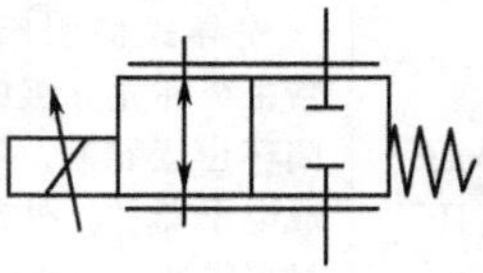	比例流量控制阀，直控式	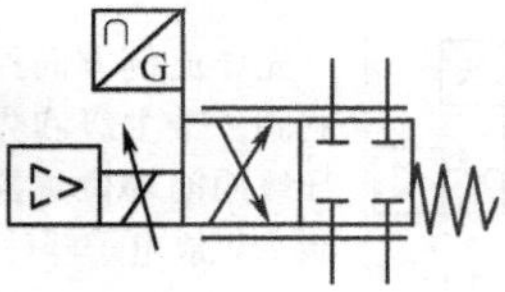	比例流量控制阀，直控式，带电磁铁闭环位置控制和集成式电子放大器
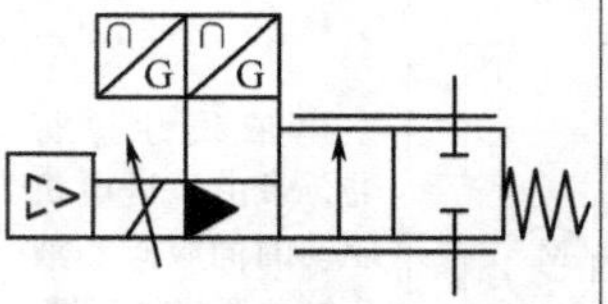	比例流量控制阀，先导式，带主级和先导级的位置控制和电子放大器		流量控制阀，用双线圈比例电磁铁控制，节流孔可变，特性不受黏度变化的影响

表 2-1-11　二通盖板式插装阀

图形符号	说　明	图形符号	说　明
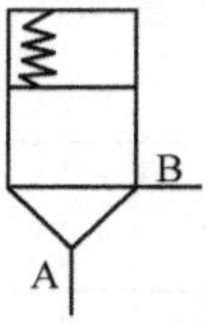	压力控制和方向控制插装阀插件，座阀结构，面积比为 1∶1	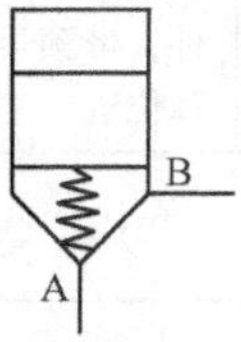	压力控制和方向控制插装阀插件，座阀结构，常开，面积比为 1∶1
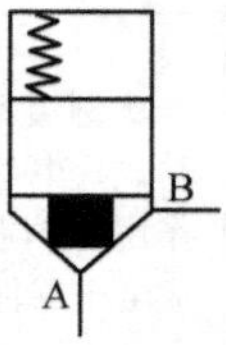	方向控制插装阀插件，带节流端的座阀结构，面积比 ≤0.7	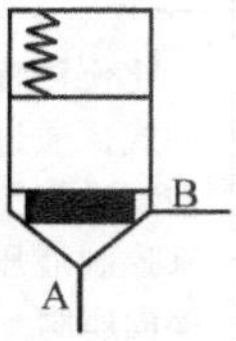	方向控制插装阀插件，带节流端的座阀结构，面积比 >0.7
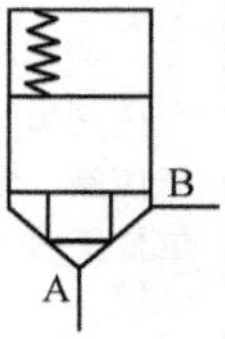	方向控制插装阀插件，座阀结构，面积比≤0.7	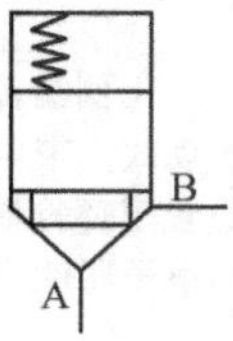	方向控制插装阀插件，座阀结构，面积比 >0.7

（续）

图形符号	说　明	图形符号	说　明
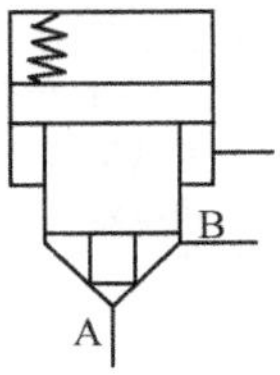	主动控制的方向控制插装阀插件，座阀结构，由先导压力打开	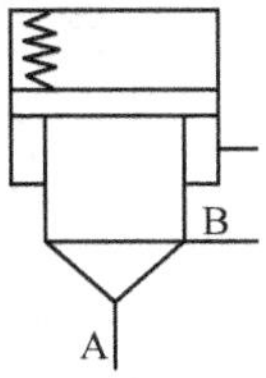	主动控制插件，B端无面积差
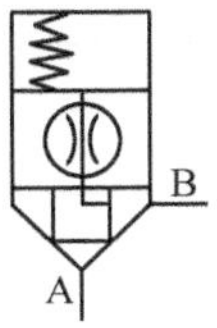	方向控制插装阀插件，座阀结构，内部先导供油，带可替换的节流孔（节流器）	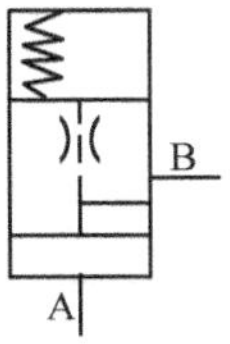	带溢流和限制保护功能的阀芯插件，滑阀结构，常闭
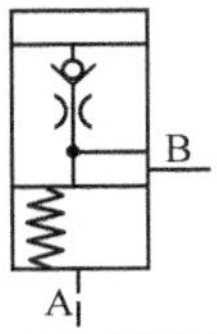	减压插装阀插件，滑阀结构，常闭，带集成的单向阀	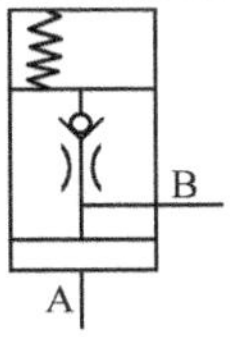	减压插装阀插件，滑阀结构，常开，带集成的单向阀

表 2-1-12　连接和管接头

图形符号	说　明	图形符号	说　明
	软管总成	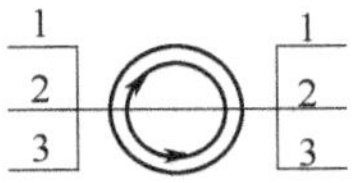	三通回转接头
	不带单向阀的快换接头，断开状态		带单向阀的快换接头，断开状态
	带两个单向阀的快换接头，断开状态		不带单向阀的快换接头，连接状态
	带一个单向阀的快插管接头，连接状态		带两个单向阀的快插管接头，连接状态

表 2-1-13　电气装置

图形符号	说　明	图形符号	说　明
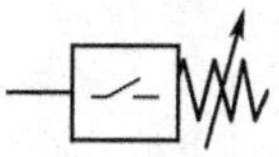	可调节的机械电子压力继电器	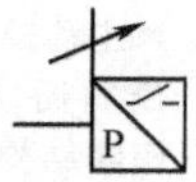	输出开关信号、可电子调节的压力转换器
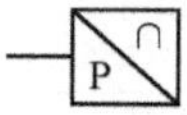	模拟信号输出压力转换器		

表 2-1-14　测量仪和指示器

图形符号	说　明	图形符号	说　明
	光学指示器		数字指示器
	声音指示器		压力测试单元（压力表）
	压差计	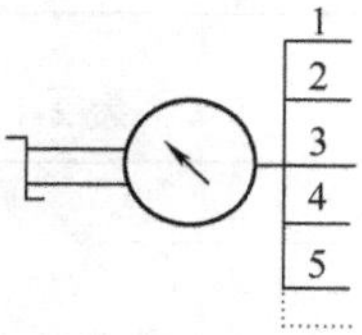	带选择功能的压力表
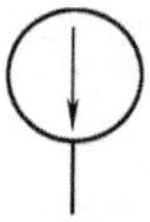	温度计	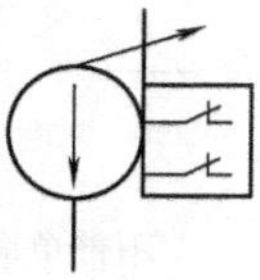	可调电气常闭触点温度计（接点温度计）
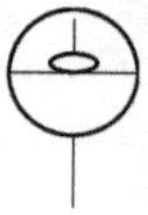	液位指示器（液位计）	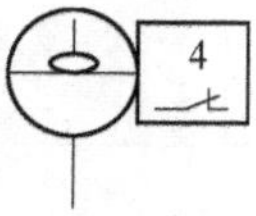	四常闭触点液位开关
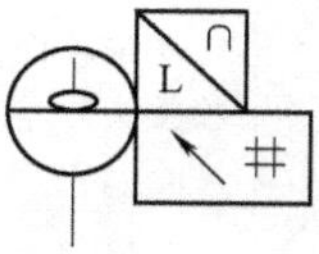	模拟量输出数字式电气液位监控器	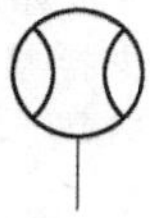	液位指示器
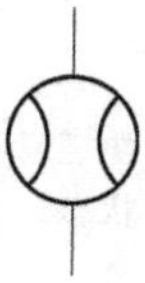	流量计	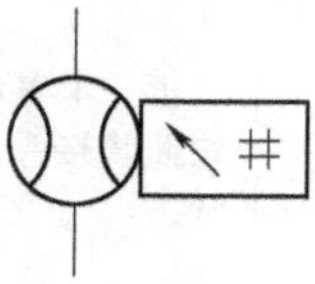	数字流量计

（续）

图形符号	说　明	图形符号	说　明
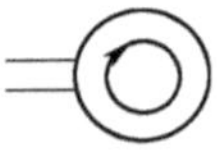	转速仪	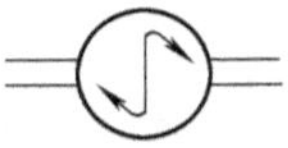	转矩仪
	开关式定时器	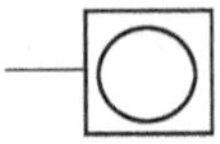	计数器
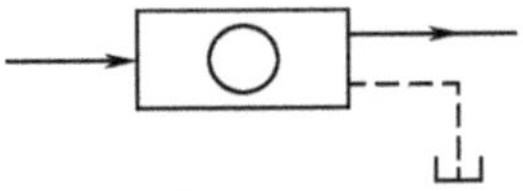	直通式颗粒计数器		

表 2-1-15　过滤器与分离器

图形符号	说　明	图形符号	说　明
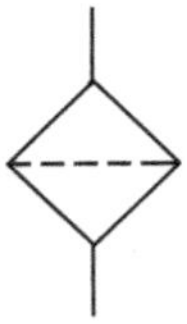	过滤器	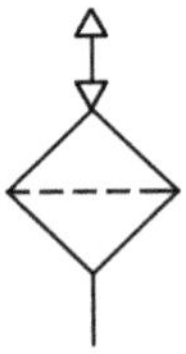	油箱通气过滤器
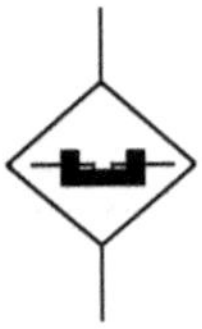	带附属磁性滤芯的过滤器	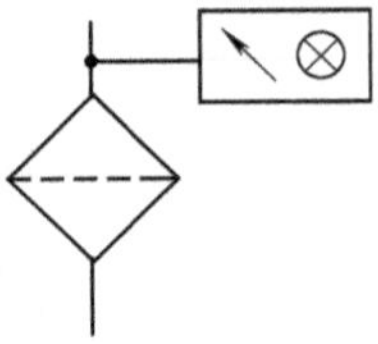	带光学阻塞指示器的过滤器
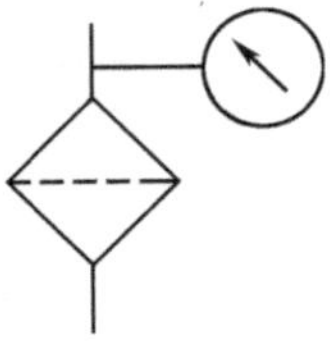	带压力表的过滤器	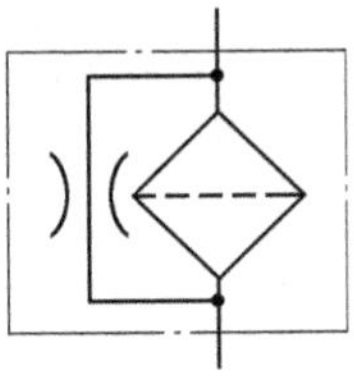	带旁通节流的过滤器
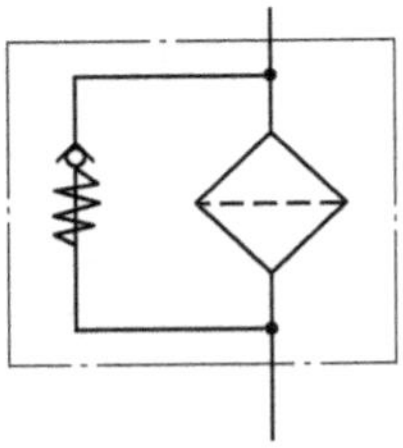	带旁通单向阀的过滤器	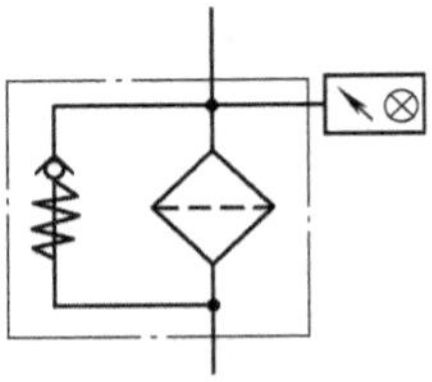	带旁通单向阀和数字显示器的过滤器

（续）

图 形 符 号	说　明	图 形 符 号	说　明
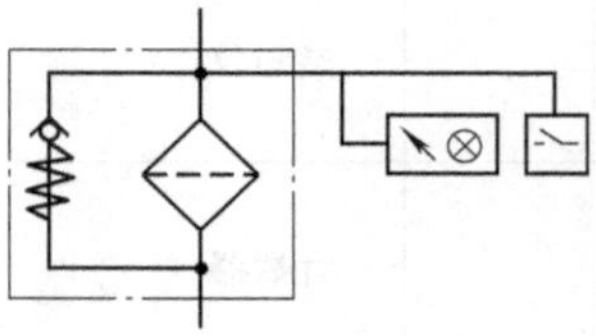	带旁通单向阀、光学阻塞指示器与电气触点的过滤器	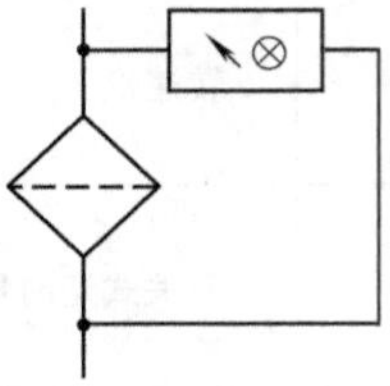	带光学压差指示器的过滤器
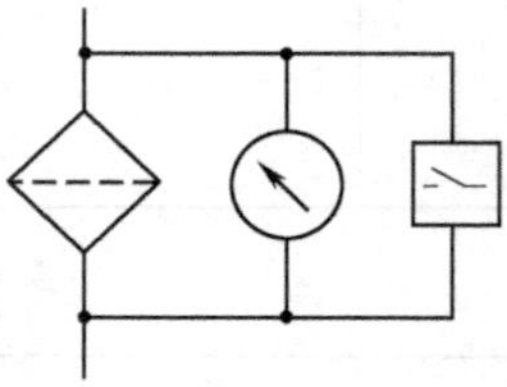	带压差指示器与电气触点的过滤器	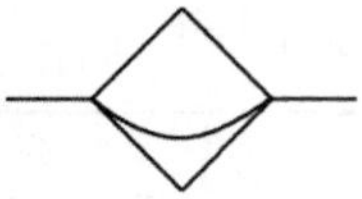	离心式分离器
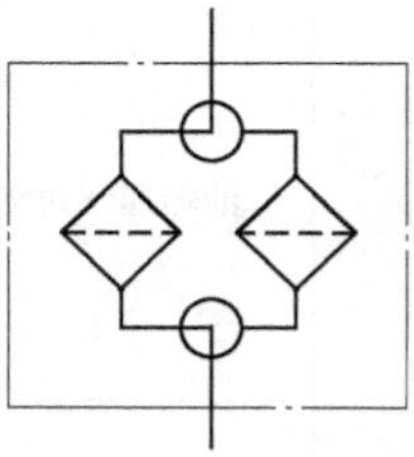	带手动切换的双过滤器		

表 2-1-16　热交换器

图 形 符 号	说　明	图 形 符 号	说　明
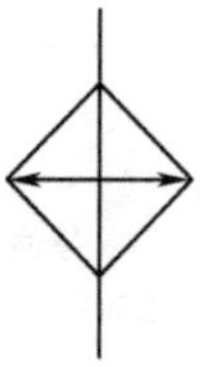	不带冷却液流道指示的冷却器	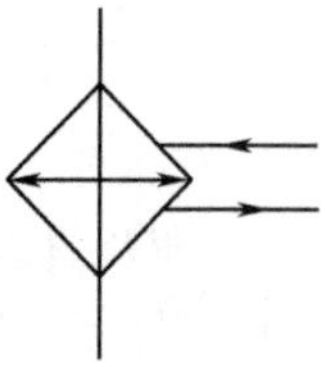	液体冷却的冷却器
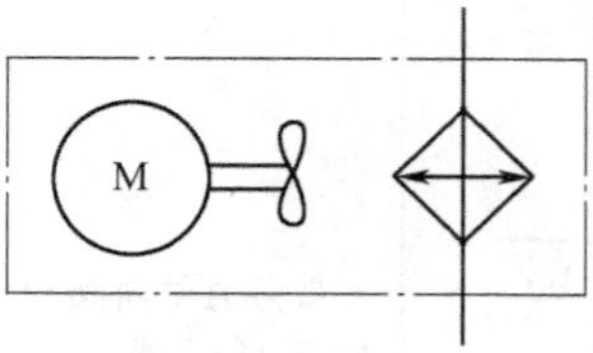	电风扇冷却的冷却器	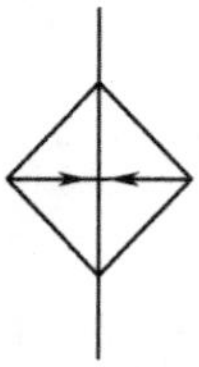	加热器
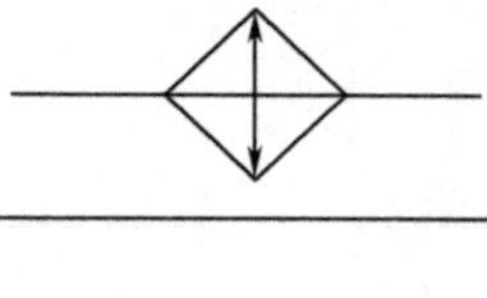	温度调节器		

表 2-1-17　蓄能器（压力容器、气瓶）

图形符号	说　明	图形符号	说　明
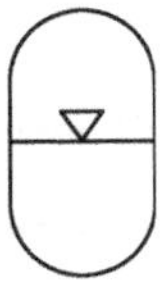	隔膜式充气蓄能器（隔膜式蓄能器）	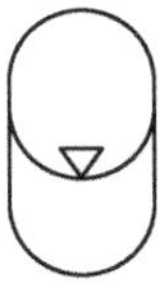	囊隔式充气蓄能器（囊式蓄能器）
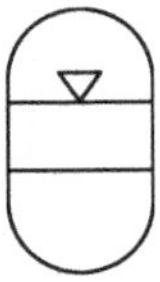	活塞式充气蓄能器（活塞式蓄能器）		气瓶
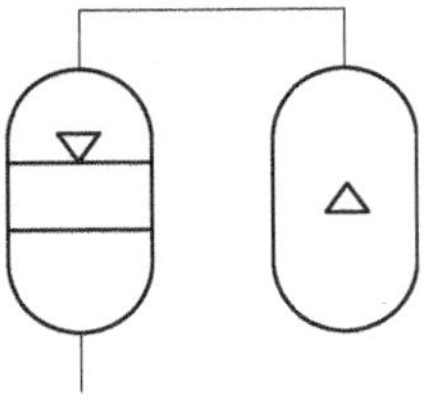	带下游式活塞式充气蓄能器		

二、常用的电气图形符号

常用的电气图形符号见表 2-1-18～表 2-1-23（摘自 GB/T 4728.1—2005～GB/T 4728.13—2008）。

表 2-1-18　常用基本符

序号	名　称	图形符号	序号	名　称	图形符号
1	直流	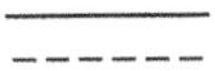 ------	5	负极	-
2	交流	 ∿	6	中性点	N
3	交直流	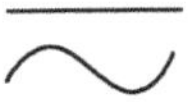 ≋	7	接地	⏚
4	正极	+			

表 2-1-19　导线端子和导线连接

序号	名　称	图形符号	序号	名　称	图形符号
1	接点	●	8	插头和插座	
2	端子	○	9	插头和插座，多级（示出的为三极）	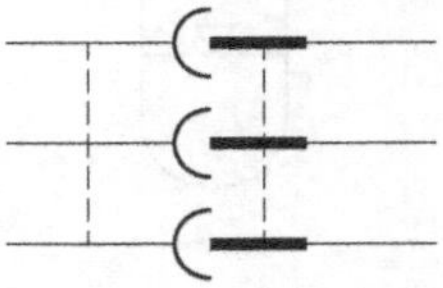
3	导线的连接	 ○──○			
4	T 形连接（形式2）	 ●			
5	导线的双 T 连接（形式2）	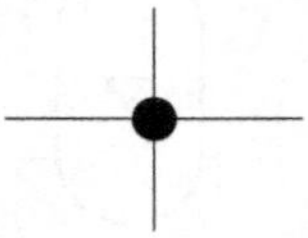 ●	10	接通的连接片	
6	阴接触件（连接器的）插座	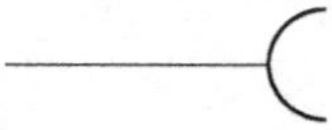	11	断开的连接片	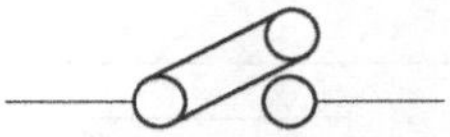
7	阳接触件（连接器的）插头	 ▬	12	屏蔽导线	

表 2-1-20　触点开关

序号	名　称	图形符号	序号	名　称	图形符号
1	动合（常开）触点		5	双动合触点	
2	动断（常闭）触点		6	双动断触点	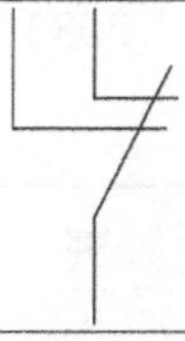
3	先断后合的转换触点		7	单动断双动合触点	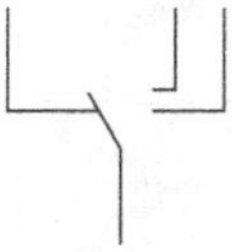
4	中间断开的转换触点		8	双动断单动合触点	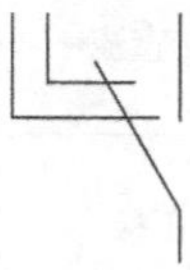

（续）

序号	名　　称	图形符号	序号	名　　称	图形符号
9	手动操作开关，一般符号	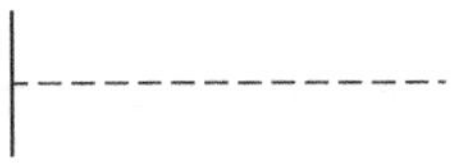	16	手动操作开关	
10	拉拨操作		17	自动复位的手动按钮开关	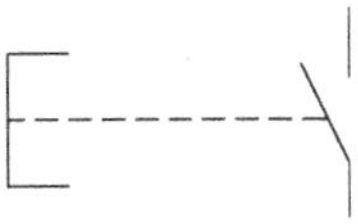
11	旋转操作		18	自动复位的手动拉拨开关	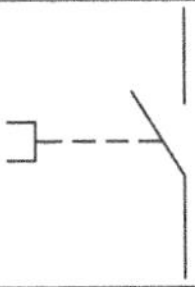
12	按动操作		19	无自动复位的手动旋转开关	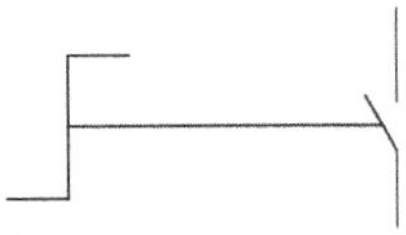
13	钥匙操作		20	带动合触点的热敏开关	 θ
14	液位控制	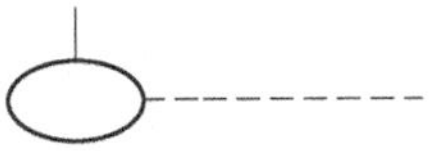	21	带动断触点的热敏开关	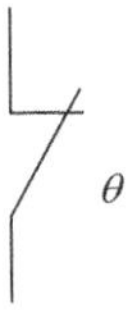 θ
15	凸轮控制	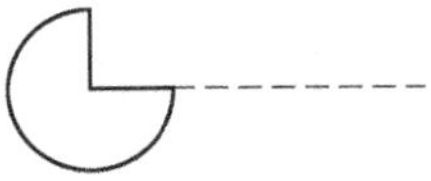	22	带动断触点的热敏自动开关	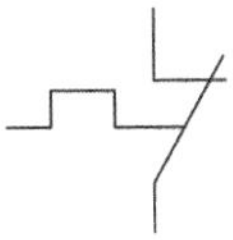

表 2-1-21　电器元件

序号	名　　称	图形符号	序号	名　　称	图形符号
1	电阻器		3	压敏电阻器	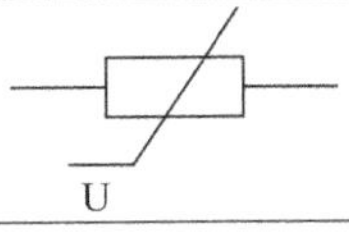 U
2	可调电阻器	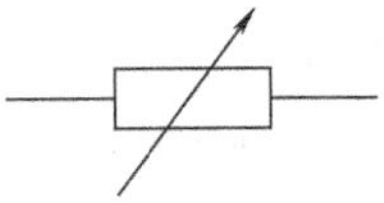	4	带滑动触点的电阻器	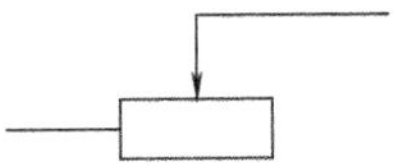

（续）

序号	名　称	图形符号	序号	名　称	图形符号
5	分路器		15	单向击穿二极管	
6	滑动触点电位器		16	发光二极管	
7	仪表照明调光电阻器		17	双向二极管（变阻二极管）	
8	光敏电阻		18	三极晶体闸流管	
9	加热元件		19	光电二极管	
10	电容器		20	PNP 型三极管	
11	可调电容器		21	集电极接管壳三极管（NPN）	
12	极性电容器		22	两电极的压电晶体	
13	穿心电容器		23	带磁心的电感器	
14	半导体二极管一般符号		24	熔断器	

（续）

序号	名　称	图 形 符 号	序号	名　称	图 形 符 号
25	永久磁铁		27	一个绕组	
26	驱动器件一般符号	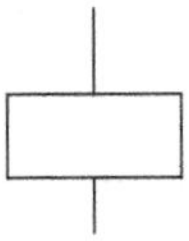	28	三个绕组	

表 2-1-22　仪表

序号	名　称	图 形 符 号	序号	名　称	图 形 符 号
1	指示仪表	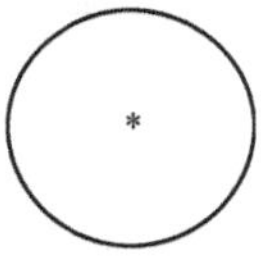 *	5	转速表	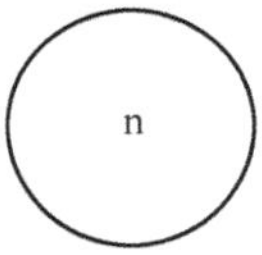 n
2	电压表	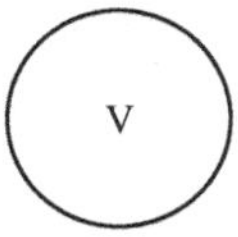 V	6	温度表	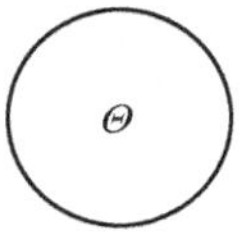 Θ
3	无功电流表	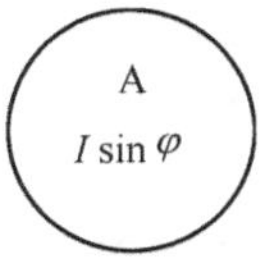 A $I\sin\varphi$	7	时钟，一般符号	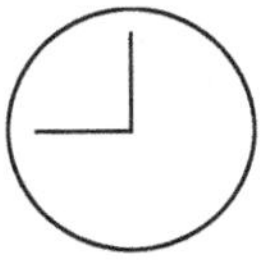
4	无功功率表	 var	—	—	—

表 2-1-23　电气设备

序号	名　称	图 形 符 号	序号	名　称	图 形 符 号
1	照明灯、信号灯、仪表灯、指示灯		3	扬声器	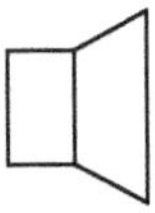
2	电喇叭		4	蜂鸣器	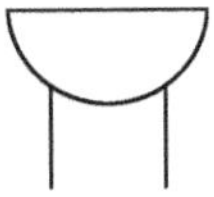

（续）

序号	名　称	图形符号	序号	名　称	图形符号
5	报警器		12	无线电台	
6	信号发生器	G	13	电话机	
7	脉冲发生器	G	14	线圈、绕组	
8	光电发生器	G	15	直流电动机	M
9	蓄电池		16	直流串励电动机	M
10	滤波器		17	直流并励电动机	M
11	天线一般符号		—	—	—

第二章

工程起重机基础知识

第一节　工程起重机概述

一、起重机的基本概念及发展现状

1. 基本概念

起重机是一种能在一定范围内垂直起升和水平移动物品的机械，动作间歇性和作业循环性是起重机工作的特点。

起重机可按构造特征、运动形式和主要用途分类（GB/T 6974.1—2008《起重机　术语　第一部分：通用术语》），如图 2-2-1 所示。

按构造特征可分为桥架型起重机、缆索型起重机和臂架型起重机。按运动形式可分为：旋转式起重机和非旋转式起重机；固定式起重机和运行式起重机。运行式起重机又分为轨行式（在固定的钢轨上运行）和无轨式（无固定轨道，由轮胎或履带支承运行）。

按主要用途可分为：通用起重机、建筑起重机、冶金起重机、铁路起重机、港口起重机、造船起重机、甲板起重机等。

工程起重机（械）是指建筑工程中，用于在一定空间范围内进行提升和搬运作业的机械和设备。本手册主要介绍流动式起重机。

依据 GB/T 20776—2006《起重机械分类》中的分类，流动式起重机按底盘的特点分为履带起重机、汽车起重机、轮胎起重机、全地面起重机和随车起重机。其中：

汽车起重机是以通用或专用的汽车底盘为运行底架的流动式起重机。

轮胎起重机是装有充气轮胎，以特制底盘为运行底架的流动式起重机。

全地面起重机是装在有油气悬架、多轴转向、多轴驱动和蟹行等特点的特质轮式底盘上，能在公路上行驶，且在作业场地具有比汽车起重机更高的机动性的流动

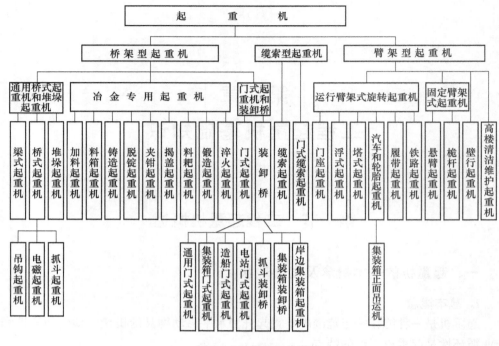

图 2-2-1　起重机分类

式起重机。

随车起重机是由一个在基座上方的转台和一个固定到转台顶端的臂架系统组成的动力驱动的起重机，通常安装在汽车上（包括拖车），用于货物的装卸。

2. 发展现状

我国的工程机械工业在国内已经发展成了机械工业十大行业之一，我国也步入了工程机械生产大国之列。工程机械用途广泛，市场遍布国民经济各个部门，其中主要有交通运输、能源、原材料、农林水利、城乡发展以及现代化国防六大领域。工程机械是保证各种工程建设实现高速度、高质量和低成本的重要手段。工程起重机是工程机械工业中重要的分支。

今年来，随着建设工程规模不断扩大，起重安装工程量越来越大，尤其是现代化大型石油、化工、冶炼、电站以及高层建筑的安装工作逐年增多。因此，对工程起重机，特别是大功率工程起重机的需求越来越多。国内外工程起重机发展迅猛，越来越多的新技术、新材料、新工艺逐渐推广到起重机产品上，尤其是液压技术、电气技术使产品的操作方式趋于智能化。大型化、轻量化、模块化、多样化是目前起重机的发展趋势及现状。

目前国内汽车起重机已生产出从 8t 到 160t 级的产品。而全地面起重机已经从

55t 发展到 2000t 级的产品。由于汽车起重机及全地面起重机的应用范围广，所以全地面起重机产品（见图 2-2-5、图 2-2-6）的发展速度优于轮胎起重机及随车起重机。轮胎起重机（见图 2-2-7、图 2-2-8）主要为小吨位产品。

图 2-2-2　京城重工 QY8D 汽车起重机

图 2-2-3　京城重工 QY75E 汽车起重机

图 2-2-4　京城重工 QY130E 汽车起重机

图 2-2-5　京城重工 QAY55E 全地面起重机

图 2-2-6　京城重工 QAY160E 全地面起重机

图 2-2-7　京城重工 QLY25A 轮胎起重机

二、工程起重机的基本结构

流动式起重机主要由上车与下车组成。

依据《起重机术语 第 2 部分：流动式起重机》（GB/T 6974.2—2010）中的定义，对于回转式起重机相对于不回转的底盘，可绕回转中心线转动的起重机上部结构，包括回转支承及其以上的全部机构和装置的总称为上车；包括起升机构、主吊臂、副臂、变幅机构、配重和上车回转部分等。回转支承以下，包括起重机底盘、外伸支腿等部件在内的机构和装置总称为下车。

根据起重机上车的承载、运输使用的下车分析，只有少数小型汽车起重机为简化设计选用通用汽车底盘（见图 2-2-2）；大多数汽车起重机采用与上车整体设计的专用底盘。按起重机作业动力选择分析，中、小型汽车起重机采用变速器加装取力器方式，与底盘共用发动机动力系统；大型汽车起重机为了节能，其上车另选取小功率发动机作为独立动力系统。汽车起重机的起重作业和车辆行驶分别在上车操纵室和下车驾驶室内实现。

目前的伸缩臂式起重机，其上车部分具有起升、变幅、回转、起重臂伸缩等基本工作机构（见图 2-2-9）。

下车部分是指起重机底盘。只有部分小型汽车起重机有采用通用汽车底盘，其他均采用专用底盘。各种底盘大体上都由动力系统、传动系、行驶系、转向系、制动系、驾驶室、电气系统等组成。动力系统为底盘行驶和起重作业提供动力；传动系的作用是

图 2-2-8　京城重工 QLY55A 轮胎起重机

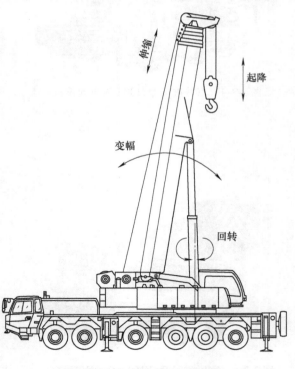

图 2-2-9　汽车起重机工作机构

将发动机发出的动力传给驱动轮；行驶系保证起重机在转移时能在各种路面上快速行驶，起重作业时在工地上稳定低速移动；转向系是起重机改变行驶方向的操纵机构；制动系是保证起重机行驶安全的重要部分；驾驶室的作用是保证驾驶员操纵各种装置、开关，使车辆安全、可靠地到达目的地。京城重工 QY75E 专用底盘如图 2-2-10 所示。

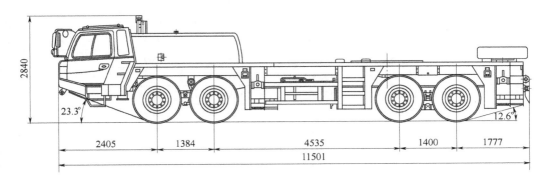

图 2-2-10　京城重工 QY75E 汽车起重机专用底盘

第二节　起重机主要技术参数

起重机主要技术参数包括：起重能力技术参数、工作速度及通过性参数、质量参数。这些参数不仅是起重机工作性能及经济性能的基本指标，同时也是选择及使用起重机的重要依据。

一、起重能力技术参数

1. 起重量 Q

额定起重量是在相应的工作幅度时作业允许起吊重物的最大质量；最大额定起重量是指使用支腿时，基本臂在最小工作幅度下作业允许起吊的最大质量。最大额定起重量往往作为起重机的铭牌起重量，反映起重机的起重能力。起重机的起重量随着吊臂的伸缩、俯仰而变化，起重量的大小由吊臂的结构强度和起重机整机稳定性决定，而且还随着吊臂方位不同而异。表 2-2-1 所列为京城重工 QY25H 汽车起重机吊臂不同方位的额定起重量。表 2-2-2 所列为京城重工 QAY55E 全地面起重机吊臂不同方位的额定起重量。对有的起重机，还分支腿全伸、半伸和不用支腿吊重行驶三种支承工况。

表 2-2-1　京城重工 QY25H 汽车起重机吊臂不同方位的额定起重量　（单位：kg）

工作幅度 R/m	主臂长度				
	10.3m	15.85m	21.4m	26.95m	32.5m
3	25000				
3.5	25000	16000			
4	24000	16000	12000		
4.5	22000	16000	12000	9000	
5	20000	15600	12000	9000	
5.5	18000	14600	12000	8600	7000
6	16500	13800	11300	8400	7000
6.5	15000	13000	10600	8200	6500
7	13500	12400	10000	8000	6400
7.5	12000	11700	9500	7800	6300
8	10600	10500	9000	7500	6200
9		9000	8300	6800	6000
10		7500	7600	6400	5500
11		5400	5600	5500	4700
12			4300	4400	4100
13			3300	3400	3500
14			2700	2700	2800
15				2200	2200
16				1800	1800
18				1500	1500
20					1200
22					1000

表 2-2-2　京城重工 QAY55E 全地面起重机吊臂不同方位的额定起重量

（单位：kg）

工作幅度 R/m	吊臂长度（正后方及侧方）										
	10.2m	10.2m	13.6	17	20.5	23.9	27.3	30.8	34.2	37.6	40
2.5	5500										
2.7	5300										
3	5100	4900									
3.5	4700	4450	4450	4250							
4	4350	4100	4100	3850	3650						
4.5	3950	3750	3750	3500	3300	3100					
5	3700	3450	3450	3300	3150	3050	2330				
6	3150	2880	2900	2910	2790	2680	2090	1850	1510		
7	2600	2410	2440	2490	2320	2220	1890	1690	1480	1210	10100

（续）

工作幅度 R/m	吊臂长度（正后方及侧方）										
	10.2m	10.2m	13.6	17	20.5	23.9	27.3	30.8	34.2	37.6	40
8			209	2120	2020	1890	1720	1560	1390	1140	10000
9			176	1790	1740	1630	1570	1430	1310	1090	9500
10			149	1520	1510	1430	1380	1300	1220	1040	9100
12				1120	1140	1160	1140	1080	1020	9500	8400
14				8700	9000	9300	9100	8900	8600	8400	7800
16					7200	7500	7300	7300	7400	7000	6900
18						6200	6000	6000	6100	5900	5800
20						5200	5000	5000	5100	5100	5000
22							4200	1100	4200	4200	4100
24							3500	3500	3600	3600	3500
26								3000	3000	3100	3100
28								2600	2600	2700	2600
30									2200	2300	2300
32										2000	2000
34										1700	1700
36											1500

　　起重量 Q 的单位是质量单位，取 kg 为基本单位，我国习惯用 t（$1t = 10^3 kg$），可视为非国际标准单位。当起重量作为载荷时，起升载荷单位应转换为 N 或 kN，常以 F_Q 表示。

2. 幅度 R

　　称为幅度是指起重机置于水平场地时，从其回转平台的回转中心线至取物装置垂直中心线的水平距离。空载时幅度与带载时的幅度有差异。R_{min} 是最小工作幅度，此时一般对应最大额定起重量。起重机的最小工作幅度一般为 3m。

3. 起升高度 H

　　起升高度是指起重机支承面至取物装置最高工作位置之间的垂直距离，对于吊钩取物应量至吊钩钩体的中心。在同一吊臂长度下，起升高度与幅度成反比，在图 2-2-11 中画出了三节伸缩臂的汽车起重机起升高度曲线。

4. 起重力矩 M

　　对于起重机，仅用额定起重量表征其起重能力的大小是不够的，以额定起重量载荷和相应工作幅度的乘积（称起重力矩 M）作为比较起重能力的指标更为合理。

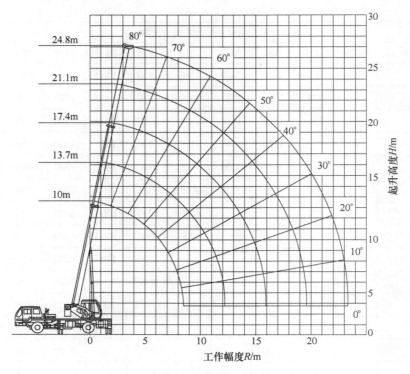

图 2-2-11　起升高度图

二、工作速度和通过性参数

1. 工作速度

（1）主臂伸缩速度　主臂伸缩时，其头部沿主臂纵向移动的速度。主臂伸出速度 19.5m/82s 是指主臂用 82s 的时间可以伸长到 19.5m。

（2）主臂变幅速度　主臂在收缩状态下由最低点运动到最高点所用的时间。速度是 0°~83°/58s 是指主臂在 58s 的时间内从 0° 运动到 83°。

（3）单绳起升速度　动力装置在额定转速下，在卷筒计算直径外第一层钢丝绳的速度。速度 125m/min（四层）是指在卷筒的第四层钢丝绳上 1min 之内能卷起 125m 钢丝绳。

（4）回转速度　每分钟转台回转的圈数。速度 3.0r/min 是指每分钟转 3 圈。

2. 通过性参数

（1）最高行驶速度　汽车起重机在最大总质量情况下的最快车速，单位为 km/h。

（2）最大爬坡度　处于行驶状态的起重机，在规定的坡道上以最低的行驶速度所能通过的最大坡度。

（3）最小转弯半径　起重机转弯行驶时，转向器处于极限位置，前外转向轮的中心平面与支撑地面接点的轨迹到转向中心的距离。

（4）接近角　前轮地面接触点的前端和车身前端最低处连线与地面形成的角度。

（5）离去角　后轮与地面接触点的后端和车身尾部最低处连线与地面形成的角度。

三、质量参数

1. 整备质量

整备质量是指起重机自身总重，包括燃料、油、冷却水等。

2. 最大总质量

最大总质量是指起重机整备质量再加上乘坐人的质量。通常一个人的重量按 65kg 计算。

第三篇

工程起重机的结构和工作原理

| 第一章 |

起重机底盘部分

第一节　起重机底盘的分类及组成

一、起重机底盘概述

起重机底盘是移动式起重机实现移动功能的平台，同时也是起重机的承载和受力部件，既要满足汽车行业对道路车辆的所有安全法规要求，又要满足起重机作业的安全技术要求和法规规程。因此，起重机底盘是科技含量很高的产品，尤其是全地面底盘的油气悬架技术和多桥转向技术，它们是汽车行业不使用和涉及的技术，但它们是起重机和军队超大型越野车辆装备的必备技术，是承载大吨位货物的平台技术，是开发大吨位起重机的必备条件，解决起重机向大吨位、快速行驶性、越野性、超大质量方向发展的问题。

京城重工集原北京起重机器厂多年制造起重机底盘的设计和制造经验，吸收日本多田野和德国 FAUN 公司的底盘技术后，开发出了全新一代的起重机底盘系列产品。自 2007 年 1 月开始，在控股公司的大力支持下，京城重工完成了从 25～160t 全系列起重机底盘产品的自主研发、试制、验证和批量生产。25～160t 的起重机底盘系列产品，在产品质量、性能和外观上都得到了同行业的认可，达到当代国际同类先进产品的技术水平，主要表现在：

1) 全面消化吸收德国 FAUN 公司底盘驾驶室技术，开发自主知识产权驾驶室，解决工程起重机需要的大接近角的通过性问题。底盘驾驶室如图 3-1-1 所示。

2) 特殊结构形式的高强板车架，既保证车架的弹性，减小了地面和上车部件的冲击，又满足了起重机必需的强度要求，从而实现了车辆的轻量化要求，满足了当今减少排放、实现低碳经济的政策要求。底盘车架如图 3-1-2 所示。

图 3-1-1 底盘驾驶室

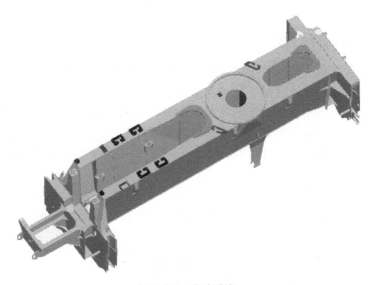

图 3-1-2 底盘车架

3）采用换档操纵技术，解决了重型车辆换档平顺性问题。完全自主知识产权的双杆换档操纵技术，达到当代国际同类先进产品的技术水平。

4）采用了平衡多桥的轴荷及转向技术，解决了起重机向大吨位、快速行驶、越野、超大质量方向发展的问题。多轴底盘为完全自主开发设计，达到了当代国际、国内同类产品的领先技术水平（见图 3-1-3）。

市场上小吨位的汽车起重机底盘多采用通用的货车底盘，虽然成本较低，但在满足起重机使用要求上有很大不足。京城重工依靠 50 多年的起重机设计制造经验，结合最新的科学技术和工程手段，针对客户需求量身定做，开发出了全系列的中小吨位汽车起重机专用底盘，在国内达到了同行业领先水平。

图 3-1-3 多轴底盘

二、起重机底盘的类型

起重机底盘按起重机的分类可分为汽车起重机底盘、全路面起重机底盘、轮胎起重机底盘、随车起重机底盘、履带起重机底盘五大类；按底盘特性分类可分为通用汽车底盘、专用汽车底盘、轮胎底盘和履带底盘四大类。其中，通用汽车底盘和专用汽车底盘作为道路车辆管理，需要在国家监管部门进行汽车产品的公告和 CCC 认证；轮胎底盘和履带底盘作为特种设备，需要在国家监管部门进行特种设备备案。

目前常用的工程起重机有汽车起重机、全路面起重机和轮胎起重机三种，其中，汽车起重机选用通用汽车底盘和专用汽车底盘，全路面起重机选用专用汽车底盘，轮胎起重机选用轮胎底盘。

1. 通用汽车底盘

通用汽车底盘（见图 3-1-4）是指以货车为基础，加装副梁、支腿箱、液压油箱等专项作业设备的底盘。其优点是降低了技术开发的难度和生产成本，但这种设计制造受国内汽车底盘型谱窄的限制，无论是从品种、吨位还是作业使用范围上看，汽车起重机的发展都受到了较大的限制。

2. 专用汽车底盘

专用汽车底盘（见图 3-1-5）是指针对移动式起重机特殊使用工况设

图 3-1-4 通用汽车底盘起重机

计制造的专用作业的汽车，其不仅能更好地满足起重机产品的使用要求，还解决了起重机向大吨位、快速行驶性、越野性、超大质量方向发展的问题。

图 3-1-5　专用汽车底盘起重机

3. 轮胎底盘

轮胎底盘（见图 3-1-6）是专门为轮胎起重机设计的，其轴距短，全轮驱动，甚至全轮转向，上、下车共用一个驾驶室，并通常设在上车上，下车底盘行走机构的操纵通常使用液压传动。

图 3-1-6　轮胎底盘起重机

4. 全路面起重机底盘

全路面起重机底盘（见图 3-1-7）是指装有油气悬架，具有多轴转向和多轴驱动等特点的特制底盘，是起重机专用底盘中的一个特殊种类，区别于一般汽车起重机底盘。但随着产品技术的革新和发展，汽车起重机底盘与全路面起重机底盘在技术应用上的区别将越来越小。

5. 履带底盘

区别于轮式底盘，履带底盘（见图3-1-8）由钢履带（或橡胶履带）、履动轮、导向轮、支重轮、底盘和两台行走减速机组成行走机构。通过控制手柄调节履带底盘的行走速度，可使整机实现方便的移动、转弯、爬坡、行走等。

图 3-1-7　专用全路面底盘起重机　　　　图 3-1-8　履带底盘起重机

三、起重机底盘的组成

起重机底盘分类很多，相互之间技术状态和特性的区别比较大，这里以最普遍的专用汽车底盘为例，介绍底盘部分的结构和组成。

一般情况下，汽车底盘有八大主要部分，即传动系统、转向系统、制动系统、行驶系统、动力系统、电气系统、驾驶室及车身结构（见图3-1-9）。

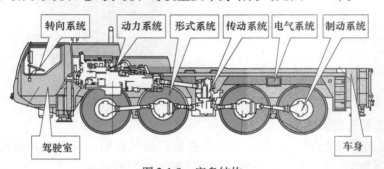

图 3-1-9　底盘结构

底盘主要系统简要介绍如下：

1. 汽车传动系统

传动系是位于汽车发动机与驱动车轮之间的动力传递装置。其功用为：保证汽车在各种行驶条件下所必需的牵引力与车速，使它们之间能协调变化并有足够的变化范围；使汽车具有良好的动力性和燃料经济性；保证汽车能倒车及左右驱动车轮，能适应差速要求；使动力传递能根据需要而顺利接合与分离。

2. 汽车行驶系统

在行驶过程中，需按驾驶员的意志经常改变其行驶方向，即所谓的汽车转向。就轮式汽车而言，实现汽车转向的方法是，驾驶员通过一套专设的机构，使汽车转向桥（一般是前桥）上的车轮（转向轮）相对于汽车纵轴线偏转一定角度。在汽车直线行驶时，往往转向轮也会受到路面侧向干扰力的作用，自动偏转而改变行驶方向。此时，驾驶员也可以利用这套机构使转向轮向相反方向偏转，从而使汽车恢复原来的行驶方向。这一套用来改变或恢复汽车行驶方向的专设机构，即称为汽车转向系统（俗称汽车转向系）。因此，汽车转向系的功用是，保证汽车能按驾驶员的意志而进行转向行驶。

3. 汽车制动系统

使行驶中的汽车减速甚至停车，使下坡行驶的汽车的速度保持稳定，以及使已停驶的汽车保持不动，这些作用统称为汽车制动。对汽车起到制动作用的是作用在汽车上，方向与汽车行驶方向相反的阻力。作用在行驶汽车上的滚动阻力、上坡阻力、空气阻力都能对汽车起制动作用，但这些外力的大小都是随机的、不可控制的。故汽车上必须装设一系列专门装置，以便驾驶员能根据道路和交通等情况，借以使外界（主要是路面）在汽车某些部分（主要是车轮）施加一定的力，对汽车进行一定程度的强制制动。这种可控制的对汽车进行制动的外力称为制动力。这样的一系列专门装置即称为制动系统。

4. 汽车行驶系统

汽车行驶系统由汽车的行路机构和承载机构组成，它包括车轮、车轴和桥壳、悬架及推力杆、车架或承载式车身或封闭式传动轴套管等。汽车行驶系统的功用是支承整车质量，传递和承受路面作用于车轮的各种力和力矩，并缓和冲击、吸收振动以保证汽车在其相应使用条件下的正常行驶。

第二节　起重机底盘系统介绍

为了方便介绍，我们将底盘分成动力系统、传动系统、行驶系统、转向系统、制动系统、电气系统、车身结构和驾驶室，通过这几个系统的介绍对起重机底盘能有一个比较全面的认识。

一、动力系统

发动机是汽车的动力源。迄今为止除为数不多的电动汽车外，汽车发动机都是热能动力装置，或简称热机。在热机中借助工质的状态变化将燃料燃烧产生的热能转变为机械能。热机有内燃机和外燃机两种。直接以燃料燃烧所生成的燃烧产物为工质的热机为内燃机，反之则为外燃机。内燃机包括活塞式内燃机和燃气轮机。外燃机则包括蒸汽机、汽轮机和热气机（也称斯特灵发动机）等。内燃机与外燃机相比，具有结构紧凑、体积小、质量小和容易起动等许多优点。因此，内燃机尤其是活塞式内燃机被极其广泛地用作汽车动力。

活塞式内燃机可按不同方法进行分类：

按活塞运动方式的不同，活塞式内燃机可分为往复活塞式和旋转活塞式两种。前者活塞在气缸内作往复直线运动，后者活塞在气缸内做旋转运动。

根据所用燃料种类，活塞式内燃机主要分为汽油机、柴油机和气体燃料发动机三类。以汽油和柴油为燃料的活塞式内燃机分别称为汽油机和柴油机。使用天然气、液化石油气和其他气体燃料的活塞式内燃机称为气体燃料发动机。

汽油和柴油都是石油制品，是汽车发动机的传统燃料。非石油燃料称为代用燃料。燃用代用燃料的发动机称为代用燃料发动机，如酒精发动机、氢气发动机、甲醇发动机等。代用燃料最终能否在汽车上大规模使用取决于许多因素，诸如获取这些代用燃料的方法及生产成本，是否便于在汽车上储存和携带，以及是否有利于改善环境等。

按冷却方式的不同，活塞式内燃机分为水冷式和风冷式两种。以水或冷却液为冷却介质的称为水冷式内燃机，而以空气为冷却介质的则称为风冷式内燃机。

活塞式内燃机还按其在一个工作循环期间活塞往复运动的行程数进行分类。活塞式内燃机每完成一个工作循环，便对外做功一次，不断地完成工作循环，才使热能连续地转变为机械能。在一个工作循环中活塞往复四个行程的内燃机称为四冲程往复活塞式内燃机，而活塞往复两个行程便完成一个工作循环的则称为二冲程往复活塞式内燃机。

按进气状态不同，活塞式内燃机还可分为增压和非增压两类。若进气是在接近大气状态下进行的，则为非增压内燃机或自然吸气式内燃机；若利用增压器将进气压力增高，进气密度增大，则为增压内燃机。增压可以提高内燃机功率。

除此之外，还可以根据某些结构特征对活塞式内燃机进行分类，此处不一一赘述。

目前，应用最广、数量最多的汽车发动机为水冷、四冲程往复活塞式内燃机，其中汽油机用于轿车和轻型客、货车上，而大客车和中、重型货车发动机多为柴油机。少数轿车和轻型客、货车发动机也有用柴油机的。下面就主要以康明斯柴油机（见图3-1-10）为例介绍柴油机的相关结构和总成。

1. 柴油机的结构

柴油机一般由两大机构和五大系统构成。即曲柄连杆机构与配气机构，燃料供给系统、点火系统、冷却系统、润滑系统和起动系统。

曲柄连杆机构的作用是将燃料燃烧产生的化学能转化成热能，再转化为机械能。曲柄连杆机构主要由以下三部分组成：

1）气缸体曲轴箱组：包括气缸体、气缸盖、气缸垫、气缸套、机油盘等机件。

2）活塞连杆组：包括活塞、活塞环、活塞销、连杆等机件。

3）曲轴飞轮组：包括曲轴、飞轮及装在曲轴上的其他零件。

配气机构的功用是按照内燃机各缸工作循环的要求，按照气缸做功顺序，定时开启和关闭进、排气门。开启时便于气缸充分换

图 3-1-10　康明斯柴油机外观图

气；关闭时封闭气缸便于压缩工质和做功。配气机构由气门组和气门传动组成。

柴油机燃料供给系的功用是：在不断输送经过过滤的洁净空气的同时，按柴油机不同工况的需求，定时、定量并以一定的喷油压力和喷油质量，按各缸工作的顺序，在保证各缸喷油均匀、供给提前角一致、喷油持续时间相等的前提下，将经过过滤的高压燃料喷入气缸，形成可燃混合气，在高温下自燃，并在燃烧做功后，将废气排入大气。

柴油机燃料供给系一般由空气供给装置、燃料供给装置、混合气形成装置和废气排出装置组成。

柴油机润滑系由机油储存装置，油压建立装置，机油滤清装置，机油引导、输送及分配装置，机油冷却装置，安全限压装置，曲轴箱通风装置及检查、监视装置等部分组成。

润滑系的基本任务就是将清洁、压力和温度适宜的机油不断地供给各运动件的摩擦表面，使机油起到润滑、冷却、清洗、密封、减振、防锈蚀的作用。

冷却系的作用是保持内燃机在全部工况下最适宜的温度范围内工作，保证其工作可靠耐久，以得到良好的动力性和经济性。汽车内燃机的冷却系有水冷却式和风冷却式两种基本形式，又以水冷却式应用最为普遍。

2. 发动机的基本名词术语

（1）上止点、下止点　活塞在气缸内作往复运动的两个极端位置称为止点。活塞顶离曲轴旋转中心最远的位置称为上止点，离曲轴旋转中心最近的位置称为下止点。

（2）活塞行程　上、下止点之间的距离称为活塞行程，单位为毫米（mm）。曲轴转动半圈，相当于活塞移动一个行程。

（3）气缸工作容积　活塞由上止点运动到下止点，活塞顶部所扫过的容积，单

位为升（L）。

（4）燃烧室容积　活塞在气缸内作往复运动，气缸内的容积不断变化。当活塞位于上止点位置时，活塞顶部与气缸盖内表面所形成的空间称为燃烧室。活塞位于上止点时，活塞顶部上方的容积为燃烧室容积。

（5）气缸最大容积　活塞位于下止点时，活塞顶部上方的容积。

（6）排量　气缸工作容积与发动机气缸数的乘积。

（7）压缩比　气缸最大容积与燃烧室容积的比值。压缩比越大，气体在气缸内受压缩的程度越大，压缩终点气体的压力和温度越高，功率越大，但压缩比太高容易出现爆燃。压缩比是发动机的一个重要结构参数。由于燃料性质不同，不同类型的发动机对压缩比有不同的要求。柴油机要求较大的压缩比，一般在 12～29 之间，而汽油机的压缩比较小，在 6～11 之间。

3. 发动机供油系统

（1）发动机供油系统的功用　在适当的时刻将一定数量的洁净柴油增压后以适当的规律喷入燃烧室。喷油定时和喷油量各缸相同且与柴油机运行工况相适应。喷油压力、喷注雾化质量及其在燃烧室内的分布与燃烧室类型相适应。在每一个工作循环内，各气缸均喷油一次，喷油次序与气缸工作顺序一致。

根据柴油机负荷的变化自动调节循环供油量，以保证柴油机稳定运转，尤其要稳定怠速，限制超速。储存一定数量的柴油，保证汽车的最大行驶里程。

（2）发动机供油系统结构原理　发动机供油系统（见图 3-1-11）由燃油箱、输油泵、燃油滤清器、放气螺塞、高压油泵、喷油器、单向阀及粗滤器组成。

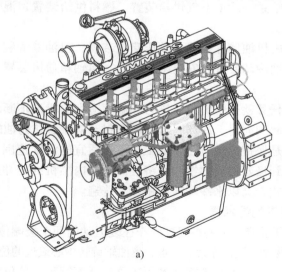

a)

图 3-1-11　发动机供油系统结构原理

a) 结构图

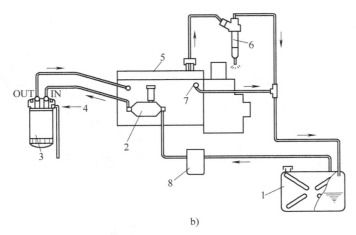

b)

图 3-1-11 发动机供油系统结构原理（续）

b）原理图

1—燃油箱 2—输油泵 3—燃油滤清器 4—放气螺塞
5—高压油泵 6—喷油器 7—单向阀 8—粗滤器

发动机供油系统中燃油的流程：燃油在输油泵吸力的作用下，经过粗滤器 8 后进入输油泵 2，在输油泵的进口装有过滤网，在输油泵的出口装有单向阀，当输油泵内燃油的压力克服单向阀的预紧力时，燃油通过低压油路进入燃油滤清器 3，水和杂质留在滤清器内。经净化的燃油经低压管路进高压油泵低压油室，在高压油泵柱塞和出油阀的作用下，通过高压油管进入喷油器 6。燃油进入喷油器 6 时，通过在高压作用下穿过清洁副，进入喷油嘴的压力室，分别开启第一级、第二级压力弹簧，实现分级喷射。与传统的单弹簧喷油器相比，双弹簧喷油器在部分负荷工况下，可降低噪声、减少氮氧化物，且燃油消耗率增加不明显。由于低压燃油系统内需要保持一定的压力并且不断排除空气和冷却，在高压油泵另一端布置有单向阀，进行必需的回油。由于喷油器的结构决定了它有少量的回油，这部分回油与输油泵回油汇合，一起回油箱。

发动机进油管与粗滤器进油管 2 连接，发动机回油管与回油管 3 连接，燃油箱出油管 5 与粗滤器 4 进口连接，即组成了发动机的燃油系统，如图 3-1-12 所示。燃油管路连接处必须紧固、密封，保证不漏气，管路内的空气必须排除干净后，燃油系统才能正常工作。第一次起动前，需手动泵油将管路内的空气排除干净才允许使用马达起动，手动泵油时需将安装在发动机上的燃油滤清器 3（见图 3-1-11）上的放气螺塞 4（见图 3-1-11）拧开，直至排出的油中不带气泡时将放气螺塞 4 拧紧。

由柴油粗滤器的结构可知，燃油不许逆向过滤，故进油方向和出油方向管路连接不得接反，否则发动机不能正常工作。装配或维修、更换柴油滤清器时需特别注意箭头或标识所表示的燃油流向。

4. 进气系统

（1）进气系统的功用　发动机燃烧柴油时，需要消耗大量空气中的氧气。空气中的杂质、灰尘会造成发动机严重的早期磨损问题，进而引发柴油机的其他质量问题。进气系统的功用是向发动机提供清洁、干燥、温度适当的空气，最大限度地降低发动机磨损并保持最佳的发动机性能；在用户接受的合理保养间隔内有效地过滤灰尘，并保持进气阻力在规定的限值内。

（2）进气系统的结构组成　进气系统结构及原理（见图3-1-13）主要由中冷器、增压器、管路、空气滤清器等组成。

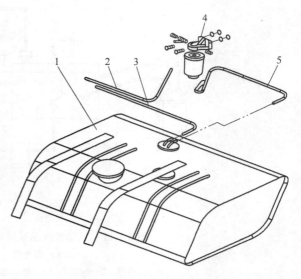

图 3-1-12　发动机燃油系统

1—燃油箱　2—粗滤器进油管（发动机进油管）
3—回油管　4—粗滤器　5—燃油箱出油管

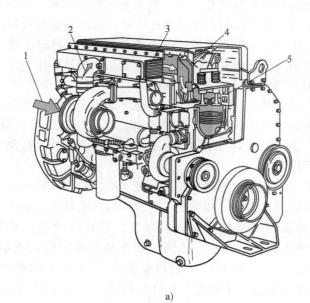

a)

图 3-1-13　进气系统的结构及原理

a）结构图

1—滤清器后进气至增压器　2—增压后进气至中冷器　3—中冷器　4—进气歧管　5—进气道

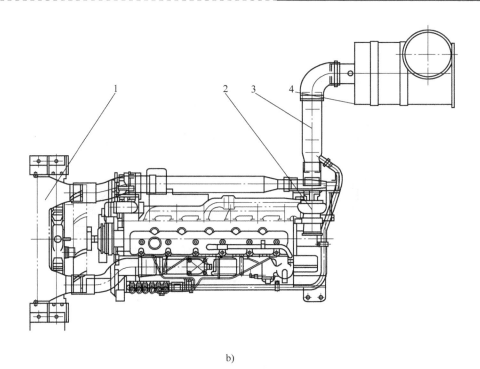

b)

图 3-1-13　进气系统的结构及原理（续）

b）原理图

1—中冷器　2—增压器　3—管路　4—空气滤清器

1）空气滤清器。空气滤清器（见图 3-1-14）的功用主要是滤除空气中的杂质或灰尘，让洁净的空气进入气缸。另外，空气滤清器也有消减进气噪声的作用。大量空气进入气缸，若不将其中的杂质或灰尘滤除，必然加速气缸的磨损，缩短发动机使用寿命。实践证明，发动机不安装空气滤清器，其寿命将缩短 2/3，另外，灰尘还能堵塞喷油器孔使其不能正常工作。

2）增压器。经过滤清的常温、常压气体流入增压器进行增压。增压是发动机提高功率最有效的方法，可明显改善高负荷区运行的经济性，特别是增压中冷方式可明显减少废气排放物，对欧Ⅱ以上排放要求的发动机，一般使用增压技术。在各种增压技术中，废气涡轮增压技术效率高，最成熟，应用最广。进入增压器的空气被压缩并升温。

5. 排气系统

把气缸内燃烧废气导出的零部件集合体称为排气系统。

（1）排气系统的功用　发动机燃烧后排出高温、有害气体并产生很大的噪声。发动机排气系统（本处不包括发动机的排气歧管）的功用是将发动机产生的排气噪声降低到满足法规的要求；将燃烧后排出的有害气体（可吸入微粒物、CO、CO_2、

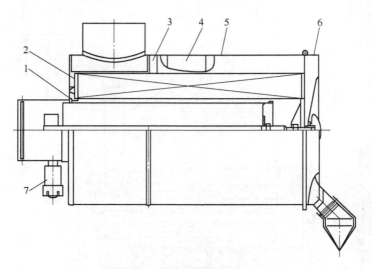

图 3-1-14　空气滤清器

1—安全滤芯分总成　2—主滤芯分总成　3—叶片环　4—标牌
5—外壳分总成　6—后盖分总成　7—保养指示器

NO_x 等物）排到远离操作间进气口的地方；使排气远离发动机进气口和冷却、通风
系统，以降低发动机工作温度并保证其性能。

（2）排气系统的组成　排气系统主要由排气口、排气管、消声器、排气尾管等
组成，如图 3-1-15 所示。

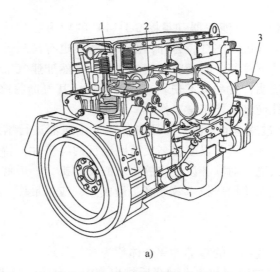

a)

图 3-1-15　排气系统的结构及原理

a) 结构图

1—排气道　2—排气歧管　3—增压器后排气出口

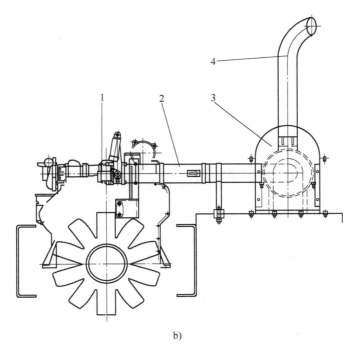

b)

图 3-1-15 排气系统的结构及原理（续）

b）原理图

1—排气口 2—排气管 3—消声器 4—排气尾管

6. 冷却系统

在发动机工作期间，最高燃烧温度可高达 2500℃，即使在怠速或中等转速下，燃烧室的平均温度也在 1000℃ 以上。因此，与高温燃气接触的发动机零件受到强烈的加热。在这种情况下，若不进行适当的冷却，发动机将会过热，工作过程恶化，零件强度降低，机油变质，零件磨损加剧，最终导致发动机动力性、经济性、可靠性及耐久性的全面下降。但是冷却过度也是有害的，过度冷却或使发动机长时间在低温下工作，均会使散热损失及摩擦损失增加、零件磨损加剧、排放恶化、发动机工作粗暴、发动机功率下降及燃油消耗率增加。

冷却系统的功用是使发动机在所有工况下都保持在适当的温度范围内。冷却系统既要防止发动机过热，也要防止冬季发动机过冷。在冷发动机起动之后，冷却系统还要保证发动机迅速升温，尽快达到正常的工作温度。发动机在工作过程中产生的热量中约 36% 通过活塞连杆机构被转化成动能做功，约 20% 由排气和辐射带走，约 30% 由冷却系统带走。

冷却系统的结构及原理如图 3-1-16 所示。主要由膨胀水箱、水泵、散热器、风扇、水温表和放水开关等组成。柴油机的冷却方式分为空气冷却和液体冷却两种，一般汽车用柴油机多采用液体冷却。

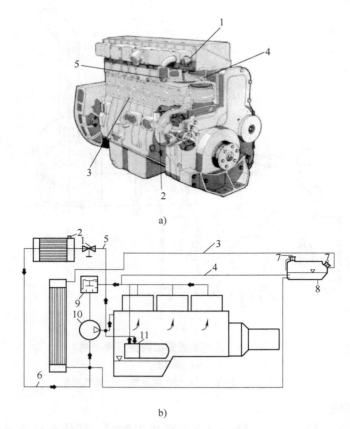

图 3-1-16　冷却系统的结构及原理

a）发动机冷却系统

1—冷却液入口　2—冷却液至下歧管腔内　3—冷却液至缸体、缸套腔内

4—冷却液至缸盖　5—冷却液至上歧管腔内

b）冷却系统冷却水循环图

1—水阀　2—散热器　3—散热器排气管路　4—冷却水排气管路　5—散热器进水管

6—散热器出水管　7—膨胀水箱限压阀　8—膨胀水箱　9—节温器　10—水泵　11—机油冷却器

　　冷却液使用的长效防冻冷却液是由一定比例的水和乙二醇组成的混合溶液，根据使用的环境温度而使用不同的配比。

　　起重机底盘的冷却液是含有体积分数为 50% 的水和体积分数为 50% 的乙二醇的溶液，防冻液除进行热交换外，还具有防冻和防沸的双重特性，同时还具有防腐蚀等功能。使用这种长效防冻防锈液，可以防止冷却器内腔结垢，减少水套穴蚀和锈蚀；提高炎热季节时的沸点，在冬季时可以防冻；在标准大气条件下，沸点为 108℃，冰点为 −37℃。在密封良好的冷却系中，无需经常添加冷却液，以减少保养工作量。

7. 润滑系统

发动机润滑系统的流程、结构及原理如图 3-1-17 所示。机油流程从油底壳开始，经过粗滤器 2 通过吸油管进入机油泵 3。机油泵出口处设置了机油泵安全阀 4，当机油压力超过 1.12MPa 时打开，降至 0.88MPa 时关闭。

1）机油进入机体内的油道后，机油有两路流向。

第一路：即正常工作状况下进入机油冷却器 5。

第二路：在机油冷却器发生阻塞的情况下，进出口压差升高至 0.33MPa 时，防止阻塞的旁通阀 6 打开，当其两端的压差降至 0.27MPa 时关闭。

2）经过机油冷却器或旁通阀的机油有三路流向。

第一路：进入旁通滤清器 7 后回到油底壳。

第二路：经过全流式滤清器 9。

第三路：与全流式滤清器并联的有机油滤清器安全阀 8，在全流式滤清器发生阻塞，其两端的压差升至 0.28MPa 时，旁通阀开启，直至压差降至 0.22MPa 时，旁通阀关闭。

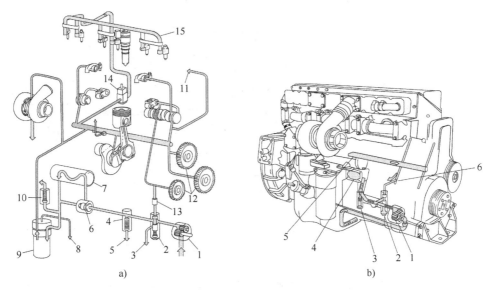

图 3-1-17　发动机润滑系统的流程、结构及原理

a）流程图

1—机油泵　2—压力调节阀　3—机油回到机油盘　4—高压卸载阀　5—机油返回机油盘　6—机油节温器

7—机油冷却器　8—旁通滤清器机油回路　9—组合式机油滤清器　10—滤清器旁通阀

11—至辅助驱动/空压机　12—惰齿轮　13—黏度传感器　14—STC 控制阀　15—STC 机油歧管

b）结构

1—机油泵　2—液压阀　3—高压释放阀　4—调压后机油至滤清器/机油冷却器总成

5—主油道　6—压力调节控制信号

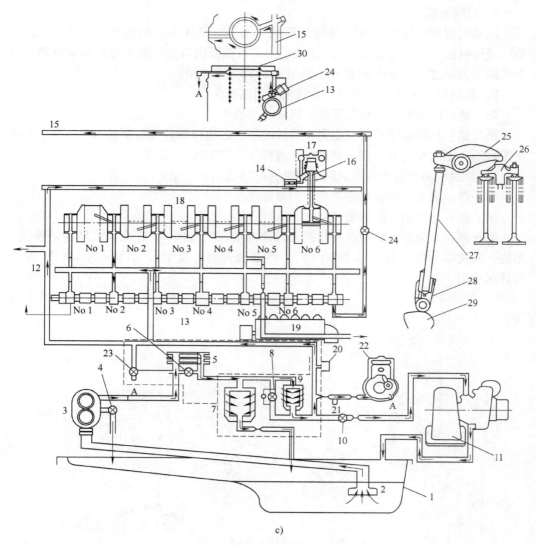

c)

图 3-1-17　发动机润滑系统的流程、结构及原理（续）

c）原理图

1—油底壳　2—粗滤器　3—机油泵　4—机油泵安全阀　5—机油冷却器　6—旁通阀　7—旁通滤清器

8—机油滤清器安全阀　9—全流式滤清器　10—去增压器的单向阀　11—废气涡轮增压器　12—主油道

13—凸轮轴颈　14—去冷却喷嘴的单向阀　15—缸套冷却油道　16—活塞冷却喷嘴　17—活塞　18—主轴颈

19—燃油喷油泵　20—油压传感器　21—空压泵惰齿轮　22—空气压缩机　23—调压阀　24—单向阀

25—摇臂　26—气阀压杆　27—推杆　28—挺柱　29—凸轮轴　30—气缸套　A—到油底壳

3）流经全流式滤清器和旁通阀的机油汇合后，再分三路。

第一路：进入废气涡轮增压器 11 后回油底壳。

第二路：去空气压缩机 22，经齿轮室回油底壳。

第三路：继续前行进入机体主油道。

4）在主油道有三路流向。

第一路：当主油道的压力升高至 0.49MPa 时，主油道的调压阀 23 打开，流回油底壳，直至压力降至 0.43MPa 时关闭。

第二路：机油通过机体内的纵向油道，润滑发动机的两处零部件：一处是通过喷嘴（限油销）喷向惰齿轮进入齿轮系，通过齿轮的啮合和飞溅方式，润滑整个齿轮系及齿轮系的其他零件；另一处是机体右侧面的公共油道，由六个活塞冷却喷嘴 16 喷出：大部分进入活塞的振荡腔，分两个方向流经 180°圆周冷却活塞头部后，飞溅抛洒到连杆大头回油底壳；少部分喷在连杆小头区域反弹后回油底壳。

第三路：进入机体左侧面的公共油道。

5）通过公共油道向三处零部件供油：

第一路：由外接油管到燃油喷油泵 19 后由外接管接到机体回油底壳。

第二路：由机体内置的机油孔分别润滑七档主轴颈 18，在曲轴内，每档主轴颈与相邻的连杆轴颈有通过曲柄的横向油道。润滑连杆轴颈后通过连杆内的油道润滑活塞销运动副，最后回油底壳。

第三路：润滑七档凸轮轴颈 13。

6）润滑凸轮轴的润滑油有三路流向。

第一路：自然回到油底壳。

第二路：第一档凸轮轴颈处，由外接机油管到传动轴后由传动轴去空气压缩机回齿轮室。

第三路：第一档凸轮轴颈处还有另一路通过机体和气缸盖内油道进入第一缸摇臂座，再进入摇臂轴内的公共油道去润滑各个摇臂。

第四路：第七档凸轮轴颈处，通过单向阀 24 进入气缸套冷却油道分别冷却各缸套后，通过外接回油管集中回到齿轮室，经齿轮系后流到油底壳。

二、传动系统

从发动机的飞轮到行驶驱动轮之间所有动力传动部件的总称即为动力传动系统。它是底盘中非常重要的系统，其功用表现在：

1）将发动机输出的动力按照需要传递给驱动轮。

2）保证汽车在各种行驶条件下所必需的牵引力和车速，使它们之间能协调变化并有足够的变化范围。

3）使动力传递能根据需要顺利地接合与分离。

4）保证汽车能倒车及左、右驱动轮能适应差速要求。

5）使汽车具有良好的燃料经济性和动力性。

起重机之所以需要传动系统，而不是把柴油机与驱动轮直接相连接，是由于现在广泛采用的活塞式内燃机的转矩小、转速高和转矩、转速变化幅度小等特点，与工程机械运行所需要的大转矩、低速和转矩、速度变化幅度大之间存在着矛盾。所以，传动系统的任务是把内燃机的动力经过减速、增矩，并改变动力传递方向后传送给驱动轮，使之能适应起重机或其他工程机械的运行需要。

汽车传动系统可以分为机械式传动、液力传动、液力机械式传动和电传动。

1）机械式传动系统主要由离合器、变速器、分动箱、万向传动装置、驱动桥和最终传动等部分组成。

2）液力传动又分为动液传动与静液传动两大类。动液传动是以液体的动能变化来传递或变换能量的，液力变矩器和液力耦合器是动液传动的基本装置；静液传动是以液体的压力能变化来传递或变换能量的，其主要元件是液压泵及液压马达。

3）液力机械式传动系统主要由变矩器、变速器、分动箱、万向传动装置、驱动桥和最终传动等部分组成。

4）电传动系统多用在重型货车和矿用自卸车上，其动力源多为高速或中速柴油机，而其传动系统变成以电流输送至驱动轮的电动机，用以驱动车轮。

目前，汽车起重机底盘多采用机械式传动系统。

1. 离合器

离合器位于发动机之后、传动系统的始端，用来接合与分离发动机和传动系统。其作用是在起步时将发动机与传动系统平顺地接合，使汽车能平稳起步；在换档时将发动机与传动系统分离，减小变速器中齿轮之间的冲击，便于换档；在工作中受到较大的动载荷时保护传动系统，防止传动系统过载。

为了实现上述几个作用，离合器应该是一个传动机构，其主动部分和从动部分可以暂时分离，也可逐渐接合，并且在传动过程中还有可能相对转动。因此，离合器的主动件与从动件之间采用刚性连接是不可行的，而是要借两者接触面之间的摩擦作用来传递转矩，即摩擦离合器，或是利用液体作为传动的介质，即液力离合器，或是利用磁力传动即电磁离合器。在摩擦离合器中，可以是弹簧力、液压作用力或电磁吸力产生摩擦所需的压紧力。目前汽车上比较广泛采用的是用弹簧压紧的摩擦离合器（通常简称为摩擦离合器）。下面重点介绍摩擦离合器。

（1）摩擦离合器的组成　摩擦离合器种类虽多，但其组成和工作原理基本相同，都由主动部分、从动部分、压紧装置、分离机构和操纵机构五部分组成。主、从动部分和压紧装置是保证离合器处于接合状态并能传递动力的基本结构，而分离机构和操纵机构主要是使离合器分离的装置。

五部分的各自组成（见图3-1-18）如下：

1）主动部分包括：飞轮、离合器盖、压盘。

2）从动部分包括：从动盘毂、从动轴。

3）压紧装置包括：压紧弹簧。

4）分离机构包括：分离杠杆、分离轴承等。

　5）操纵机构包括：离合器踏板及离合器踏板到分离杠杆（或离合器分泵）之间的一系列零件。

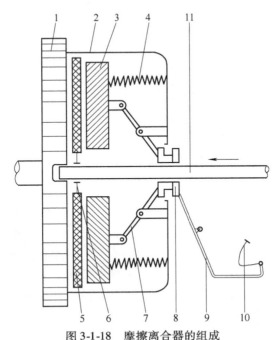

图 3-1-18　摩擦离合器的组成

1—飞轮　2—离合器盖　3—压盘　4—压紧弹簧　5—离合器片　6—从动盘毂
7—分离杠杆　8—分离轴承　9—分离拨叉　10—离合器踏板　11—从动轴

（2）摩擦离合器的类型

　1）按从动盘的数目不同，分为单盘式（主要应用于轿车、中型客车和货车）、双盘式（主要应用于吨位较大的中型和重型货车）和多盘式。

　2）按压紧弹簧的形式分，主要有圆柱螺旋弹簧式、圆锥螺旋弹簧式和膜片弹簧式（广泛应用在汽车底盘上）。

　3）按压紧弹簧布置形式分，主要有周置弹簧离合器、中央弹簧离合器和斜置弹簧离合器。

　4）按操纵方式不同分，主要有机械操纵式、液压操纵式和气动操纵式等。

　（3）离合器操纵机构　目前汽车离合器广泛采用机械式或液压式操纵机构，现以气压助力式液压操纵机构为例对离合器操纵机构进行介绍。

　气压助力式液压操纵机构（见图3-1-19）是由踏板、总泵、分泵、总成等组成的，操纵轻便。工作缸活塞杆的行程与踏板行程成一定比例，而与作用时间的长短无关，能保证当逐渐地松开踏板时，离合器能平稳而柔和地接合。

　总泵与分泵相当于两个液压缸。总泵上有进、出油管，分泵只有一根油管。踩下离合器踏板，总泵的压力传输到分泵，分泵工作，分离拨叉将离合器压盘及离合

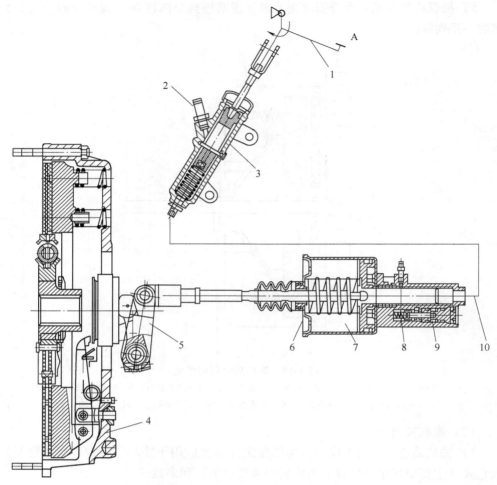

图 3-1-19　气压助力式液压操纵机构
1—踏板　2—液压油壶　3—总泵　4—总成　5—分离机构
6—分泵　7—助力气缸　8—进气孔　9—双向阀　10—控制系统管路

器片脱离飞轮，这时就可以开始换档。松开离合器踏板，分泵停止工作，离合器压盘及离合器片和飞轮接触，动力传输继续，分泵的油回流进油壶。

2. 变速器

目前汽车上广泛采用的是活塞式内燃机，由于其转矩变化范围较小，而汽车实际行驶道路条件非常复杂，要求汽车的牵引力和行驶速度必须能够在相当大的范围内变化；另外，任何发动机的曲轴始终是向同一方向转动的，而汽车实际行驶过程中通常需要倒向行驶。为此，在传动系统中设置了变速器来解决这个问题。

变速器的具体功用是改变传动比，扩大驱动轮转矩和转速的变化范围，以适应经常变化的行驶条件，使发动机在较好的工况下工作；在发动机旋转方向不变的情况下，使车辆实现倒向行驶；利用空档，中断动力传递，以使发动机能够起动、怠速运转和滑行等。

图 3-1-20 所示为 ZF 变速器外形。

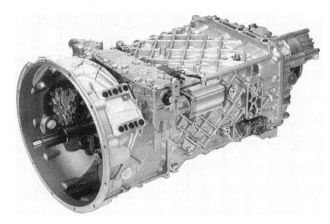

图 3-1-20　ZF 变速器外形

（1）变速器的类型

1）按前进档时参加传动的轴数不同，可分为两轴式、平面三轴式、空间三轴式和多轴式等几种类型。

2）按传动比的变化方式分，可分为有级式、无级式和综合式。它们的特点分别是：

① 有级式变速器：有几个可以选择的固定传动比，采用齿轮传动。

② 无级式变速器：传动比可以在一定范围内连续变化。

③ 综合式变速器：由有级式变速器和无级式变速器组成，其传动比可以在最大值和最小值之间几个分段的范围内作无级变化。

3）按操纵方式分，可分为机械换档式和动力换档式。

机械换档式通过操纵机构来拨动齿轮或啮合套进行换档；动力换档式通过相应的换档离合器，分别将不同档位的齿轮与轴相固连，从而实现换档。

（2）变速器的工作原理　变速器由箱体、轴线固定的几根轴和若干对齿轮组成，可实现变速、换档和变方向。

1）变速原理。一对齿数不同的齿轮啮合传动时，若小齿轮为主动齿轮，带动大齿轮转动时，则输出转速降低；若大齿轮驱动小齿轮，则输出转速升高。这就是齿轮传动的变速原理。变速器就是根据这一原理利用若干大小不同的齿轮副传动而实现变速的。

设主动齿轮转速为 n_1，齿数为 z_1，从动齿轮转速为 n_2，齿数为 z_2。主动齿轮（输入轴）转速与从动齿轮（输出轴）转速的比值称为传动比。

传动比用字母 i_{12} 表示，即

$$i_{12} = n_1/n_2 = z_2/z_1$$

所以

$$n_2 = n_1 z_1/z_2$$

2）换档原理。若将图 3-1-21 中的齿轮 3 与 4 脱开，再将齿轮 6 与 5 啮合，传动比变化，输出轴 II 的转速、转矩也发生变化，即档位改变。当齿轮 4、6 都不与中间轴 III 上的齿轮 3、5 啮合时，动力不能传到输出轴，这就是空档。

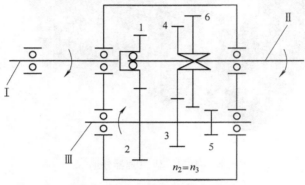

图 3-1-21　两级齿轮传动简图

3）变向原理。相啮合的一对齿轮旋向相反，每经一传动副，其轴改变一次转向。图 3-1-22a 所示的两对齿轮传动（1 和 2、3 和 4），其输出轴与输入轴转向相同，这是普通三轴式变速器前进档的传动情况。图 3-1-22b 中齿轮 4 装在中间轴与输出轴之间的倒档轴上，三对传动副（1 和 2、3 和 4、4 和 5）传递动力，输出轴与输入轴的转向相反，这是三轴式变速器倒档的传动情况。齿轮 4 称为倒档轮或惰轮。

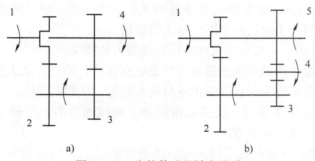

图 3-1-22　齿轮传动的转向关系

（3）变速器的操纵机构　变速器操纵机构的功用是保证驾驶员根据使用条件，将变速器换入某个档位。其必须满足：保证工作齿轮正常啮合、不能同时换入两个档、不能自动脱档、要有防止误换到最高档或倒档的保险装置、在离合器接合时不能换入到任何档。

变速器的操纵机构可分为直接操纵式和远距离操纵式。

1）直接操纵式。直接操纵式操纵机构的变速杆及其他换档操纵装置都设置在变速器盖上，变速器布置在驾驶员座位的附近，变速杆由驾驶室底板伸出，驾驶员可直接操纵变速杆来拨动变速器盖内的换档操纵装置进行换档。它具有换档位置容易确定、换档快、换档平稳等优点。大多数轿车和长头货车的变速器都采用这种操纵形式。

2）远距离操纵式。远距离操纵式操纵机构的变速操纵杆安装在驾驶室底板（或车架）上，在驾驶员座位近旁穿过驾驶室底板，中间通过一系列的传动件与变速器相连。

（4）变速器换档装置　变速器换档装置通常由换档拨叉机构和定位锁止装置两部分组成。

1）换档拨叉机构。六档变速器换档装置如图 3-1-23 所示，变速杆 17 的上部为驾驶员直接操作的部分，伸到驾驶室内，其中间通过球节支承在变速器盖顶部的球座内，变速杆能够以球节为支点前后左右摆动。变速杆的下端球头插在叉形拨杆 1 的球座内。叉形拨杆 1 由换档轴 16 支承在变速器盖顶部支承座内，可随换档轴 16 的轴向前后滑动或绕轴线转动，其下端的球头则伸入到拨块 8、9、2 的顶部凹槽中。拨块 9、8、2 分别与相应的拨叉轴固定在一起，四根拨叉轴 12、13、14、15 的两端支承在变速器盖上相应的孔中，可以轴向滑动；四个拨叉 6、7、10、11 的上端通过螺钉固定在拨叉轴上（其中三、四档拨叉 7 的上端与拨块制成一体，顶部

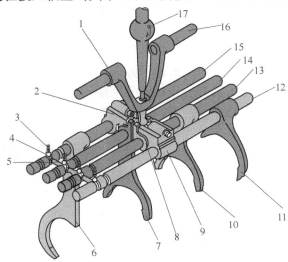

图 3-1-23　六档变速器换档装置

1—叉形拨杆　2—五、六档拨块　3—自锁弹簧　4—自锁钢球　5—互锁销　6—五、六档拨叉
7—三、四档拨叉　8—一、二档拨块　9—倒档拨块　10—一、二档拨叉　11—倒档拨叉　12—倒档拨叉轴
13—一、二档拨叉轴　14—三、四档拨叉轴　15—五、六档拨叉轴　16—换档轴　17—变速杆

制有凹槽），各拨叉下端的叉口则分别卡在相应档位的接合套（包括同步器的接合套，或滑动齿轮的环槽）内。图示位置变速器处于空档，各个拨叉轴和拨块都处于中间位置，变速杆及叉形拨杆均处于正中位置。变速器要换档时，驾驶员首先向左右摆动变速杆，使叉形拨杆1下端球头置于所选档位拨块的凹槽内，然后再向前或向后纵向摆动变速杆，使叉形拨杆1下端球头通过拨块带动拨叉轴及拨叉向前或向后移动，从而可实现换档。

2）定位锁止装置。

① 自锁装置。所谓自锁就是对各档拨叉轴进行轴向定位锁止，以防止其自动产生轴向移动而造成自动挂档或自动脱档。

② 互锁装置。互锁装置的作用是阻止两个拨叉轴同时移动，即当拨动一根拨叉轴轴向移动时，其他拨叉轴都被锁止，均在空档位置不动，从而可以防止同时挂入两个档位。

③ 倒档锁。倒档锁的作用是使驾驶员必须对变速杆施加较大的力，才能挂入倒档，起到提醒作用，防止误挂倒档，提高安全性。只要换入倒档，其拨叉轴就接通变速器壳上的倒档开关，警告灯亮、报警器响，有效地防止误挂倒档。

3. 分动箱

与变速器连接在一起的是分动箱，其作用是将变速器输出的动力分配到各驱动桥，并且进一步增大转矩。而为了增加档数和加大整个传动系统的传动比，多数分动箱具有两个档位，使之兼起部分变速器的作用。

分动箱也是一个齿轮传动系统，它单独固定在车架上，其输入轴与变速器的输出轴用万向传动装置连接，分动箱的输出轴有若干根，分别经万向传动装置与各驱动桥相连。图3-1-24所示为ZF两档VG2000分动箱。

4. 万向传动装置

万向传动装置把离合器和变速器、分动箱与前、后驱动桥连接起来。但是由于离合器、变速器、分动箱与前、后驱动桥各总成的输入、输出轴都不在一个平面上，而且有些轴相对位置并非固定不变，所以需要用万向传动装置来连接。

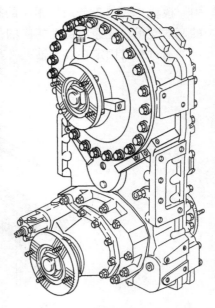

图3-1-24　ZF两档VG2000分动箱

万向传动装置一般是由万向节、传动轴和中间支承组成的。主要功用是能在轴间夹角和相对位置不断改变的转轴之间传递动力。

（1）万向节　万向节分为刚性万向节和挠性万向节。

刚性万向节可分为不等速万向节（如十字轴式）、准等速万向节（如双联式、凸块式、三销轴式等）和等速万向节（如球叉式、球笼式等）。不等速万向节是指万向节连接的两轴夹角大于零时，输出轴和输入轴之间以变化的瞬时角速度比传递运动的万向节；准等速万向节是指在设计角度下工作时以等于 1 的瞬时角速度比传递运动，而在其他角度下工作时瞬时角速度比近似等于 1 的万向节；等速万向节是指输出轴和输入轴以等于 1 的瞬时角速度比传递运动的万向节。

挠性万向节是靠弹性零件传递动力的，具有缓冲减振的作用。

十字轴式刚性万向节因其结构简单，工作可靠，传动效率高，且允许相邻两传动轴之间有较大的交角（一般为 15°~20°），故广泛应用于各类机械的传动系统中。下面重点介绍十字轴式刚性万向节。

十字轴式刚性万向节如图 3-1-25 所示，两万向节叉上的孔分别活套在十字轴的两对轴颈上，这样当主动轴转动时，从动轴既可随之转动，又可绕十字轴中心在任意方向摆动。为了减少摩擦损失，提高传动效率，在十字轴轴颈和万向节叉孔间装有滚针轴承。用螺钉和盖板将套筒固定在万向节叉上，并用锁片将螺钉锁紧，防止轴承在离心力作用下从万向节叉内脱出。

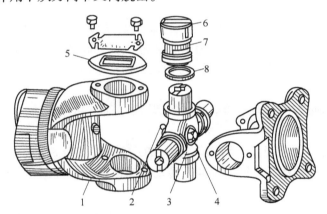

图 3-1-25　十字轴式刚性万向节

1—万向节叉　2—油嘴　3—十字轴　4—安全阀　5—轴承盖　6—套筒　7—滚针　8—油封

十字轴式万向节的损坏是以十字轴轴颈和滚针轴承的磨损为标志的，因此万向节的使用寿命与润滑和密封直接相关。为了提高密封性能，近年来在十字轴式万向节中多采用橡胶油封。实践证明，橡胶油封的密封性能远优于老式的毛毡或软木垫油封，当用润滑油枪向十字轴内腔注入润滑油而使内腔油压大于允许值时，多余的润滑油便从橡胶油封内圆表面与十字轴轴颈接触处溢出，故在十字轴上无需安装安全阀。

（2）传动轴　传动轴是万向传动装置中的主要传力部件，通常用来连接变速器和驱动桥，在转向驱动桥和断开式驱动桥中，则用来连接差速器和驱动轮。

传动轴有实心轴和空心轴之分。为了减小传动轴的质量，节省材料，提高轴的强度、刚度及临界转速，传动轴多为空心轴，一般用壁厚为 1.5～3mm 且厚薄均匀的钢板卷焊而成，超重型货车则直接采用无缝钢管。转向驱动桥、断开式驱动桥或微型汽车的传动轴通常制成实心轴。

如图 3-1-26 所示，传动轴总成两端连接万向节，中间的滑动叉 7 套装在花键轴 6 上，可轴向滑动，适应变速器和驱动桥相对位置的变化；滑动部位用润滑脂润滑，并用防尘护套 5 防漏、防水、防尘，保证花键部位伸缩自由。

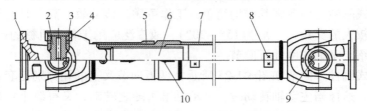

图 3-1-26　传动轴结构示意图

1—凸缘叉　2—万向节十字轴　3—万向节轴承座　4—万向节轴承　5—防尘护套
6—花键轴　7—滑动叉（轴管）　8—平衡片　9—挡圈　10—装配位置标记

传动轴两端的连接件装好后，应进行动平衡试验。在质量轻的一侧补焊平衡片，使其不平衡量不超过规定值。为防止装错位置和破坏平衡，防尘护套 5、滑动叉 7 上都应刻有带箭头的装配位置标记 10。为保持平衡，万向节的螺钉、垫片等零件不应随意改换。

为加注润滑脂方便，万向传动装置的润滑脂嘴应在一条直线上，且万向节上的润滑脂嘴应朝向传动轴。

图中的连接法兰为端面齿结构，符合 ISO 12667、ISO 8667 的规定。该结构不但减少了连接螺栓组数量，同时提高了传动轴连接传动的可靠性，已为汽车起重机底盘所采用。

（3）中间支承　在长轴距汽车上，为提高传动轴的临界转速，减小万向节夹角，以及满足布置上的需要，常将传动轴分段。传动轴分段时需加中间支承。传动轴的中间支承通常装在车架横梁上，能补偿传动轴轴向和角度方向的安装误差，以及汽车行驶过程中因发动机窜动或车架变形等引起的位移。

中间支承常用弹性元件来满足上述要求，它主要由轴承、带油封的盖、支架、弹性元件等组成。如图 3-1-27 所示，中间支承通过支架与车架连接，轴承固定在中间传动轴后部的轴颈上。橡胶衬套（弹性元件橡胶）位于轴承座与支架之间，紧固支架时，橡胶垫环会径向扩张，其外圆被挤紧于支架的内孔中。

5. 取力器

为了配合专用车辆作业，变速器一般都配备有取力器。按照安装位置不同，取力器可以大致分为后取力器、前取力器、侧取力器和底取力器。其中，后取力器有

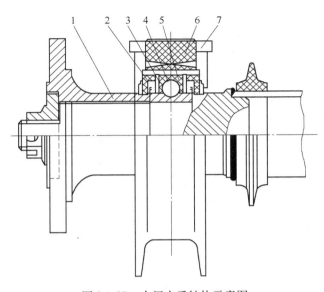

图 3-1-27　中间支承结构示意图

1—中间传动轴　2—带油封的盖　3—卡环　4—轴承　5—轴承座　6—橡胶衬套　7—支架

两种取力方式：一种是从位于下方的附箱加长中间轴输出动力，简称多速比取力，需要变速器挂档取力，不同的档位取力器速比不一样。另一种是在左下方直接从主箱中间轴输出动力，简称直接取力器，速比固定，变速器空档取力。图 3-1-28 所示为不同取力器在变速器上的安装位置。

图 3-1-28　不同位置取力器在变速器上的安装位置

三、行驶系统

行驶系统主要由车桥、悬架和车轮组成。车桥承受来自车架的载荷并将其传递给车轮。悬架是保证车轮或车桥与汽车承载系统（车架与承载式车身）之间具有弹性联系并能传递载荷、缓和冲击、衰减振动以及调节汽车行驶中的车身位置等有关装置的总称。

汽车行驶系统的功用是将传动系统传来的动力通过车轮转化为汽车的驱动力；承受和传递路面作用于车轮上的各种力和力矩，并吸收振动，缓和冲击；与转向系统配合，实现汽车行驶的正确控制；支承全车重力。

行驶部分是汽车起重机专用底盘与通用底盘的最大差别，其中最为明显的是车架。因为起重机底盘的车架不仅承载着整个底盘及起重机作业系统，同时也是起重机作业系统的工作平台。它不仅要承受行驶状态各种工况的负荷，还要承受起重机起重作业各种工况的负荷，所以必须有足够的强度和刚度。

1. 车桥的类型与构成

车桥分为从动桥、驱动桥两部分。

（1）从动桥　从动桥即非驱动桥，又称从动轴。从动轴分为非驱动转向轴、非驱动非转向轴。它通过悬架与车架（或承载式车身）相连，两侧安装着从动轮，用以在车架与车轮之间传递和承受铅垂力、纵向力、横向力、制动力以及这些力形成的力矩，并保证转向轮做正确的转向运动。对于转向桥而言，为保证汽车转向的轻便性和稳定性，车轮转向过程中相对运动部件之间的摩擦力应该尽可能小，车轮安装定位必须正确。对于非转向从动桥，由于它仅起支持汽车部分簧上质量的作用，因此又称为支持桥或支持车轴。支持桥除不能转向外，其他功能与结构和转向从动桥相同。

1）转向桥的构成。汽车转向桥的结构大致相同，主要由车轴轴身、转向节和主销等部分组成。其制造工艺有整体锻造、拼焊、冲焊等。按照断面形状可以分为工字梁式、管式、"口"式等。图3-1-29所示为"口"式转向桥。

2）转向车轮定位。转向桥在保证汽车转向功能的同时，应使转向轮具有自动回正性以及转向不足的特性。转向轮的自动回正性可以保证汽车直线行驶稳定。当转向轮偶遇外力作用发生偏转时，一旦外力消失能立即自动回到直线行驶状态。这种自动回正作用是由主销后倾、主销内倾、前轮外倾来实现的。当车辆发生转向不足时，车辆的转弯半径会增大，从而使得离心力减小，随着离心力的减小，地面附着力将有可能提供所需要的驱动力和离心力，从而使车辆趋于稳定转向。因此，转向轮需要有转向不足特性。车轮定位参数包括主销后倾角、主销内倾角、前轮外倾角和前轮前束四个参数。通常车轮定位是指前轮定位，现在也有许多车辆需要除前轮定位之外的后轮定位，即四轮定位。

（2）驱动桥　驱动桥主要由主减速器、差速器、半轴和桥壳等组成。驱动桥的作用是将万向节传动装置传来的动力折过90°角改变力的传动方向，并由主减速器降速增矩后将力传给差速器，再分配到左右半轴，最后传至驱动轮，使汽车行驶。驱动桥中部的端面法兰与万向传动装置的端面法兰相连，两侧经悬架与车架相连，

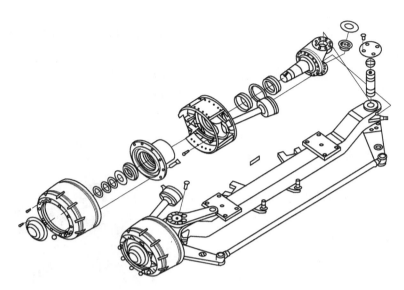

图 3-1-29　"口"式转向桥

驱动桥的两端装有驱动车轮。

1）驱动桥的功用：将万向传动装置（传动轴）传来的发动机动力（转矩）通过主减速器、差速器、半轴等传递到驱动车轮，实现降速增矩的功用。通过主减速器锥齿轮副（传动副）改变转矩的传递方向。通过差速器实现两侧车轮的差速作用，保证内、外侧车轮以不同转速转向。驱动桥（桥壳）有一定的承载能力（轴荷）。

2）驱动桥的类型、组成及工作原理：驱动桥的类型有断开式和非断开式两种。起重机底盘采用的是非断开式驱动桥。驱动桥由主减速器、差速器、半轴和驱动桥壳等部分组成，如图 3-1-30 所示。

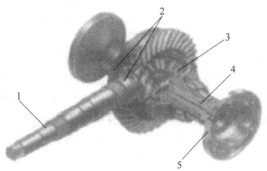

图 3-1-30　非断开式驱动桥的基本结构
1—传动轴　2—主减速器　3—差速器　4—半轴　5—轮毂

动力从变速器（或分动器）→传动轴 1→主减速器（降速、增矩）2→差速器 3→半轴（外端凸缘盘法兰）4→轮毂（轮毂在半轴套管上转动）5→轮胎轮辋（钢圈）。驱动桥通过悬架系统与车架连接，由于半轴与桥壳是刚性连成一体的，因此半轴和驱动轮不能在横向平面运动。故称这种驱动桥为非断开式驱动桥，也称整体式驱动桥。

为了提高汽车行驶的平顺性和通过性，有些轿车和越野车全部或部分驱动轮采用独立悬架，即将两侧的驱动轮分别采用弹性悬架与车架相连接，两轮可彼此独立地相对车架上、下跳动。驱动桥半轴制成两段并通过铰链连接，这种驱动桥称为断开式驱动桥。

1）主减速器。主减速器的功能是进一步降低转速，将传动轴输入转矩进一步增大，改变转矩的旋转方向，以使驱动轮克服阻力矩，从而使汽车正常起动和行驶。

为满足不同的使用要求，主减速器的结构形式也是不同的。按减速齿轮副数，分单级式和双级式主减速器；按传动比档数，分单速式和双速式主减速器；按齿轮副结构，分圆柱齿轮式、锥齿轮式和准双曲面齿轮式主减速器。起重机底盘后桥采用单级主减速器，其构造如图3-1-31所示。

2）差速器。差速器分为齿轮式和强制锁止式两种。

① 齿轮式差速器。汽车在拐弯时车轮的轨迹线是圆弧，如果汽车向左转弯，圆弧的中心点在左侧，在相同的时间里，右侧轮子走的弧线比左侧轮子长，为了平衡这个差异，就要左边轮子慢一点，右边轮子快一点，用不同的转速来弥补距离的差异。汽车差速器的作用就是在向两边半轴传递动力的同时，允许两边半轴以不同的转速旋转，满足两边车轮尽可能以纯滚动的形式做不等距行驶，如果后轮轴做成一个整体，就无法做到两侧轮子的转速差异，车轮相对路面的滑动不仅会加速轮胎磨损，增加汽车的动力消耗，而且可能导致转向和制动性能的恶化，所以用汽车差速器来完成。为此，在汽车结构上，必须保证各个车轮可能以不同的角速度旋转，若主减速器从动齿轮通过一根整轴同时带动两侧驱动轮，则两轮角速度只能是相等的。

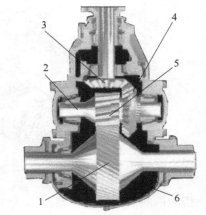

图3-1-31　单级主减速及差速器总成构造图
1—从动圆柱齿轮　2—中间轴　3—主动锥齿轮
4—从动锥齿轮　5—主动圆柱齿轮　6—差速器盖

因此，为了使两侧驱动轮可以不同的角速度旋转，以保证其纯滚动状态，就必须将两侧车轮的驱动轴断开（称为半轴），而且主减速器从动齿轮通过一个差速齿轮系统——差速器分别驱动两侧半轴和驱动轮。这种装在同一驱动桥两侧驱动轮之间的差速器称为轮间差速器。

多轴驱动的汽车，各驱动桥间由传动轴相连。若各桥的驱动轮均以相同的角速度旋转，同样也会发生上述轮间无差速时的类似现象。为使各驱动桥有可能具有不同的输入角速度，以消除各桥驱动轮的滑动现象，可以在各驱动桥之间装设轴间差速器。

当遇到左、右或前、后驱动轮与路面之间的附着条件相差较大的情况时，简单的齿轮式差速器将不能保证汽车得到足够的牵引力。因此经常遇到此种情况的汽车应当采用防（限）滑差速器。齿轮式差速器有锥齿轮式（见图 3-1-32）和圆柱齿轮式两种。

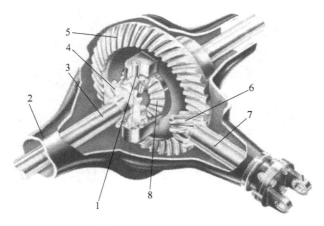

图 3-1-32　锥齿轮式差速器

1—行星齿轮　2—行星齿轮架　3—输出轴　4—左半轴齿轮
5—从动齿轮　6—主动齿轮　7—传动轴　8—右半轴齿轮

差速器不起差速作用时，左、右车轮转速相同，行星齿轮本身不转动；差速器起差速作用时，行星齿轮转动，左、右车轮转速不等。

十字轴固定在差速器壳内，与从动锥齿轮以相同的转速转动，并通过半轴齿轮带动左、右半轴和驱动车轮转动。

行星齿轮一边随十字轴绕半轴齿轮（太阳齿轮）公转，一边绕十字轴轴颈自转时，左、右半轴齿轮的转速之和等于从动锥齿轮转速的两倍，而与行星齿轮本身的自转转速无关。差速器行星齿轮自转产生的内摩擦力矩的一半加到转速慢的车轮上，另一半加到转速快的车轮上。

② 强制锁止式差速器。当左、右驱动轮与路面附着条件相差较大时，普通差速器不能使汽车获得足够的牵引力。抗滑差差速器能将输入转矩更多或全部给附着条件好、滑转程度低的车轮。

抗滑差差速器有强制锁止式、自由轮式和高摩擦自锁式等类型，后者又有摩擦片式和滑块凸轮式等结构。

普通锥齿轮差速器加上差速锁就成为强制锁止式抗滑差差速器，其结构如图 3-1-33 所示。当一侧驱动车轮打滑时，驾驶员接通压缩空气，使其进入差速锁的工作缸，推动活塞右移，使外、内接合器的齿面咬合在一起，半轴与差速器壳成为一体。普通锥齿轮差速器失去作用，不打滑驱动车轮获得主减速器从动锥齿轮传递的全部转矩。汽车驶入打滑路面时，要停车将差速锁接合，汽车再驶入正常路面时要及时解除差速锁，以保证车辆的正常行驶。

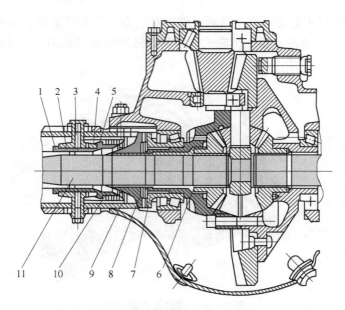

图 3-1-33　强制锁止式差速器

1—套管　2—工作缸　3—气路管接头　4—活塞皮腕　5—活塞　6—差速器壳
7—内接合器　8—外接合器　9—锁圈　10—压力弹簧　11—半轴

　　3）半轴与桥壳。

　　① 半轴。半轴是在差速器与驱动轮之间传递动力的实心轴，其内端用花键与差速器的半轴齿轮连接，外端则用凸缘与驱动轮的轮毂相连。现代汽车基本上采用全浮式半轴和半浮式半轴两种支承形式。搅拌车底盘采用全浮式半轴，由花键、杆部、凸缘等组成，如图 3-1-34 所示。在内端，作

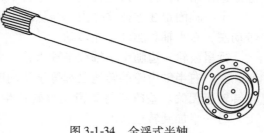

图 3-1-34　全浮式半轴

用在主减速器从动齿轮上的力及弯矩全部由差速器壳直接承受，与半轴无关。因此，这样的半轴支承形式，使半轴只承受转矩，而两端均不承受任何反力和弯矩，故称为全浮式支承形式。

　　② 驱动桥壳。驱动桥壳的功用是支承并保护主减速器、差速器和半轴等，使左、右驱动车轮的轴间相对位置固定；与从动桥一起支承车架及其上的各总成质量；汽车行驶时，承受由车轮传来的路面反作用力和力矩，并经悬架传给车架。

　　驱动桥壳应有足够的强度和刚度，且质量要小，并便于主减速器的拆装和调整。由于桥壳的尺寸和质量一般都比较大，制造较困难，故其结构形式在满足使用要求的前提下，要尽可能便于制造。驱动桥壳从结构上可分为整体式和分段式

两类。

2. 车轮与轮胎

车轮与轮胎是汽车行驶系统中的重要部件,其功用是:支承整车;缓和由路面传来的冲击力;通过轮胎与路面间的附着作用来产生驱动力和制动力;汽车转弯行驶时产生平衡离心力的侧抗力,在保证汽车正常转向行驶的同时,通过车轮产生自动回正力矩,使汽车保持直线行驶方向;承担越障和提高通过性等。

(1)车轮 车轮是介于轮胎和车轴之间承受负荷的旋转组件,通常由两个主要部件——轮辋和轮辐组成。轮辋是在车轮上安装和支承轮胎的部件,轮辐是在车轮上介于车轴和轮辋之间的支承部件。轮辋和轮辐可以是整体式的或可拆卸式的。车轮有时还包含轮毂。

按轮辐的构造车轮可分为两种:辐板式和辐条式。按车轴一端的安装个数,车轮可分为单式车轮和双式车轮。

辐板式车轮如图 3-1-35 所示。用以连接轮毂和轮辋的钢质圆盘称为辐板。辐板大多是专用滚压设备冲压制成的,少数是和轮辋制成一体经机加工制成的。此种车轮主要用于货车。

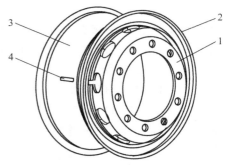

图 3-1-35 辐板式车轮

1—辐板 2—挡圈 3—轮辋 4—气门嘴孔

车轮的规格表示了车轮的重要尺寸参数,如图 3-1-36 所示。在选用车轮时应注意该规格的车轮是否与车轴、轮胎相匹配。如规格 8.00V-20 的含义:"8.00"表示轮辋宽度为 8in;"20"表示轮辋直径为 20in;"-"表示分体式车轮。

(2)轮胎

1)轮胎应满足的使用要求。现代汽车一般采用充气轮胎。轮胎安装在轮辋上,直接与路面接触,汽车轮胎应满足如下使用要求:能承受足够的负荷和使用车速,并能保证有足够的可靠性、安全性和侧偏能力;具有良好的纵向和侧向路面附着性能,有利于汽车的通过性和操纵稳定性;滚动阻力小、行驶噪声低;额定轮胎气压的保持时间长、具有良好的气密性;具有良好的径向柔顺性、缓冲特

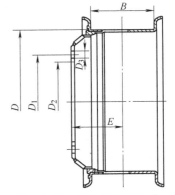

图 3-1-36 车轮的规格尺寸

D—轮辋直径 B—轮辋宽度

E—偏置量(距) D_1—螺栓孔分布圆径

D_2—轮毂直径 D_3—螺栓孔直径

性和吸振能力,有利于乘坐舒适性和平顺性等;磨耗均匀、耐磨性好,耐刺扎、耐老化,使用寿命长,价格低廉;质量和转动惯量小并有良好的均匀性和质量平衡;互换性好,拆装方便,车轮内有足够的安装制动器的空间。

2）轮胎的类型。充气轮胎按组成结构不同，又分为有内胎和无内胎两种。充气轮胎按胎体中帘线排列方向不同，还可分为普通斜交胎和子午线胎。

① 有内胎的充气轮胎。这种轮胎由外胎、内胎和垫带三部分组成。内胎中充满着压缩空气；外胎是用以保护内胎不受外来损害的强度高而富有弹性的外壳；垫带放在内胎与轮辋之间，防止内胎被轮辋及外胎的胎圈擦伤和磨损。目前，普通斜交胎和子午线胎在汽车上得到了广泛应用。

《载重汽车轮胎规格、尺寸、气压与负荷》（GB/T 2977—2008）规定了轮胎的规格、基本参数、主要尺寸、气压负荷等的对应关系。轮胎的规格尺寸如图 3-1-37 所示。

中、重型货车普通断面斜交轮胎 11.00 – 20，其中 11.00 表示轮胎断面宽度为 11in；20 表示轮辋内径为 20in。中、重型货车普通断面子午线轮胎 11.00R20，其中 R 表示子午线结构代号，其余表示相同。

② 无内胎的充气轮胎。无内胎的

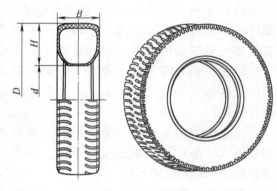

图 3-1-37　轮胎的规格尺寸

D—外径　d—内径　H—断面高度　B—断面宽度

充气轮胎近年来在轿车和一些货车上的使用日益广泛。它没有内胎，空气被直接压入外胎中，因此要求外胎和轮辋之间有很好的密封性。

3）轮胎的保存。轮胎应当直立放置。轮胎平时的储存应放置于阴凉干燥的室内，避免露天放置，阳光的曝晒会导致轮胎的提前老化。由于轮胎是橡胶制品，所以在行驶、停止和储存轮胎时，必须注意不能与油、酸、碳氢化合物等化学品接触，否则会造成腐蚀、变形、软化等后果。轮胎在储存、运输及安装时，要避免伤及轮胎胎唇与趾口，造成气密性破坏问题，以致无法使用。

4）轮胎的更换。轮胎使用一段时间后要进行更换。轮胎的交叉换位如图 3-1-38 所示。

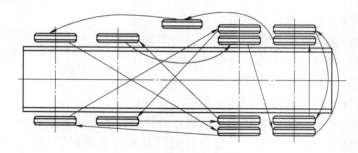

图 3-1-38　轮胎的交叉换位

① 每行驶 10000km 后，车辆轮胎应进行一次交叉换位。

② 更换车轮时应注意不要碰伤轮胎螺栓上的螺纹。

③ 制动鼓和轮辋接合面上不能沾上油漆、润滑脂和其他脏东西。

④ 轮胎螺母的压紧面应保持整洁。

⑤ 在轮胎螺栓和螺母的螺纹处及轮辋止口及其接合面处抹上一点润滑脂或机油。

⑥ 所有轮胎螺母的螺纹都是右旋螺纹。装上轮胎后，在车轮悬空的条件下，按对称、交叉、轮番、逐次的换位顺序依次拧紧螺母，轮胎螺母的拧紧力矩应为 560N·m。

⑦ 每次重装轮胎后，车辆在行驶 50km 后必须按规定复紧一次轮胎螺母。

3. 悬架

悬架是车架（或承载式车身）与车桥（或车轮）之间的一切传力连接装置的总称。随着汽车工业的不断发展，现代汽车悬架有着各种不同的结构形式。其基本组成有弹性元件、导向装置、减振器和横向稳定杆。

（1）悬架的功用　悬架的功用是把路面作用于车轮上的垂直反力（支承力）、纵向反力（牵引力和制动力）和侧向反力以及这些反力所形成的力矩都传递到车架（或承载式车身）上，以保证汽车的正常行驶。

（2）悬架的类型　汽车悬架可分为两大类，即非独立悬架（见图 3-1-39a）和独立悬架（见图 3-1-39b）。

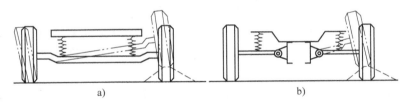

a)　　　　　　　　　　　　　　b)

图 3-1-39　悬架的类型

a）非独立悬架　b）独立悬架

1）非独立悬架。其结构特点是两侧的车轮由一根整体车桥相连，车轮连同车桥一起通过弹性悬架与车架（或车身）连接。当一侧车轮因道路不平而发生跳动时，必然引起另一侧车轮在汽车横向平面内摆动，故称为非独立悬架。

非独立悬架因其结构简单，工作可靠，而广泛应用于货车的前、后悬架。在轿车中，非独立悬架仅用于后桥。

悬架的结构，特别是导向机构的结构，随所采用的弹性元件不同而有差异，而且有时差别很大。采用螺旋弹簧、气体弹簧、减振液压缸时需要有较复杂的导向机构，而采用钢板弹簧时，由于钢板弹簧本身可兼起导向机构的作用，并有一定的减振作用，使得悬架结构较为简化。因而在非独立悬架中多数采用钢板弹簧作为弹性元件。

2）独立悬架。其结构特点是车桥做成断开的，每一侧的车轮可以单独地通过弹性悬架与车架（或车身）连接，两侧车轮可以单独跳动，互不影响，故称为独立悬架。随着高速公路网的发展，汽车速度的不断提高，非独立悬架已不能满足汽车行驶平顺性和操纵稳定性等方面提出的要求。因此，在汽车悬架系统中采用独立悬架已备受关注，尤其是在轿车的前悬架中已无例外地采用了独立悬架。

（3）悬架的组成　现代汽车的悬架尽管有各种不同的结构形式，但是一般都由弹性元件、减振器、导向机构三部分组成，如图 3-1-40 所示。

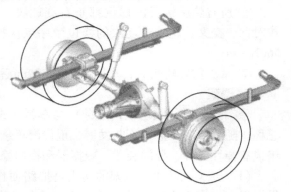

图 3-1-40　汽车悬架组成示意图

由于汽车行驶的路面不可能绝对平坦，路面作用于车轮上的垂直反力往往是冲击性的，特别是在坏路面上高速行驶时，这种冲击力将达到很大的数值。冲击力传到车架和车身时，可能引起汽车机件的早期损坏，传给乘员和货物时，将使乘员感到极不舒适，货物也可能受到损伤。为了缓和冲击，在汽车行驶系统中，除了采用弹性的充气轮胎之外，在悬架中还必须装有弹性元件，使车架（或车身）与车桥（或车轮）之间做弹性连接。但弹性系统在受到冲击后，将产生振动，持续的振动易使乘员感到不舒适和疲劳，故悬架还应具有减振作用，使振动迅速衰减（振幅迅速减小）。为此，在许多结构形式的汽车悬架中都设有专门的减振器。

车轮相对于车架和车身跳动时，车轮（特别是转向轮）的运动轨迹应符合一定的要求，否则对汽车行驶性能（特别是操纵稳定性）有不利的影响。因此，悬架中的传力构件同时还承担着使车轮按一定轨迹相对车架和车身跳动的任务，因此这些传力构件还起导向作用，故称为导向机构。

由此可见，上述这三个组成部分分别起缓冲、减振和导向的作用，然而三者共同的任务则是传力。在多数的轿车和客车上，为防止车身在转向行驶等情况下发生过大的横向倾斜，在悬架中还设有辅助弹性元件——横向稳定器。

悬架只要具备上述各个功能，在结构上并非一定要设置上述这些单独的装置不可。

例如：常见的钢板弹簧除了作为弹性元件起缓冲作用外，本身安装形式就具有导向作用，因此就没有必要另行设置导向机构。此外，钢板弹簧是多片叠成的，其本身具有一定的减振能力，因而在对减振要求不高时，也可以不装减振器（例如一般中、重型货车可不装减振器）。

1）弹性元件。钢板弹簧是汽车起重机悬架中应用最广泛的一种弹性元件，它是由若干片等宽但不等长（厚度可以不等）的合金弹簧片组合而成的一根近似等强度的弹性梁，起重机用钢板弹簧一般构造如图3-1-41所示。

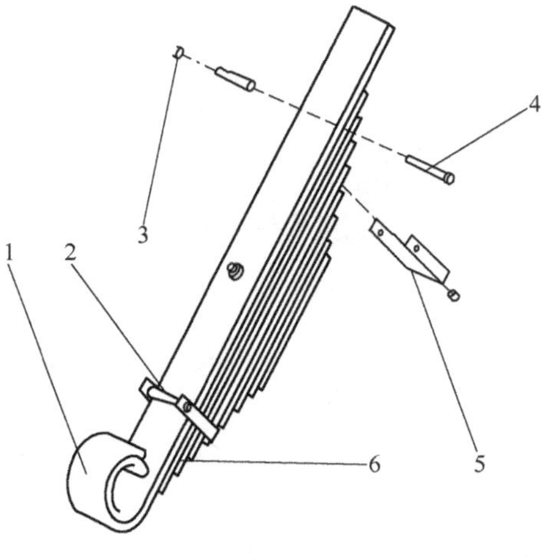

钢板弹簧的第一片（最长的一片）称为主片，其一端弯成卷耳环，内装青铜或塑料或由橡胶、粉末冶金制成的衬套，以便用弹簧销与固定在车架上的支架或吊耳做铰链连接；另一端成自由状，以便钢板弹簧在承受冲击力时可伸缩。钢板弹簧的中部一般用螺栓固定在车桥上。

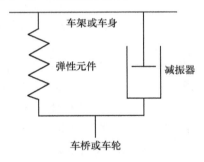

图 3-1-41　起重机用钢板弹簧一般构造
1—卷耳环　2—套管　3—紧固螺母
4—紧固螺栓　5—弹簧夹　6—钢板弹簧

当钢板弹簧安装在汽车悬架中，所承受的垂直载荷为正向时，各弹簧片都受力变形，有向上拱弯的趋势。这时，车桥和车架便互相靠近。当车桥与车架互相远离时，钢板弹簧所受的正向垂直载荷和变形便逐渐减小，有时甚至会反向。

2）减振器。为加速车架和车身振动的衰减，以改善汽车行驶平顺性，在大多数汽车的悬架系统内都装有减振器。减振器和弹性元件是并联安装的（见图3-1-42），弹性元件可避免道路冲击力直接传到车架、车身，缓和路面冲击力，减振器可迅速衰减振动。

汽车悬架系统中广泛采用液力减振器。当车桥与车架有相对运动时，液力减振器中的活塞在缸筒内做往复运动，于是液力减振器内的油液也在活塞的上、下腔间反复流动。油液流动通过阀或小孔时，由于节流产生阻尼力，从而实现减振作用。

图 3-1-42　减振器的安装示意图

一般减振器要求在悬架压缩行程内，阻尼力应较小，充分利用弹性元件的弹性缓和冲击力；在悬架伸张行程内，减振器的阻尼力应大，以求迅速减振；当车桥与车架的相对速度过大时，减振器应当能自动加大液流通道截面积，使阻尼力始终保持在一定限度之内，以避免承受过大的冲击载荷。

压缩和伸张两行程内均能起减振作用的减振器称为双向作用筒式减振器。仅在伸张行程内起作用的减振器称为单向作用式减振器。目前汽车上广泛采用的是双向作用筒式减振器。双向作用筒式减振器如图3-1-43所示，其工作过程有压缩和伸张两个行程。

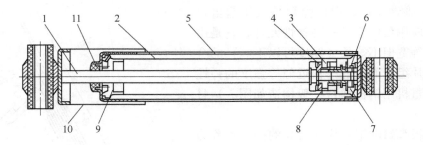

图 3-1-43　双向作用筒式减振器

1—活塞杆　2—工作缸筒　3—活塞　4—伸张阀　5—缸筒　6—压缩阀
7—补偿阀　8—流通阀　9—导向座　10—防尘罩　11—油封

四、转向系统

转向系统是用来改变或保持汽车行驶或倒退方向的一系列装置。

汽车转向系统的功能就是按照驾驶员的意图控制汽车的行驶方向。汽车转向系统对汽车的行驶安全至关重要，因此汽车转向系统的零件都称为保安件。

1. 转向系统的基本组成

转向系统由转向操纵机构、转向器和转向传动机构组成。

1）转向操纵机构主要由转向盘、转向轴、转向管柱等组成。

2）转向器将转向盘的转动变为转向摇臂的摆动或齿条轴的直线往复运动，并对转向操纵力进行放大的机构。转向器一般固定在汽车车架或车身上，转向操纵力通过转向器后一般还会改变传动方向。

3）转向传动机构将转向器输出的力和运动传给车轮（转向节），并使左、右车轮按一定关系进行偏转的机构。

2. 转向系统的分类

按转向能源的不同，转向系统可分为机械转向系统和动力转向系统两大类。

1）靠驾驶员手力操纵的转向系统称为机械转向系统（见图3-1-44）。机械转向系统由转向器和转向传动机构组成。

转向器由转向盘、转向轴、转向啮合副（转向器）组成；转向传动机构由转向臂（转向垂臂）、直拉杆、转向节臂、左右梯形臂、横拉杆及若干球头关节组成。

2）借助动力来操纵的转向系统称为动力转向系统（见图3-1-45）。动力转向系统又可分为液压动力转向系统和电动助力动力转向系统。动力转向系统由机械转向系统与转向加力装置构成。

3. 转向操纵机构

转向操纵机构由转向盘、转向轴、转向管柱和转向器等组成，它的作用是将驾驶员转动转向盘的操纵力传给转向器。

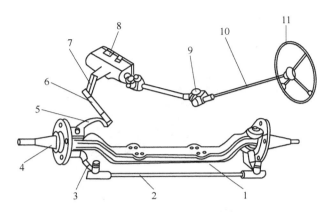

图 3-1-44　机械转向系统

1—转向梯形　2—横拉杆　3—梯形臂　4—转向节　5—转向节臂　6—转向直拉杆
7—转向摇臂　8—转向器　9—转向万向节　10—转向轴　11—转向盘

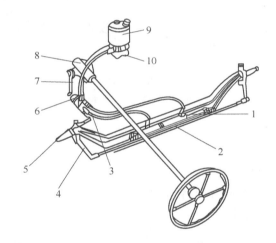

图 3-1-45　动力转向系统

1—转向动力缸　2—转向横拉杆　3—转向控制阀　4—梯形臂　5—转向节　6—横向拉杆
7—转向摇臂　8—机械转向器　9—转向油罐　10—转向液压泵

（1）转向盘　转向盘（见图 3-1-46）主要由轮毂、轮辐和轮圈组成。转向盘轮毂孔具有细牙内花键，借此与转向轴连接。

转向盘内部由成形的金属骨架构成，骨架外面一般包有柔软的合成橡胶或树脂，这样可有良好的手感，而且还可以防止手心出汗时握转向盘打滑。

当汽车发生碰撞时，从安全性考虑，不仅要求转向盘应具有柔软的外表皮，以起到缓冲作用，而且还要求在撞车时，转向盘骨架能产生变形，以吸收冲击能量，减轻驾驶员受伤的程度。

转向盘上一般都装有喇叭按钮，有些轿车的转向盘上还装有车速控制开关和撞

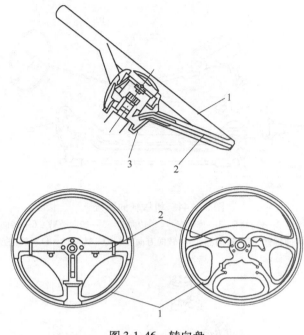

图 3-1-46　转向盘
1—轮圈　2—轮辐　3—轮毂

车时保护驾驶员的气囊装置。

（2）转向轴　转向轴（见图 3-1-47）是将驾驶员作用于转向盘的转向操纵力矩传给转向器的传力轴，它的上部与转向盘固定连接，下部装有转向器。

转向轴多用无缝钢管制成，它的上部用轴承或衬套支承在转向管柱内，下部支承在下固定支架内的轴承中，轴承下端装有弹簧，可自动消除转向轴与转向管柱之间的轴向间隙。转向轴的下端与转向万向节相连。

图 3-1-47　转向轴

现代汽车的转向轴除装有柔性万向节外，有的还装有能改变转向盘的工作角度（转向轴的传动方向）和转向盘的高度（转向轴轴向长度）的机构，以方便不同体型驾驶员的操纵。

（3）转向管柱　转向柱管（见图 3-1-48）固定在车身上，转向轴从转向管柱中穿过，支承在管柱内的轴承和衬套上。

现代汽车除要求装有吸能式转向盘外，还要求转向管柱必须装备能够缓和冲击

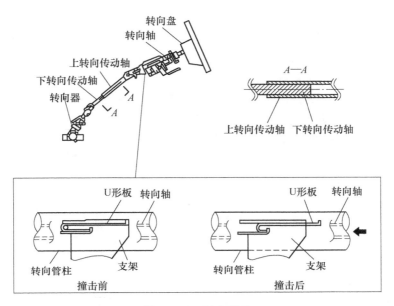

图 3-1-48　转向管柱

的吸能装置。转向轴和转向管柱吸能装置的基本工作原理是：当转向轴受到巨大冲击而产生轴向位移时，通过转向管柱或支架产生塑性变形、转向轴产生错位等方式，吸收冲击能量。

（4）转向器　在正常情况下，采用动力转向系统的汽车转向所需的能量，只有小部分是驾驶员提供的体能，而大部分是发动机（或电动机）驱动的液压泵（或空气压缩机）所提供的液压能（或气压能）。

用以将发动机（或电动机）输出的部分机械能转化为压力能，并在驾驶员控制下，对转向传动装置或转向器中某一传动件施加不同方向的液压或气压作用力，以助驾驶员施力不足的一系列零部件，总称为动力转向器。下面介绍动力转向器的类型及工作原理。

1）动力转向器的类型。按传能介质的不同，动力转向器有气压式和液压式两种。装载质量特大的货车不宜采用气压动力转向器，因为气压系统的工作压力较低（一般不高于 0.7MPa），用于重型汽车上时，其部件尺寸将过于庞大。液压动力转向器的工作压力可高达 10MPa 以上，故其部件尺寸很小。液压系统工作时无噪声，工作滞后时间短，而且能吸收来自不平路面的冲击。因此，液压动力转向器已在各类、各级汽车上获得广泛应用。

根据机械式转向器、转向动力缸和转向控制阀三者在转向装置中的布置和连接关系的不同，液压动力转向装置分为整体式（机械式转向器、转向动力缸和转向控制阀三者设计为一体）、组合式（把机械式转向器和转向控制阀设计在一起，转向动力缸独立）和分离式（机械式转向器独立，把转向控制阀和转向动力缸设计为一体）三种结构形式。

这里仅介绍液压整体式动力转向器。

2）动力转向器的工作原理。动力转向器是在机械式转向器的基础上加一套动力辅助装置组成的。如图 3-1-49 所示，转向液压泵 6 安装在发动机上，由曲轴通过带驱动并向外输出液压油。转向油罐 5 有进、出油管接头，通过油管分别与转向液压泵和转向控制阀 2 连接。转向控制阀用以改变油路。机械式转向器和缸体形成左、右两个工作腔，它们分别通过油道和转向控制阀连接。

当汽车直线行驶时，转向控制阀 2 将转向液压泵 6 输出的工作液与油罐相通，转向液压泵处于卸荷状态，动力转向器不起助力作用。当汽车需要向右转向时，驾驶员向右转动转向盘，转向控制阀将转向液压泵输出的工作液与 R 腔接通，将 L 腔与油罐接通，在油压的作用下，活塞向下

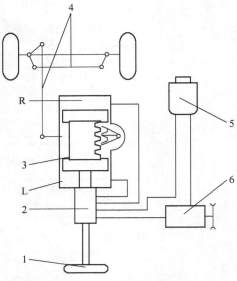

图 3-1-49　动力转向系统
1—转向操纵机构　2—转向控制阀
3—机械式转向器与转向动力缸总成
4—转向传动机构　5—转向油罐　6—转向液压泵

移动，通过传动结构使左、右轮向右偏转，从而实现右转向；向左转向时，情况与上述相反。

4. 转向传动机构

转向传动机构的功用是将转向器输出的力和运动传到转向桥两侧的转向节，使两侧转向轮偏转，且使两转向轮的偏转角按一定关系变化，以保证汽车转向时车轮与地面的相对滑动尽可能小。

（1）与非独立悬架配用的转向传动机构　与非独立悬架配用的转向传动机构主要包括转向摇臂、转向直拉杆、转向节臂和梯形臂，如图 3-1-50 所示。

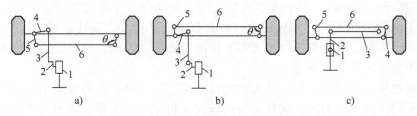

图 3-1-50　与非独立悬架配用的转向传动机构
1—转向器　2—转向摇臂　3—转向直拉杆　4—转向节臂　5—梯形臂　6—转向横拉杆

（2）转向摇臂　循环球式转向器和蜗杆曲柄指销式转向器通过转向摇臂与转向直拉杆相连。转向摇臂的大端用带锥度的三角形齿形花键与转向器中摇臂轴的外端连接，小端通过球头销与转向直拉杆作空间铰链连接，如图3-1-51所示。

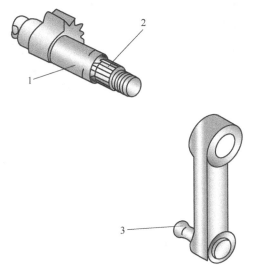

图 3-1-51　转向摇臂

1—摇臂轴　2—带锥度的三角形齿形花键　3—球头销

（3）转向直拉杆　转向直拉杆（见图3-1-52）是转向摇臂与转向节臂之间的传动杆件，具有传力和缓冲作用。在转向轮偏转且因悬架弹性变形而相对于车架跳动时，转向直拉杆与转向摇臂及转向节臂的相对运动都是空间运动，为了不发生运动干涉，三者之间的连接件都是球形铰链。

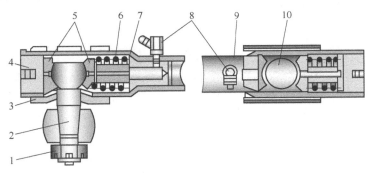

图 3-1-52　转向直拉杆

1—螺母　2—球头销　3—橡胶防尘垫　4—螺塞　5—球头座　6—压缩弹簧
7—弹簧座　8—油嘴　9—直拉杆体　10—转向摇臂球头销

（4）转向节臂　汽车在行驶过程中，经常要改变其行驶方向（转向），通常，当车辆转向时，驾驶员对转向盘施加一个转向力矩，该力矩通过转向轴、传动轴、转向器，经转向器放大后，该力矩传入转向摇臂，再通过转向直拉杆传给转向节和转向节上的转向节臂，最后传入轮毂，使车轮偏转。由此可以看出转向节臂的构造要求：应有连接直拉杆和轮毂的作用及转向功能。

（5）转向节　转向节（见图3-1-53）是汽车转

图 3-1-53　转向节

向桥上的主要零件之一，能够使汽车稳定行驶并灵敏地传递行驶方向，功用是承受汽车前部载荷，支承并带动前轮绕主销转动而使汽车转向。在汽车行驶状态下，它承受着多变的冲击载荷，因此，要求其具有很高的强度。

（6）转向梯形 如图 3-1-54 所示。

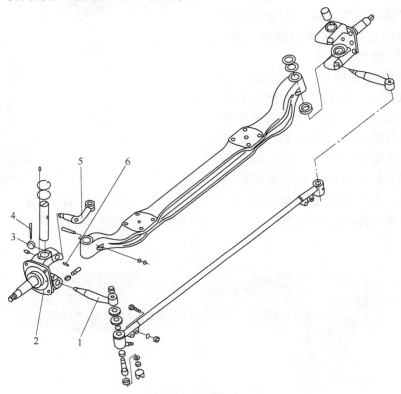

图 3-1-54 转向梯形

1—左转向梯形臂 2—转向节 3—锁紧螺母 4—开口销 5—转向节臂 6—键

（7）转向横拉杆 转向横拉杆是转向梯形机构的底边，由横拉杆体和旋装在两端的横拉杆接头组成，如图 3-1-55 所示。其特点是长度可调。通过调整转向横拉杆的长度，可以调整前轮前束。

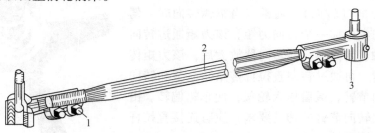

图 3-1-55 转向横拉杆

1—夹紧螺栓 2—横拉杆体 3—横拉杆接头

5. 动力转向

使用机械转向装置可以实现汽车转向，当转向轴负荷较大时，仅靠驾驶员的体力作为转向能源则难以顺利转向。动力转向系统就是在机械转向系统的基础上加设一套转向加力装置而形成的。转向加力装置减轻了驾驶员操纵转向盘的作用力。转向能源来自驾驶员的体力和发动机（或电动机），其中发动机（或电动机）占主要部分，通过转向加力装置提供。正常情况下，驾驶员能轻松地控制转向。但在转向加力装置失效时，就回到机械转向系统状态，一般来说还能由驾驶员独立承担汽车转向任务。

动力转向系统分为液压式动力转向系统和电动助力动力转向系统，这里只介绍液压式动力转向系统。

液压式动力转向系统（图 3-1-56）中，属于转向加力装置的部件是：转向液压泵、转向油罐以及位于整体式转向器内部的转向控制阀及转向助力缸等。当驾驶员转动转向盘时，通过机械转向器使转向横拉杆移动，并带动转向节臂，使转向轮偏转，从而改变汽车的行驶方向。与此同时，转向器输入轴还带动转向器内部的转向控制阀转动，使转向动力缸产生液压作用力，帮助驾驶员进行转向操作。由于有转向加力装置的作用，驾驶员只需比采用机械转向系统时小得多的转向力矩，就能使转向轮偏转。

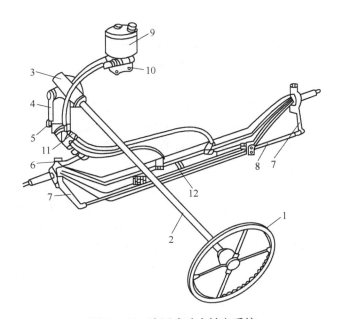

图 3-1-56　液压式动力转向系统

1—转向盘　2—转向轴　3—转向器　4—转向摇臂　5—转向拉杆　6—转向节臂

7—转向梯形臂　8—横拉杆　9—转向油罐　10—转向液压泵　11—转向控制阀　12—转向助力缸

五、制动系统

制动系统是在汽车某些部分（主要是车轮）施加一定的力，从而对其进行一定程度的强制制动的一系列专门装置。制动系统的作用是：使行驶中的汽车按照驾驶员的要求进行强制减速甚至停车；使已停驶的汽车在各种道路条件下（包括在坡道上）稳定驻车；使下坡行驶的汽车速度保持稳定。

1. 基本名词术语

1）行车制动：使正在行驶中的汽车减速甚至停车。

2）驻车制动：使已经停止的汽车驻留原地不动。

3）第二制动系统：在行车制动系统失效的情况下保证汽车仍能实现减速或停车的一套装置。

4）辅助制动系统：在汽车下长坡时用以稳定车速的一套装置，常见的是排气缓速式辅助制动系统。它是利用设置在排气通道内的排气节流阀（见图 3-1-57）阻塞发动机排气通道，以增加发动机内进、排气和压缩等行程的功率损失，迫使发动机降低转速，从而达到在短时间内降低车速的目的。

由于排气缓速式辅助制动系统是利用排气阻力，以增加发动机进、排气和压缩等行程的功率损失来

图 3-1-57　排气节流阀

使汽车减速的，因此发动机必须与传动系统处于动力传递状态中，也就是说，踩下离合器踏板（发动机与变速器分离）或变速器在空档时，排气缓速式辅助制动系统不起降低车速的作用。

在雨雪天等道路附着系数较低的情况下，在下坡路段行驶或需要一般减速的路况下（如前方车辆拥挤或弯道等），合理使用排气缓速制动可以减少行车制动系统的工作频率，从而减少行车制动系统材料的磨损消耗和轮胎因制动而增加的磨耗，并能减少制动跑偏现象的发生。

5）制动防抱死系统（ABS）：当汽车在制动时，不能让车轮制动到抱死滑移，而希望车轮制动到边滚边滑的状态，控制此种状态的系统被称为制动防抱死系统。它是利用阀体内的一个橡胶气囊，在踩下制动踏板时，给予制动油压力，充斥到 ABS 的阀体中，此时气囊利用中间的空气隔层将压力返回，使车轮避过锁死点。ABS 工作的时候，通过安装在车轮上的传感器发出车轮将被抱死的信号，控制器指令调节器降低该车轮制动缸的油压，减小制动力矩，经一定时间后，再恢复原有的油压，不断地这样循环（每秒可达 5～10 次），始终使车轮处于转动状态而又有最大的制动力矩。

没有安装 ABS 的汽车，在行驶中如果用力踩下制动踏板，车轮转速会急速降低，当制动力超过车轮与地面的摩擦力时，车轮就会被抱死，完全抱死的车轮会使

轮胎与地面的摩擦力减小。如果前轮被抱死，驾驶员就无法控制车辆的行驶方向；如果后轮被抱死，就极容易出现侧滑现象。使用 ABS 能避免在紧急制动时方向失控及车轮侧滑，使车轮在制动时不被锁死，不让轮胎在一个点上与地面摩擦，从而加大摩擦力，使制动效率达到 90% 以上，同时还能减少制动消耗，延长制动轮鼓、碟片和轮胎的使用寿命。ABS 的组成示意图如图 3-1-58 所示。

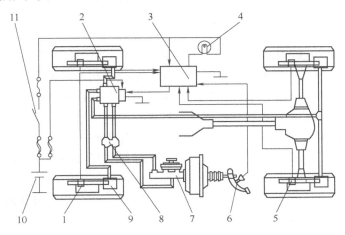

图 3-1-58　ABS 的组成示意图

1—前轮速度传感器　2—制动压力调节装置　3—ABS 电控单元　4—ABS 警告灯　5—后轮速度传感器
6—停车灯开关　7—制动主缸　8—比例分配阀　9—制动轮缸　10—蓄电池　11—点火开关

现代汽车上的轮速传感器可以安装在车轮上，也可以安装在主减速器或变速器中，它将电磁铁磁通量的变化产生的感应电压信号传输给电控单元。电控单元（ECU）接收到信号后计算出车轮速度及滑动率，然后对制动压力调节装置发出控制指令。

2. 制动系统的基本组成及分类

任何制动系统都包括供能装置、控制装置、传动装置、制动器。

供能装置包括供给、调节制动所需能量以及改善传能介质状态的各种部件。在气动制动系统中，制动所需的能源为压缩空气。

控制装置包括产生制动动作和控制制动效果的各种部件。最简单的一种控制装置就是制动踏板机构（见图 3-1-59）。

传动装置包括将制动能量传输到制动器的各个部件。

制动器是产生阻碍车辆的运动或运动趋势的

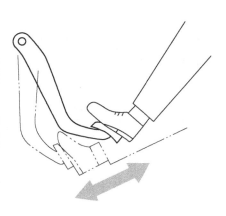

图 3-1-59　制动踏板机构

力的部件，其中也包括辅助制动系统中的缓速装置。目前大多数汽车所用的制动器都是摩擦制动器，分为鼓式和盘式两大类。

另外，制动系统还应该包含调节制动力的装置和低压报警等附加装置。

制动系统根据功用可以分为：行车制动系统、驻车制动系统、第二制动系统及辅助制动系统；按照制动能源可以分为：人力控制系统、动力制动系统、伺服制动系统；根据制动动力的传输方式可分为：机械式、液压式、气动式和电磁式，现在多采用由以上几种共同起作用的组合式制动系统。

3. 气动制动系统的基本结构与工作原理

气动制动系统是发展最早的一种动力制动系统，制动能源是由汽车发动机驱动空气压缩机产生的气压能。其控制装置大多数是由制动踏板机构和制动阀等气动控制元件组成的。气动制动系统包括供气系统、行车制动系统和驻车制动系统。

空气压缩机产生的压缩空气经过干燥罐后储存于储气筒中。储气筒中的压力由调压阀进行调节。当踩下制动踏板时，通过拉杆机构操纵制动阀，使储气筒中的压缩空气通过制动阀腔体进入制动气室，从而促使制动器工作。

气动制动系统主要的制动元件包括：四回路保护阀、双腔串联制动阀、手制动阀、继动阀总成及差动继动阀。

（1）四回路保护阀　气动回路中的其中一条回路失效时，该阀能够使其他回路的充气和供气不受影响。

四回路保护阀的工作原理（见图 3-1-60）为：压缩空气从 I 口进入，同时达到 A、B、C、D 腔，达到阀门的开启压力时，阀门被打开，压缩空气经 E、F、G、H 口输送到储气筒。当 G 口回路失效时（或用气），其他回路由于阀门的单向作用，保证不致经该回路完全泄漏掉，仍维持在一定压力（即保护压力约 0.67MPa，在此压力之上，各回路之间互相连通，可以互相补偿）。

空气压缩机再次供气时，未失效的回路因有气压作用在输出口 E、F、H 的膜片上，使得 I 口的气压容易将 E、F、

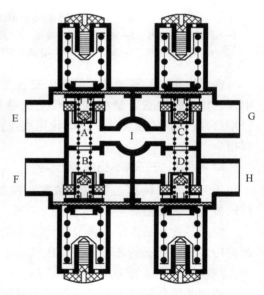

图 3-1-60　四回路保护阀

H 口阀门打开，继续向未失效回路 E、F、H 口供气。失效回路因没有气压作用在输出口 G 的膜片上而无法打开。当充气压力再升高，达到或超过开启压力时，压缩空气的多余部分将从失效回路 G 口漏掉，而未失效回路的气压仍能保证。

（2）双腔串联制动阀　双腔串联制动阀如图 3-1-61 所示，其作用是在双回路主

制动系统的制动过程和释放过程中实现灵
敏的随动控制。其工作原理如下：

在顶杆座1上施加制动力，推动活塞2
下移，关闭排气门3，打开进气门6，从G口
来的压缩空气到达A腔，随后从E口输出到
制动管路I。同时气流经孔D到达B腔，作
用在活塞5上，使活塞5下移，关闭排气门
7，打开进气门6，由H口来的压缩空气到达
C腔，从F口输出送到制动管路II。

解除制动时，E、F口的气压分别经排
气门3和7从排气口O排向大气。

当第一回路失效时，阀门总成4推动
活塞5向下移动，关闭排气门7，打开进
气门6，使第二回路正常工作；当第二回
路失效时，使第一回路正常工作。

（3）手制动阀　手制动阀如图3-1-62
所示，其用于操纵具有弹簧制动的紧急制
动和驻车制动，起开关作用。在行车位置
至驻车位置之间，操纵手柄能够自动回到
行车位置，处于驻车位置时能够锁止。

手制动阀的工作原理为：当手
柄处于0°～10°位置时，进气阀1
全开，排气阀2关闭时，压缩空气
从C口进入，从B口输出，整车处
于完全解除制动状态；当手柄处于
10°～55°位置时，在平衡活塞4和
平衡弹簧3的作用下，B口压力随
手柄转角的增大而呈线性下降至
零；当手柄处于紧急制动止推点
时，整车处于完全制动状态；当手
柄处于73°时手柄被锁止，整车完
全处于制动状态。

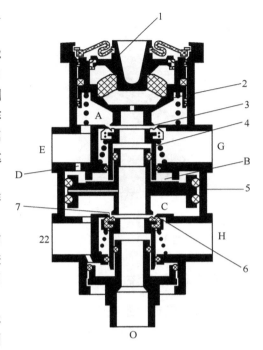

图3-1-61　双腔串联制动阀
1—顶杆座　2、5—活塞　3、7—排气门
4—阀门总成　6—进气门

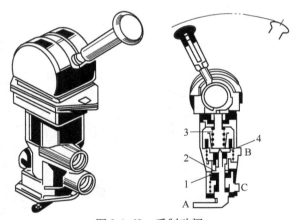

图3-1-62　手制动阀
1—进气阀　2—排气阀　3—平衡弹簧　4—平衡活塞

（4）继动阀总成　继动阀总成
如图3-1-63所示，其功用是使制动过程中制动气室能直接从储气筒获得所需气压，
从而缩短操纵气路时的制动反应时间和解除制动时间，起加速和快放的作用。

（5）差动继动阀　差动继动阀如图3-1-64所示，其功用是防止同时操纵行车

及驻车制动系统时，组合式弹簧制动缸及弹簧制动室中力的重叠，从而避免机械件超负荷，使弹簧制动缸迅速充、排气。

图 3-1-63 继动阀总成

图 3-1-64 差动继动阀

六、电气系统

1. 驾驶室电气系统

对于底盘电气系统来说，驾驶室电气系统就是一个神经中枢，主要包括仪表及报警装置、开关装置、空调暖风装置、照明装置、信号装置、继电器及保险装置等。以下主要就仪表及报警装置、开关装置、照明装置及信号装置进行简单介绍。

（1）仪表及报警装置 为了使驾驶员能够随时掌握汽车及各系统的工作情况，在汽车驾驶室的仪表板上装有各种指示仪表及各种报警装置（见图 3-1-65）。

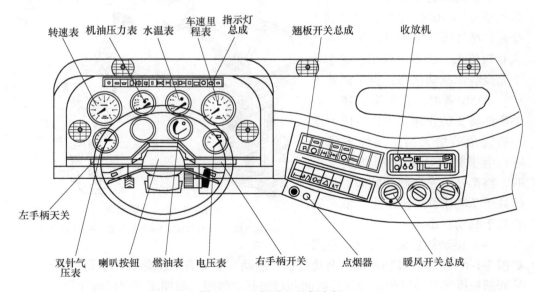

图 3-1-65 驾驶室的仪表板

1) 车速里程表。车速里程表是由指示汽车行驶速度的车速表和记录汽车所行驶过距离的里程计组成的，两者的信号取自变速器输出端传感器。车速表上指针指示值为车辆行驶速度（km/h），下部跳号数值为车辆累计行驶里程。

2) 机油压力表及机油低压报警装置。机油压力表是在发动机工作时指示发动机润滑系统主油道中机油压力大小的仪表。它包括油压指示表和油压传感器两部分。机油低压报警装置在发动机润滑系统主油道中的机油压力低于正常值时，对驾驶员发出警报信号。机油低压报警装置由装在仪表板上的机油低压警告灯和装在发动机主油道上的油压传感器组成。

3) 燃油表及燃油低油面报警装置。燃油表用以指示汽车燃油箱内的存油量。燃油表由燃油面指示表和油面高度传感器组成。燃油低油面报警装置的作用是在燃油箱内的燃油量少于某一规定值时立即发亮报警，以引起驾驶员的注意。

4) 水温表及水温警告灯。水温表的功用是指示发动机气缸盖水套内冷却液的工作温度。水温警告灯能在冷却液温度升高到接近沸点（例如 98～102℃）时发亮，以引起驾驶员的注意。

5) 发动机转速表。发动机转速表由指示发动机转速的转速表和记录发动机累计运转时间的时间计组成的，两者的信号取自飞轮壳转速传感器。转速表上指示的是发动机转速（r/min），即发动机每分钟转数，下部跳号数值为发动机累计运转小时数。

6) 电压表。电压表用来指示蓄电池电压的大小。当钥匙开关处于"ON"的位置时，该表就工作。

（2）开关装置　为了驾驶员方便及保证汽车行驶安全，在驾驶室内装有各种操纵开关，用以控制汽车上所有用电设备的接通和停止。对开关的要求是坚固耐用、安全可靠、操作方便、性能稳定。

1) 点火开关（见图 3-1-66）。点火开关是汽车电路中最重要的开关，是各条电路分支的控制枢纽，是多档多接线柱开关。其主要功能是：锁住转向盘转轴（LOCK），接通点火仪表指示灯（ON 或 IG）、起动档（ST）、附件档（ACC 主要是收放机专用）。其中起动档控制发动机起动，在操作时必须用手克服弹簧力，扳住钥匙，一松手就弹回"ON"档，不能自行定位，其他档位均可自行定位。

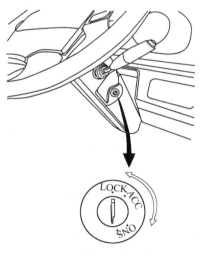

图 3-1-66　点火开关

2) 组合开关（见图 3-1-67）。多功能组合开关将照明开关（前照明开关、变光开关）、信号（转向、超车）开关、刮水器/洗涤器开关、排气制动开关等组合为一体，安装在便于驾驶员操纵的转向柱上。

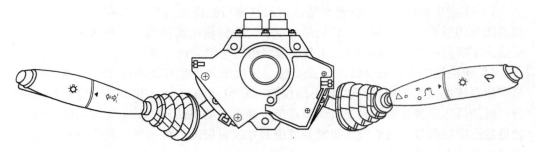

图 3-1-67　组合开关

3）翘板开关组合。除了组合开关外，在驾驶室仪表台上设计了翘板开关组合，用以控制蓄电池电源、取力操纵、雾灯空调等的开启与关闭。

（3）汽车照明装置及信号装置　为了保证汽车行驶安全和工作可靠，在现代汽车上装有各种照明装置和信号装置，用以照明道路，标示车辆宽度，照明驾驶室内部及仪表指示和夜间检修等。此外，在转弯、制动和倒车等工况下汽车还应发出光信号和声响信号。

1）照明装置

① 装在车身外部的照明装置。前照灯是汽车在夜间行驶时照明前方道路的灯具，它能发出远光和近光两种光束。

远光在无对方来车的道路上，汽车以较高速度行驶时使用。远光应保证在车前100m 或更远的路上得到明亮而均匀的照明。

近光则在会车时和市区明亮的道路上行驶时使用。会车时，为了避免使迎面来车的驾驶员目眩而发生危险，前照灯应该可以将强的远光转变成光度较弱而且光束下倾的近光。

前照灯可分为两灯式和四灯式两种。前者是在汽车前端左右各装一个前照灯，而后者是在汽车前端左右各装两个前照灯。

前照灯主要由灯泡组件、反光罩和透光玻璃组成。灯泡组件是将电能转变为光能的装置。现代汽车的前照灯都采用双丝灯泡。远光灯丝位于反光罩的焦点上，近光灯丝位于焦点上方。在近光灯丝下方加有金属遮罩，下部分的光线被遮罩挡住，以防止光线向上反射及直接照射对方驾驶员而引起眩目。反光罩的形状是一旋转抛物面，其作用是将灯泡远光灯丝发出的光线聚合成平行光束，并使光度增大几百倍。透光玻璃是许多透镜和棱镜的组合体，其上有皱纹和棱格。光线通过时，透镜和棱镜的折射作用使一部分光束折射并分散到汽车的两侧和车前路面上，以照亮驾驶员的视线范围。

示宽灯主要用以在夜间会车行驶时，使对方能判断本车的外廓宽度。示宽灯也可供近距离照明用。很多公共汽车在车身顶部装有一个或两个标高灯，若有两个，则同时兼起示宽作用。

后灯的玻璃是红色的，便于后车驾驶员判断前车的位置而与之保持一定距离，以免当前车突然制动时发生碰撞。后灯一般兼作照明汽车牌照的牌照灯，有的汽车牌照灯是单装的，它应保证夜间在车后20m处能看清牌照号码。

经常在多雾地区行驶的汽车还应在前部安装光色为黄色的雾灯。

② 装在车内部的照明装置。车身内部的照明灯特别要求造型美观、光线柔和悦目。为满足夜间在路上检修汽车的需要，车上还应备有带足够长灯线的工作灯，使用时临时将其插头接入专用的插座中，该插座在熔断器盒上。驾驶室的仪表板上有仪表板照明灯。仪表板照明灯为蓝色背光，LED灯。

2）转向信号灯及转向信号闪光器。转向信号灯分装在车身前端和后端的左右两侧。由驾驶员在转向之前，根据将向左转弯或向右转弯，相应地开亮左侧或右侧的转向信号灯，以通知交通警察、行人和其他汽车上的驾驶员。

为了在白天能引人注意，转向信号灯的亮度很强。此外为引起对方注意，在转向信号灯电路中装有转向信号闪光器，借以使转向信号灯光发生闪烁。闪烁式转向信号灯可以单独设置，也可以与示宽灯合成一体。

2. 发动机、变速器电气系统

（1）发动机电气系统　发动机（柴油机）电气系统包括发电机、起动机、传感器、熄火电磁铁（或熄火电磁阀）及油门开关等。进口汽车及国内欧Ⅲ发动机普遍采用了ECM电子控制发动机点火喷油、起动等，这里不作叙述。

1）发电机。车上虽然有蓄电池作为电源，但由于蓄电池的存电能力非常有限，它只能在起动汽车或汽车发动机不工作时为汽车提供电能，而不能长时间为汽车供电，因此蓄电池只能作为汽车的辅助电源。

在汽车上，发电机是汽车的主要能源，其功用是在发动机正常运转时，向所有用电设备（起动机除外）供电，同时给蓄电池充电。

目前汽车普遍采用三相交流发电机，内部带有二极管整流电路，将交流电整流为直流电，同时交流发电机配装有电压调节器。电压调节器对发电机的输出电压进行控制，使其保持基本恒定，以满足汽车用电器的需求。

2）起动机。要使发动机从静止状态过渡到工作状态，必须使用外力转动发动机的曲轴，使气缸内吸入（或形成）可燃混合气并燃烧膨胀，工作循环才能自动进行。起动机的功用是：利用起动机将蓄电池的电能转换为机械能，再通过传动机构将发动机拖转起动。

起动机由三个部分组成：

① 直流串励式电动机，其作用是产生转矩。

② 传动机构（或称啮合机构），其作用是在发动机起动时，使发动机驱动齿轮啮入飞轮齿环，将起动机转矩传给发动机曲轴；而在发动机起动后，使驱动齿轮打滑与飞轮齿环自动脱开。

③ 控制装置（即开关）用来接通和切断起动机与蓄电池之间的电路。

3）传感器。为了便于驾驶员随时了解发动机运行状况，在驾驶室里设置了发动机机油压力表和发动机水温表及压力过低、水温过高报警指示灯，其传感器安装在发动机上。

① 机油压力传感器。安装在发动机主油道上，用来检测和显示发动机主油道的机油压力大小，以防因缺机油而造成拉缸、烧瓦的重大故障发生。

② 水温传感器。安装在发动机气缸盖或缸体的水套上，用来检测和显示发动机水套中冷却液的工作温度，以防因冷却液温度过高而使发动机过热。

另外，目前轿车、一些卡车采用的电子控制喷油发动机，其传感器还包括曲轴位置传感器、进气压力传感器等，利用传感器感应来控制发动机喷油时间。

（2）变速器电气系统　变速器电气系统包括空档开关、倒档开关、超速传感器、里程表传感器等，自动变速器包括 ECU、电磁阀等，驾驶员在驾驶室里采用电子开关就可以控制换档。有时变速器还附带了取力器，在取力器上采用了取力传感器。

1）空档开关：当变速器置于空档时，空档开关接通。一般情况下，空档开关对发动机起起动保护作用，即变速器只有在空档位置时，发动机才能起动；减小发动机起动负载，可防止其起动时产生意外情况。

2）倒档开关：当变速器置于倒档时，倒档开关接通，这时车辆尾部的倒车灯点亮，同时倒车蜂鸣器间歇鸣叫或语音提示，提醒车辆后部的车辆或行人注意倒车。

3）里程表传感器：安装在变速器输出轴连接的蜗轮蜗杆上，该传感器由里程表附带，用来检测车辆的行驶速度，它利用霍尔原理感应，把信号传输给车速里程表，以便于驾驶员了解和控制车辆行驶速度。

3. 侧标志灯、尾灯电气系统

（1）侧标志灯电气系统　侧标志灯安装在起重机左右两侧，在开启小灯时，该灯点亮，以便于对方从侧面看到车辆，防止危险。侧标志灯与侧回复反射器合成一体。侧回复反射器的作用是通过外来光源照射后的反射光，向位于光源附近的观察者表明车辆存在的装置。

（2）尾灯电气系统　尾灯电器包括制动灯、位置灯、倒车灯、后转向信号灯、后雾灯、牌照灯及后回复反射器。

制动灯是驾驶员在踩制动踏板时，警告车辆后部的车辆驾驶员及行人注意车辆减速的装置。分装在车辆尾部的左右两侧，一般与位置灯组合在一起，也可以与倒车灯、后转向信号灯、后雾灯组合在一起。

倒车灯是驾驶员在倒车时，警告车辆后部的车辆驾驶员及行人注意车辆倒退的装置。可以分装在车辆尾部的左右两侧，一个或两个均可。一般与倒车蜂鸣器同时使用。倒车灯可以单独设置，也可以与其他灯组合在一起。

后转向信号灯同前转向灯功能一样。它分装在车辆尾部的左右两侧，可以单独设置，也可以与其他灯组合在一起。组合在一起时，转向信号灯装在最外侧。

后雾灯是在雾天、驾驶员视线模糊下开启，提醒车辆后部的车辆驾驶员及行人注意前面车辆的装置。后雾灯开启时，位置灯同时点亮。后雾灯可以单独设置，也可以与其他灯组合在一起，分装在车辆尾部的左右两侧，一个或两个均可。只有一个后雾灯时，必须设置在车辆尾部的左侧。

牌照灯装在牌照板上方，是起照明作用的装置。开启位置灯时，牌照灯亮。其位置依牌照板位置设定。

七、驾驶室

1. 驾驶室的类型

驾驶室的布置有三种：一是与通用汽车一样的正置平头式驾驶室；二是侧置的偏头式驾驶室；三是前悬下沉式驾驶室。

侧置偏头式驾驶室底盘的汽车起重机可使起重吊臂在行驶状态时放在驾驶室旁侧，使整车重心大大下降，但驾驶室视野不良，坐人不多。

前悬下沉式驾驶室视野良好，吊臂置于其上。因驾驶室低，吊臂位置也不高，故起重机重心较低。由于驾驶室悬挂在前桥前，故前桥轴荷较大，同时也使车身增长，接近角较小，通过性较差，但可使吊臂的基本臂做得长些。因为基本臂长度和车长成正比，其超出车身的长度一般限制在 2m 左右。因此，在大型汽车起重机中常采用前悬下沉式驾驶室（见图 3-1-68）。

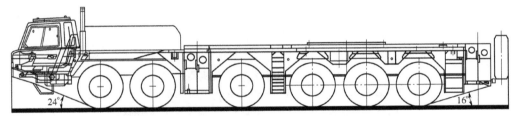

图 3-1-68 前悬下沉式驾驶室在汽车起重机专用底盘上的布置

2. 驾驶室的结构

驾驶室结构包括：车身壳体、车前钣制件、车门、车窗、车身内外装饰件、车身附件、座椅以及通风、暖气、空调装置等。汽车起重机的驾驶室一般分为全挂（见图 3-1-69）和半挂两种形式。

（1）车门 车门是一个相对独立、比较复杂的总成，用铰链将其与门框连接在一起，铰链安装在车门的一进侧，车门可以围转的方式绕铰链轴向外旋转开启。

车门的组成主要有车门玻璃总成、玻璃升降器总成、车门锁及操纵机构总成、内外手柄、铰链总成、车门限位器总成、车门密封条总成、车门内饰板总成及车门壳体等零部件。车门的结构要求：

1）有足够的刚度，不易变形下沉，行车时不振动。

2）安全可靠，行车时车门不会自动打开。

3）具有必要的开度，在最大开度时，能保证上下车方便。

4）开关轻便，玻璃升降方便。

5）具有良好的密封性。

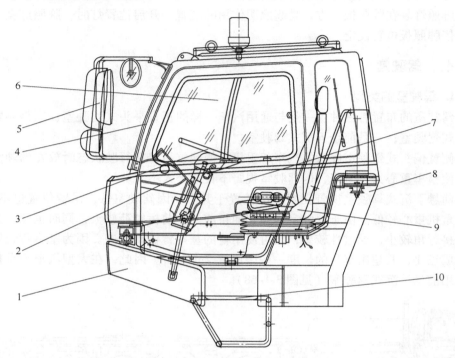

图 3-1-69　QY25D 汽车起重机驾驶室

1—保险杠总成　2—仪表板总成　3—转向盘　4—前挡风玻璃　5—后视镜
6—车门窗玻璃　7—车门　8—壳体　9—座椅　10—脚踏板

（2）车门门锁　门锁是车门的主要附件之一，是保证汽车在行驶中，车门被固定在车身上而不自行打开的主要部件，也是保证汽车停车，驾驶员离开车辆后，不被外人打开进入驾驶室的重要零件。门锁的要求：

1）操纵内外手柄，车门能轻便打开，关闭门锁装置具有对车门运动的导向和定位作用。

2）门锁装置应具有全锁紧和半锁紧两种位置，以防汽车行驶时车门突然打开，关闭时起到保险作用。

3）当车门处于锁止状态时，在车外只能用钥匙或遥控器才能打开，在车内必须先解除锁止状态才能打开车门。

（3）玻璃升降器　玻璃升降器作为车门附件，其作用是保证车门玻璃平稳升降、门窗能随时并顺利地开启和关闭，并能使玻璃停留在任意位置，不随外力作用或汽车的颠簸而上下跳动。

通过操作玻璃升降器带动玻璃托架做上下运动，从而使得车门玻璃沿着车门窗框的导槽或导轨做升降运动。

（4）座椅　座椅是驾驶室内部的重要装置。座椅的作用是支承人体，使驾驶员操作方便和乘坐舒适，并具有一定的安全性能。汽车座椅总成一般由坐垫、靠背、靠枕、骨架、调节机构、减振装置等部分组成。

座椅调节机构的作用是可方便、迅速地改变座椅与操纵机构的最佳相对位置以适应不同身材的驾驶员的要求。

图 3-1-70 所示为座椅调节装置，各调整手柄的调节范围与调节方法如下：

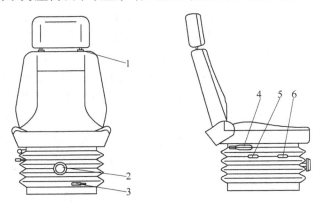

图 3-1-70　座椅调节装置
1—头枕高低锁止开关　2—减振刚度调节手柄　3—座椅前后调节手柄
4—靠背角度调节手柄　5—坐垫后部高低调节手柄　6—坐垫前部高低调节手柄

1）靠背角度调节手柄。

调节范围：$80° \sim 121°$。

调节方法：向上扳动手柄，转动靠背至需要角度松开手柄。

2）座垫后部高低调节手柄。

调节范围：$0 \sim 65mm$（$-9° \sim 0°$），七档可调。

调节方法：向上扳动手柄，给坐垫后端向下（上）适当加（减）力，使坐垫后端降低（升高）至需要位置，放开手柄即可。

3）坐垫前部高低调节手柄。

调节范围：$0 \sim 65mm$（$-9° \sim 0°$），七档可调。

调节方法：向上扳动手柄，给坐垫前端向下（上）适当加（减）力，使坐垫前端降低（升高）至需要位置，放开手柄即可。

4）减振刚度调节手柄。

调节范围：$40 \sim 130kg$。

调节方法：旋转手轮，根据路况和驾驶员体重将预置力调至需要数值。提示：不得将红色指针旋入小于 40 和大于 130 的位置内。

5）座椅前后调节手柄。

调节范围：–75～75mm，各五档可调。

调节方法：向上扳动手柄，向前（后）移动座椅至需要位置，放开手柄。

现在为了进一步提高驾驶员的舒适性，汽车座椅的底座上都装配了减振装置，如机械减振、空气悬浮式减振等，能有效地降低有害振动，减轻驾驶疲劳，从而使驾驶员安全操作。

八、车架

底盘是汽车起重机的载体，而车架则是底盘的载体，也是汽车起重机三大结构件中的一个重要部件。汽车起重机车架多采用由钢板焊接而成的多室箱形薄壁结构，构造复杂。它不仅承受着起重机的自身载荷，还传递着路面的支承力和冲击力。在不平路面上行驶时，车架在载荷作用下可能产生扭转变形以及在纵向平面内产生弯曲变形，当一边车轮遇到障碍时，还可能使整个车架扭曲变形。在工作中，它是整个机器的基础，其强度和刚度对保证整车正常工作具有重要意义。

汽车起重机车架由车架前段、车架后段、前固定支腿箱、后固定支腿箱等拼焊而成，如图 3-1-71 所示。下面介绍车架各组成部分。

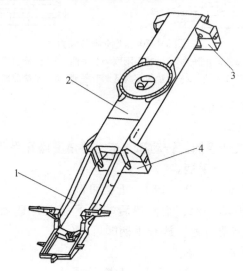

图 3-1-71　车架

1—车架前段　2—车架后段　3—后固定支腿箱　4—前固定支腿箱

车架前段为槽形梁结构，由第一横梁、左右前小纵梁、第二横梁（第五支腿液压缸支座）、左右纵梁、驾驶室支承、吊臂支架等焊接而成。它在起吊重物时不起直接作用，但由于其上安装固定有驾驶室、发动机系统、变速器、转向系统等零部件，车架前段除了要承受各种部件的自重外，还要承受转向时的扭转变形等。

车架后段即车架主体部分，采用倒凹字形薄壁封闭大箱形结构（见图3-1-72），大箱形结构主要由上盖板、左右腹板、槽形下盖板等组成。车架后段及与其焊接的前后固定支腿箱承受着起重机的自重、吊重和相应的转矩。为加强车架抗扭刚度，在大箱形结构中间还增加了横向的立板和筋板；为保证回转支承的刚性，在回转支承圈下方加设多块纵向和横向的筋板和斜支承板。根据理论和实践得知，回转支承圈与上盖板连接处周围为应力较大处。

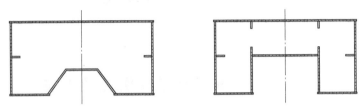

图 3-1-72　车架截面

前、后固定支腿箱在起重机起吊重物时起到支承整车和重物的作用，除了承受地面垂直的反作用力外，还承受上部转台回转时的转矩。

| 第二章 |

起重机上车部分

第一节　上车工作装置概述及组成

上车工作装置的作业是通过可伸缩的臂架机构，可360°回转的回转机构，可升降的主、副钩起升机构和可变幅的主臂变幅机构单独作业，或它们的联合作业来完成的。按照给定的主、副臂起重量性能表或起重量性能曲线，正确地选择作业工况，最终实现将液压系统的液动力转化为提升物体的势能，达到吊重作业的目的。

上车工作装置主要由伸缩式臂架机构、变幅机构、起升机构、转台、回转机构、支腿系统、液压系统、电气系统以及配重、操纵室等辅助机件组成；通过回转支承安装在底盘上，进而实现系统的回转、起升作业功能。

第二节　上车机构及系统介绍

一、臂架机构

臂架机构是汽车起重机最具有代表性的工作装置，也是必不可少的重要组成部分。汽车起重机臂架机构一般由主臂和副臂两大部分组成。

1. 主臂及其伸缩机构

所有汽车起重机都必须依靠其主臂起吊重物，为了扩大作业范围和使用灵活性，主臂的长度必须能够根据作业的实际需要在一定的范围内伸缩变化，这种变化是通过主臂伸缩机构来实现的。主臂及其伸缩机构的性能好坏在一定程度上能代表和体现汽车起重机整机的起重性能，对汽车起重机意义重大。因此，了解其结构原理是使用和维护好汽车起重机的必备基础。

尽管主臂及其伸缩机构的结构形式多种多样，但基本功用都是一样的。即实现多节主臂的自由伸长或回缩，从而使得主臂的长度可以根据需要自由调节，满足起重机在不同幅度下吊载作业的需求。

（1）主臂伸缩机构的工作原理　随着液压技术的发展，液压式伸缩主臂早已取代了早期采用机械传动结构的桁架式吊臂而成为主流，液压式伸缩主臂在满足汽车起重机通过性要求的同时还扩大了起重机在复杂使用条件下的使用功能。液压式伸缩主臂的伸缩机构主要分为由液压缸及伸缩钢丝绳组成的伸缩机构及单缸插销式伸缩机构。下面分别介绍其工作原理。

1）液压缸、伸缩钢丝绳组成的伸缩机构。液压缸、伸缩钢丝绳组成的伸缩机构根据主臂节数的不同，形式也有所区别。一般主臂节数为四节及四节以下的伸缩机构，通常由一个液压缸加两套伸缩钢丝绳组成，为同步伸缩形式。主臂节数为五节的伸缩机构通常由两个液压缸加两套钢丝绳组成，为顺序加同步伸缩形式。也有采用多级液压缸的伸缩形式，如在四节臂中采用两个液压缸加一套钢丝绳的伸缩结构，但由于油管排布困难，且增加了总体质量，应用很少。下面以两种典型产品为例介绍四节主臂和五节主臂伸缩机构的工作原理。

四节主臂伸缩机构如图3-2-1所示。

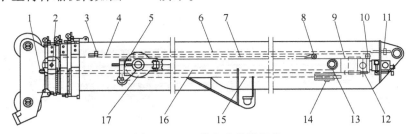

图3-2-1　四节主臂伸缩机构

1—固定在顶节臂前端　2—固定在三节臂前端　3—固定在基本臂前端（左右两侧）　4—三节臂缩回钢丝绳
5—伸缩液压缸前端水平放置的滑轮　6—三节臂伸出钢丝绳　7—顶节臂伸出钢丝绳　8—固定在顶节臂尾部
（左右两侧）　9—固定在三节臂尾部　10—二节臂臂尾滑轮　11—固定在基本臂臂尾　12—固定在二节臂臂尾
13—三节臂臂尾的滑轮（左右两侧）　14—固定在三节臂臂尾　15—三节臂伸出钢丝绳
16—顶节臂缩回钢丝绳　17—伸缩液压缸前端滑轮

① 同步伸出工作原理：当伸缩液压缸的无杆腔进油时，伸缩液压缸的缸筒前伸。通过液压缸缸筒与二节臂尾部之间的铰点轴带动二节臂伸出。三节臂的伸臂钢丝绳一端固定在三节臂臂尾钢丝绳固定座上，另一端绕过伸缩液压缸前端上的滑轮固定在一节臂尾端钢丝绳固定座上。当二节臂与伸缩液压缸同步伸出时，在液压缸前端滑轮的作用下，三节臂的伸臂钢丝绳带动三节臂伸出。此时由于伸缩液压缸前端滑轮的作用，三节臂的伸出速度是液压缸伸出速度的两倍，也就是说液压缸前端滑轮行走一段距离，缠绕在滑轮上的钢丝绳要补充两倍的行走距离长度，才能保证该机构正常工作。因此三节臂伸出速度是二节臂伸出速度的两倍。四节臂伸臂钢丝绳的一端固定在四节臂尾端上，绕过三节臂头部的滑轮，将绳的另一端固定在二节臂的尾端。在二、三节臂同步伸出的同时，四节臂伸臂钢丝绳通过三节臂头部的滑

轮带动四节臂以二节臂伸出速度的三倍伸出，从而实现三、四节臂同步伸出。通过上述过程，在伸缩液压缸和伸臂钢丝绳的作用下实现了二、三、四节臂的同步伸出。

②同步回缩工作原理：当伸缩液压缸有杆腔进油时，伸缩液压缸的缸筒回缩。通过液压缸缸筒与二节臂尾部之间的铰点轴带动二节臂同步回缩，三节臂缩臂钢丝绳的一端固定在三节臂尾端，绕过二节臂尾部上的缩臂轮，将另一端固定在一节臂头部上方支架上。在二节臂回缩的同时，通过二节臂尾部的缩臂轮带动三节臂以二节臂二倍的回缩速度回缩。即实现二、三节臂同步回缩。四节臂缩臂钢丝绳的一端固定在四节臂的头部，绕过三节臂尾部一侧的缩臂轮后通过伸缩液压缸上水平放置的导向轮绕到三节臂尾部另一侧的缩臂轮上，最后固定在四节臂头部的另一侧。在三节臂回缩的同时，三节臂尾部滑轮带动四节臂以二节臂三倍的回缩速度回缩，即实现三、四节臂同步回缩。通过上述过程，在伸缩液压缸和缩臂钢丝绳的作用下实现了二、三、四节臂的同步回缩。

五节主臂伸缩机构如图3-2-2所示。

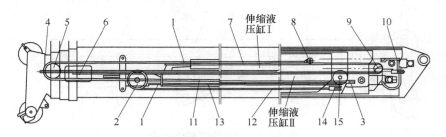

图3-2-2　五节主臂伸缩机构

1—伸缩液压缸前端水平放置的滑轮　2—伸缩液压缸前端横向滑轮　3—固定在三节臂臂尾
4—固定在顶节臂前端　5—四节臂前端滑轮　6—固定在四节臂前端　7—四节臂缩回钢丝绳　8—固定在
顶节臂尾部（左右两侧）　9—三节臂臂尾滑轮　10—固定在二节臂臂尾　11—顶节臂伸出钢丝绳
12—四节臂伸出钢丝绳　13—顶节臂缩回钢丝绳　14—固定在四节臂臂尾　15—四节臂臂尾滑轮（左右两侧）

五节主臂伸缩机构是由两个伸缩液压缸和两组伸缩钢丝绳组成（见图3-2-2）。伸缩液压缸Ⅰ的活塞杆铰点安装在一节臂臂尾上，伸缩液压缸Ⅰ的缸筒铰点安装在二节臂臂尾上；伸缩液压缸Ⅱ的活塞杆铰点安装在二节臂臂尾上，伸缩液压缸Ⅱ的缸筒铰点安装在三节臂臂尾上。伸缩液压缸Ⅰ的缸筒骑在伸缩液压缸Ⅱ的缸筒上并用导向件保证其在伸缩液压缸Ⅱ的缸筒上自由、稳定滑行。

通过伸缩液压缸Ⅱ及两组伸缩臂钢丝绳带动三、四、五节臂同步伸出的原理与四节主臂同步伸出的原理基本相同（如本节四节主臂伸缩机构所述）。

2）单缸插销式主臂伸缩原理。目前世界上最先进的主臂伸缩形式是单缸插销式顺序伸缩形式，这种吊臂结构紧凑，各伸缩臂之间的间隙可以很小，更有利于提高吊臂的起重性能，但此种吊臂的插销控制复杂，制作精度要求高。

吊臂伸出的工作原理：伸缩液压缸活塞铰点安装在基本臂臂尾，伸缩液压缸缸筒上装有插拔销机构，其中两根缸销在液压缸两侧，液压缸上部为拔销机构，各节臂之间通过臂销相连接（见图3-2-3）。以伸出五节臂为例，伸缩液压缸伸出，通过插拔销机构上的传感器检测五节臂臂尾缸销孔位置，检测到后，缸销伸出并插入缸销孔。拔销机构将五节臂与四节臂之间的臂销拔下，伸缩液压缸带动五节臂伸出，到指定位置后，液压缸拔销机构松开臂销，将五节臂的臂销插入四节臂中。此时伸缩液压缸两侧的缸销缩回，继续按同样的方式伸出其他节臂。吊臂缩回方式与伸出方式相同。值得注意的是：单缸插销伸缩方式为顺序伸缩，伸臂时为从内到外，如吊臂全伸是按照五、四、三、二的顺序伸出，缩回时为从外到内，与伸出时的顺序相反。

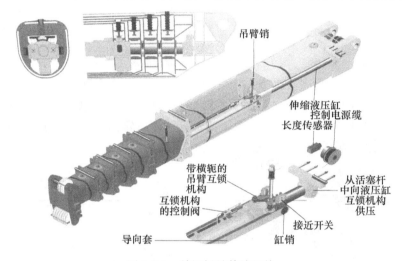

图3-2-3 单缸插销伸缩机构

（2）主臂结构 汽车起重机的主臂是起重机的核心部件，是汽车起重机吊载作业最重要的承重结构件。主臂构件的强度、刚度将直接影响汽车起重机的使用性能。

主臂的材料由20世纪80年代的Q345、Q390等有限的几种低合金高强度结构钢，发展到今天的屈服强度达到600～1100MPa的高强度板材，使吊臂的强度大大提高，自重减轻，其起重性能得到了很大限度的提高。

1）主臂截面形式。伸缩臂箱形截面基本形式有四边形、六边形、八边形、U形、准椭圆形等多种形式（见图3-2-4）。

近年来随着技术的进步，国产起重机采用新型结构的也在增多。目前国内主要流行六边形截面以及U形截面，部分大吨位起重机采用椭圆形截面。这些截面的刚性和稳定性都比较好。

2）主吊臂主要结构。目前的箱型主吊臂除了吊臂截面、吊臂长度和钢丝绳固定方式以及滑块具体形式有所差异外，其余结构基本相似。下面以QY25H汽车起重机主臂为例详细介绍汽车起重机的主吊臂结构。

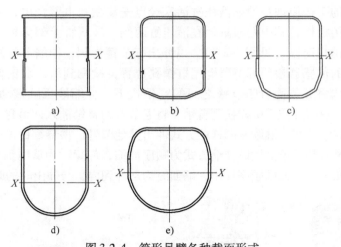

图 3-2-4　箱形吊臂各种截面形式

a）四边形　b）六边形　c）八边形　d）U 形　e）准椭圆形

QY25H 汽车起重机主臂（见图 3-2-5）的主要组成部分包括：一～五节臂、臂头单滑轮、臂头上滑轮、臂头下滑轮、托辊等。该主臂由一～五节臂套装而成，主臂所用的板材为 Q620D 高强度结构钢。

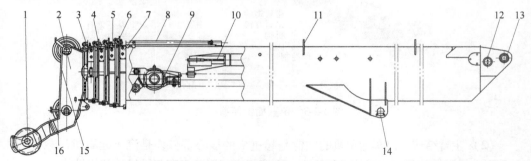

图 3-2-5　QY25H 汽车起重机主臂

1—臂头单滑轮　2—五节臂　3—四节臂　4—三节臂　5—二节臂　6—托辊　7—一节臂
8—压辊　9—伸缩液压缸Ⅱ　10—伸缩液压缸Ⅰ　11—挡绳架　12—伸缩液压缸Ⅰ与吊臂铰点
13—臂尾铰点　14—变幅铰点　15—臂头上滑轮　16—臂头下滑轮

在各节主臂之间，采用 TMC 铸造耐磨尼龙滑块支承，装配时，在水平或垂直方向上，滑块与臂筒间需留有一定的间隙。间隙值的大小对主臂性能具有很大影响。组装后如果主臂滑块间隙过大，会降低主臂的强度与刚度，且还有可能增大旁弯（吊臂的侧向弯曲变形）。如果主臂滑块间隙偏小，且臂体制造误差偏大（直线度、平行度、垂直度和扭曲度超差），易产生干涉，使伸缩臂发生抖动或产生异响。

在一节臂（见图 3-2-6）尾和中间下方部位，各有一套铰接轴。一套为主臂与转台连接的臂尾铰点轴，另一套为变幅缸上铰点轴。两套铰点轴的同轴度、对主臂纵向轴线的垂直度及与吊臂、转台轴套之间的配合公差是否达标，将直接影响主臂的使用质量（见图 3-2-6）。

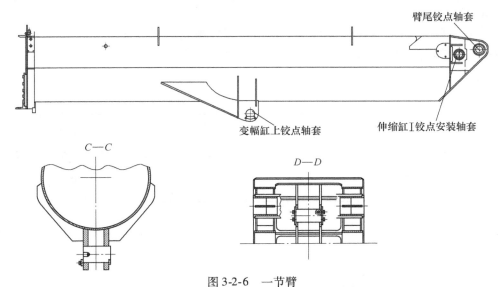

图 3-2-6　一节臂

二节臂（见图 3-2-7）的尾部有伸缩液压缸 I 的安装轴套连接伸臂液压缸的缸

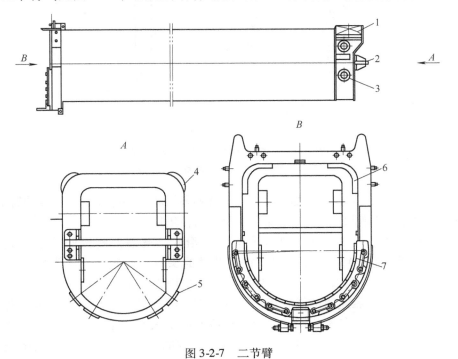

图 3-2-7　二节臂

1—伸缩液压缸 I 连接铰点　2—四节臂伸臂绳固定点　3—伸缩液压缸 II 连接铰点　4—臂尾上滑块
5—臂尾下滑块　6—臂头上滑块　7—臂头下滑块

套，四节臂伸臂钢丝绳固定点，伸缩液压缸Ⅱ连接铰点，头部、尾部上下两侧设有 TMC 尼龙滑块及其调整垫片。

三节臂（见图 3-2-8）的尾部有四节臂缩臂滑轮，五节臂伸臂钢丝绳固定点，头部、尾部上下两侧设有 TMC 尼龙滑块及其调整垫片。

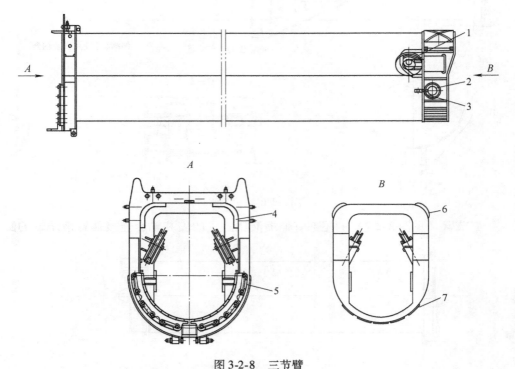

图 3-2-8　三节臂

1—四节臂缩臂滑轮　2—伸缩液压缸Ⅱ连接铰点　3—五节臂伸臂绳固定点
4—臂头上滑块　5—臂头下滑块　6—臂尾上滑块　7—臂尾下滑块

四节臂（见图 3-2-9）的尾部设有五节臂缩臂滑轮，头部设有四节臂伸臂滑轮，头部、尾部上下两侧装有 TMC 尼龙滑块及其调整垫片。

五节臂的头部设置臂头上滑轮和臂头下滑轮，尾部上侧设伸臂钢丝绳固定点，上、下侧均设 TMC 尼龙滑块。在五节臂的头部，设置有导向滑轮和定滑轮组（见图 3-2-10）。臂头上滑轮在大多数产品中均为两个，中间一个滑轮用于副卷扬钢丝绳通过，靠左边的滑轮用于主卷扬钢丝绳通过。下部定滑轮组的滑轮数量在不同系列产品中各不相同，一般根据该产品最大起吊倍率确定。如四片定滑轮组，与之相配合的动滑轮组（吊钩）滑轮片数也为四片，钢丝绳的倍率最多为 $4 \times 2 = 8$。依此类推，五片滑轮钢丝绳倍率最多为 10；六片滑轮钢丝绳倍率最多为 12。

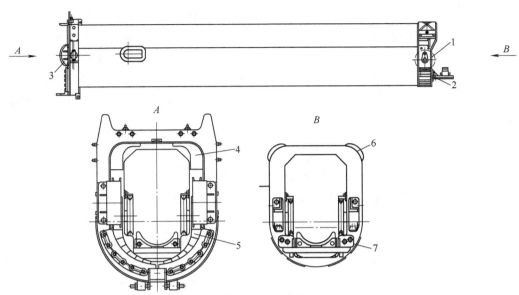

图 3-2-9　四节臂

1—五节臂缩臂滑轮　2—四节臂伸臂绳固定点　3—五节臂伸臂滑轮　4—臂头上滑块
5—臂头下滑块　6—臂尾上滑块　7—臂尾下滑块

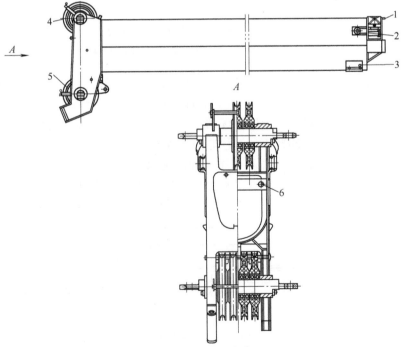

图 3-2-10　五节臂

1—臂尾上滑块　2—五节臂伸臂绳固定点　3—臂尾下滑块　4—臂头上滑轮
5—臂头下滑轮　6—五节臂缩臂绳固定点

如图 3-2-11 所示，在一～四节臂头部的上部，分别设有托绳辊；在一节臂头部的上方还设有压绳辊、挡绳架等结构部件。设置这些构件的目的是保证主臂在任一种工况作业时，托起主、副卷扬钢丝绳，防止钢丝绳外跳，以免造成升降作业时磨损钢丝绳或卡住钢丝绳的事故发生。在五节臂头部的前方设置有臂头单滑轮，其一般用于副钩单倍率升降作业。使用臂头单滑轮作业，可提高主臂升降作业的效率，但吊载质量受到单股钢丝绳起升拉力的限制。

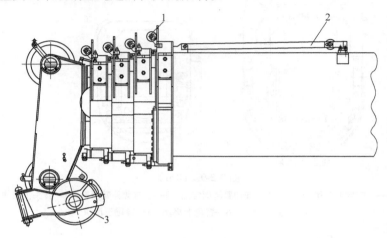

图 3-2-11　臂头单滑轮及压辊和托辊
1—钢丝绳托辊　2—钢丝绳压辊　3—臂头单滑轮

四、五节臂的缩臂绳在主臂组装后，可以在主臂外部进行调节，即在四节臂前端钢丝绳固定支架处和五节臂头部分别调节四节臂缩臂钢丝绳和五节臂缩臂钢丝绳的松紧度，而伸臂钢丝绳的松紧度是无法直接调节的，只能采用调节臂头垫块厚度的方法，实现四、五节臂伸臂钢丝绳松紧度的调节。

（3）伸缩液压缸　伸缩液压缸是主臂伸缩机构的主要执行元件，在液压缸和绳排组合伸缩机构中由伸缩液压缸提供动力推动吊臂伸出和缩回。

1）液压原理图（以 QY55H 型汽车起重机为例）如图 3-2-12 所示。

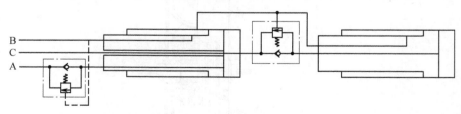

图 3-2-12　QY55H 型汽车起重机的液压原理图

2）伸缩液压缸结构。如图 3-2-13 所示，伸缩液压缸缸筒采用无缝钢管，与缸底焊接成整体。缸盖通过外螺纹与缸筒连接。活塞套上支承环,并采用组合式密封圈。活塞与活塞杆通过螺纹连接。活塞杆采用精拔管,并经过调质处理达到所需要的强度。液压缸通过耳板及销轴与吊臂相连。

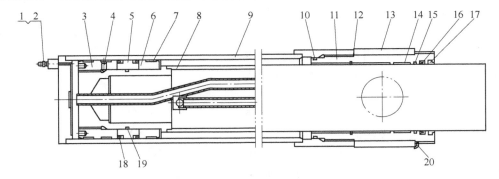

图 3-2-13 伸缩液压缸

1—螺塞 2—盖 3—活塞 I 4—螺钉 5—活塞 II 6—活塞 III 7、14—导向环 8—活塞杆 9—缸筒 10、12、19—O 形密封圈 11—缸盖 13—支架座 15、16、18—密封件 17—防尘圈 20—板

3)伸缩平衡阀。伸缩平衡阀(见图 3-2-14)是伸缩液压缸的主要控制元件,在伸缩机构中主要起到举重上升、承载静止、负载下行的作用,在臂架伸缩过程中能有效地控制通过平衡阀的流量,起到平稳限速的作用。

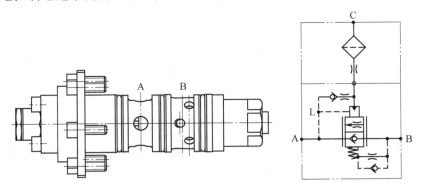

图 3-2-14 伸缩平衡阀及其原理图

伸缩平衡阀的工作原理:换向阀处于中位时,伸缩平衡阀封住了伸缩液压缸的压力腔,保持住其受力状态。

伸缩液压缸的伸出:压力油从换向阀进入 A 口,推开单向阀进入 B 口,然后进入伸缩液压缸的压力腔,推动其伸出。此时,C 口和油箱连接,平衡阀反向打不开,保持不动。

伸缩液压缸的缩回:压力油从换向阀进入伸缩液压缸的非压力腔,同时进入 C 口,推动平衡阀反向打开。伸缩液压缸压力腔的压力油从 B 口进入,通过平衡阀从

A 口流出。由于节流阀的作用，平衡阀的移动非常平稳。

2. 副臂结构

副臂是起重机的一个重要部件。副臂安装在主臂头部，用于增加起重机吊臂的高度和幅度，来满足用户扩大起重作业范围的要求。副臂起重作业必须按照副臂起重性能表的要求进行操作。

一般小吨位如 25t 以下级别的汽车起重机副臂为一节臂，中级吨位以上的汽车起重机副臂一般为两节或两节以上臂。副臂的结构一般有桁架臂、箱型臂两种，桁架臂截面有三边形和四边形等形式。副臂变角度形式分为固定变角度和不固定变角度，固定变角度一般采用拉板调整安装孔位置而变化角度，不固定变角度有用液压缸伸缩变化角度的。副臂长度一般为固定值，也有采用箱形伸缩臂的形式变化。图 3-2-15 所示为中大吨位汽车起重机的一种副臂结构形式。

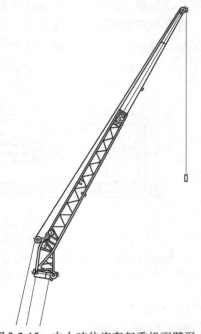

图 3-2-15　中大吨位汽车起重机副臂形式

下面分别介绍常见的一节和两节副臂结构：

（1）一节副臂结构　一节副臂常采用桁架结构（以 QY25D 型汽车起重机为例），如图 3-2-16 所示。

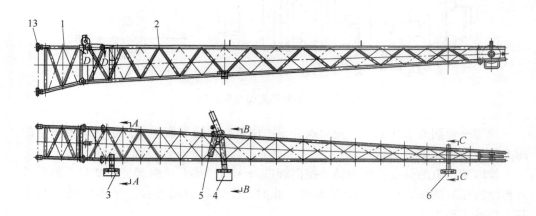

图 3-2-16　一节副臂结构

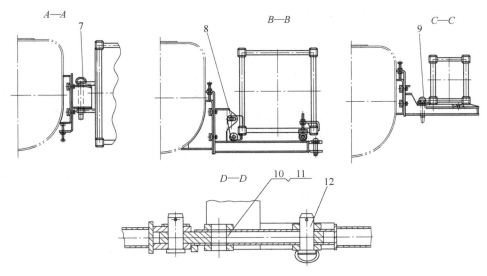

图 3-2-16　一节副臂结构（续）

1—过渡节　2——节副臂　3—前支架　4、5—中支架　6—后支架

7、8、9、12、13—销轴　10—拉板　11—安装孔

1）副臂组成部分：过渡节、一节副臂、拉板、前支架、中支架、后支架等。

2）工作状态（见图 3-2-16）：过渡节与一节副臂用销轴连接，过渡节与吊臂用四个销轴连接，副卷扬钢丝绳绕过副臂头部滑轮连接吊钩，副卷扬机构工作就可以吊载了。通过调节拉板销轴安装孔位置可以变化副臂角度，此例副臂变化角度为20°（见图 3-2-17）。

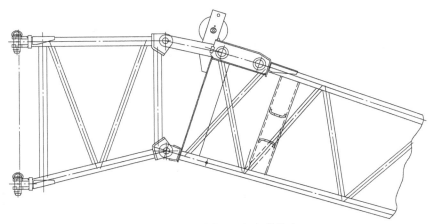

图 3-2-17　副臂 20°角度的状态

3）安装在吊臂侧面时的状态（见图 3-2-16）：副臂由三个支架支承固定于吊臂侧面，保证行驶状态安全稳定。前支架与一节副臂用销轴 7 连接，副臂可以绕此销

轴转动；一节副臂中间由滚轮支承在中支架上，并用销轴 8 连接，中支架 5 处于折叠状态；后支架 6 支承一节副臂的尾部，并由销轴 9 连接；三个支架都与副臂销轴连接，保证了副臂在车辆行驶时前后左右的固定。

4）副臂的安装：拆下副臂与中支架、后支架的销轴连接，中支架 5 处于展开状态，拉动副臂尾部绕销轴 7 转动至过渡节与吊臂一侧孔销轴连接，之后拆下销轴 7 的连接，继续拉动副臂绕销轴转动至副臂与吊臂的另一侧孔对齐用销轴连接。

（2）两节副臂结构　以 QAY160E 型汽车起重机为例（见图 3-2-18）：

1）副臂组成：过渡节 1、过渡节 2、单拉板、双拉板、桁架臂、箱形臂、前支架、中支架、后支架、推力液压缸等。图 3-2-19 所示为两节副臂展开状态，图 3-2-19 所示为两节副臂折叠安装状态。

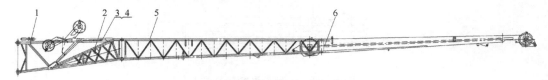

图 3-2-18　两节副臂展开状态

1—过渡节 1　2—过渡节 2　3—单拉板　4—双拉板　5—桁架臂　6—箱形臂

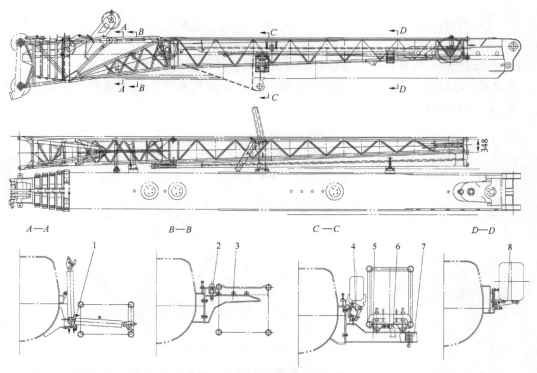

图 3-2-19　两节副臂折叠安装状态

1—推力液压缸　2—销轴　3—前支架　4—小支架　5—中支架 1　6—板　7—中支架 2　8—后支架

2）工作状态（图 3-2-18）：工作状态有两种，单独桁架臂工作和两节副臂连接一起工作。此例一节桁架臂工作臂长为 11.5m，两节臂工作臂长为 20m。过渡节 1 与吊臂臂头用销轴连接，副卷扬钢丝绳绕过副臂头部滑轮连接吊钩，副卷扬机构工作就可以吊载了。通过调节拉板销轴安装孔位置可以变化副臂角度（见图 3-2-20），有三种变化角度。

3）安装在吊臂侧面时的状态（图 3-2-19）：桁架臂与箱形臂折叠一起，之间用 U 形螺栓连接（见图 3-2-21），每边需用三个螺母紧固，在箱形臂支架上有一个弹簧销轴，依靠弹簧作用销轴弹起与 U 形螺栓连接上，向下拉动销轴，就脱开 U 形螺栓的连接，方便两节副臂的连接与分离；整个副臂由三个支架支承并固定。前支架支承（见图 3-2-19）：过渡节上的滚轮在支架上由销轴 2 与副臂连接，副臂可以绕此销轴转动。中支架 1、2 处于折叠状态，一节

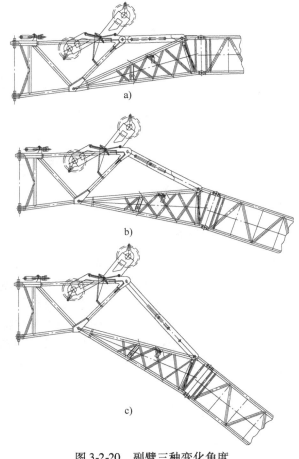

a)

b)

c)

图 3-2-20　副臂三种变化角度
a) 0°　b) 20°　c) 40°

桁架臂上的滚轮在中支架 1 上，箱形臂在小支架 4 上由销轴连接，桁架臂上有板 6 卡在两个中支架之间的空隙中，使桁架臂与该支架固定在一起；后支架 8 支承箱形臂，并由销轴连接。三个支架与吊臂之间可以上下左右调节位置，能够保证副臂的顺利安装；通过三个支架的固定连接，在车辆行驶状态下能保证副臂安全可靠。

4）副臂的安装（见图 3-2-19、图 3-2-22）：将中支架处于展开状态，拆下中支架与副臂的销轴连接，拆下后支架与副臂的销轴连接，将推力液压缸 1 与过渡节 2 上的销轴连接上，伸缩液压缸推动副臂绕销轴 6 转动，当过渡节与吊臂臂头孔对齐时用销轴连接上，拆下转动销轴 2 与副臂的连接，继续拉动副臂直至与吊臂另一侧臂头孔连接上。当一节桁架臂工作时，箱形臂可以安装在中支架和后支架上固定。当两节副臂一起工作时拆下 U 形螺栓的连接，展开箱形臂与桁架臂并用销轴连接固定。

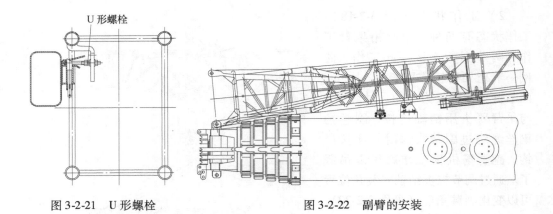

图 3-2-21　U 形螺栓 　　　　　　　　图 3-2-22　副臂的安装

二、变幅机构

在额定起重量下，从汽车起重机吊钩中心线到起重机回转中心轴线的水平距离，也就是所吊重物的回转半径或工作半径，称为工作幅度。改变工作幅度的大小称为变幅。用于完成幅度改变的一整套机构称为变幅机构。

首先介绍起重臂全液压变幅机构的类型与特点。

液压缸变幅是伸缩臂起重机最有代表性的变幅形式，属于俯仰臂架式变幅机构。变幅液压缸的工作状态如图 3-2-23 所示。

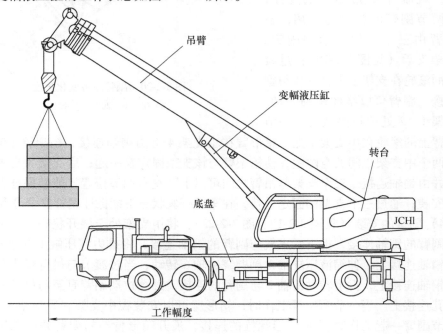

图 3-2-23　变幅液压缸的工作状态

　　在俯仰臂架式变幅机构中，幅度改变是靠动臂在垂直平面内绕其与转台连接的销轴转动进行俯仰来达到的，它广泛应用于汽车起重机和越野轮胎起重机上。液压缸变幅机构的特点是结构简单紧凑、易于布置。根据变幅力大小，可采用双缸或单缸变幅机构。

　　臂架变幅液压缸有三种布置方式：前置式、后置式和中置式。图 3-2-23 所示为前置式。

　　全液压伸缩臂式汽车起重机的起重臂变幅机构相对其他机构来讲比较简单。一般地，汽车起重机起重臂架的变幅都是由一个或并列的两个双作用液压缸驱动的。液压缸缸筒端铰接在回转台上，活塞杆端铰接在基本臂上，以活塞杆的伸缩改变起重臂的仰角，实现变幅动作。起重机的变幅过程分为升臂、落臂和停臂三种情况。当变幅液压缸全部缩回时，起重臂一般为负角状态，这时，起重臂头部离地面的距离最小，以便于安装副臂或进行维护。

　　为了变幅动作安全可靠地进行，变幅机构必须具有合理的液压系统。变幅液压系统通常由液压缸、平衡阀和换向阀等组成。下面以 QY8D 型汽车起重机和 QY25D 型汽车起重机两款产品为例介绍变幅液压系统。

　　变幅液压缸的典型结构（以 QY8D 型汽车起重机为例），如图 3-2-24 所示。

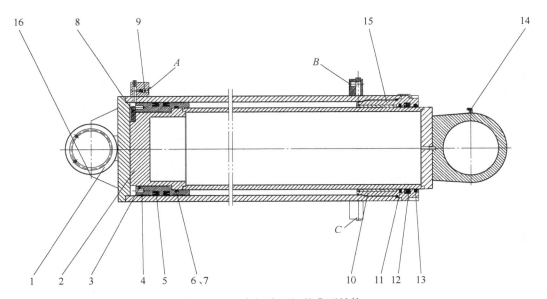

图 3-2-24　变幅液压缸的典型结构

1—缸筒　2—活塞杆　3—活塞　4—支承环　5、11、12—密封件　6—O 形密封圈
7—挡圈　8—挡块　9—阻尼孔　10、15—缸盖总成　13—防尘圈　14、16—油杯

　　QY8D 型汽车起重机变幅液压系统由一个三位四通换向阀、一个平衡阀和一个变幅液压缸组成，如图 3-2-25 所示。

当换向阀在中位时，有杆腔压力基本为零，平衡阀在弹簧作用下锁死，有杆腔在单向阀作用下使油液不能回流，变幅液压缸进入保压状态。

当换向阀切换到右位时，P 口液压油进入有杆腔，平衡阀在高压作用下开启，无杆腔液压油通过平衡阀和换向阀回流油箱，液压缸回缩，吊臂向下变幅。

当换向阀切换到左位时，P 口液压油通过单向阀进入无杆腔，有杆腔液压油通过换向阀回流油箱，液压缸伸出，吊臂向上变幅。

图 3-2-26 所示为 QY25D 型汽车起重机的变幅液压系统。与 QY8D 型汽车起重机的变幅液压系统控制油路不同的是，QY25D 型汽车起重机变幅液压系统中的平衡阀带有节流功能，用以控制变幅过程中起重臂的下落速度。

在变幅液压缸无杆腔的进油管路上，安装检测主臂吊载质量的压力传感器。压力传感器所采集的压力信号由力限器计算机运算后，就可以显示出主臂吊载的实际质量。

三、起升机构

起升机构是任何起重机必须具备的最基本的机构，用来使物品提升或下降。起升机构工作的好坏将直接影响整台起重机的工作性能。根据驱动形式分，起升机构分为内燃机驱动、电动机驱动、液压驱动三种驱动方式。液压驱动的不足之处是液压传动元件的制造精度要求高，液压油容易泄漏，但具有传动比大、结构紧凑、运转平稳、操作方便、过载保护性好等优点，因此目前在流动式起重机上应用比较广泛。本章主要介绍液压驱动的起升机构。

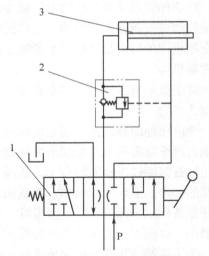

图 3-2-25　QY8D 型汽车起重机变幅液压系统
1—换向阀　2—平衡阀　3—变幅液压缸

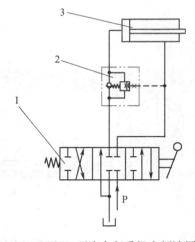

图 3-2-26　QY25D 型汽车起重机变幅液压系统
1—换向阀　2—平衡阀　3—变幅液压缸

1. 起升机构的组成

起升机构一般由液压马达、减速器、制动器（减速器集成）、卷筒、钢丝绳、吊钩及其他安全辅助装置组成。其制动器为常闭摩擦片干式制动器，可保证起重过程中在任何位置实现重物停稳而不下滑。在液压回路中设有平衡阀，用来控制重物升降的速度。

在25t以上级别的液压起重机上，除主起升机构外，为了适应在使用副臂或臂端单滑轮工况下的小载荷、高作业速度工况，还装设副起升机构。主起升机构的起重量大，用以起吊重的货物。副起升机构的起重量小，但速度较快，用以起吊较轻的货物或做辅助性工作，以提高工作效率。一般情况下两个机构分别工作，特殊情况下也可以协同工作。副钩起重量最大为1～2倍的单绳起重量。

以QY25D型汽车起重机为例，其起升机构的工作原理（见图3-2-27）如下：

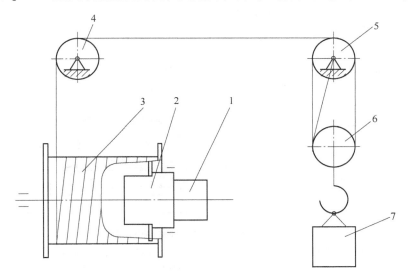

图3-2-27　起升机构工作原理

1—液压马达　2—减速器　3—卷筒　4—导向滑轮　5—臂头滑轮组　6—吊钩滑轮组　7—重物

液压马达通过联轴器与减速器相连接，减速器的输出轴上装有卷筒，它通过钢丝绳、导向滑轮及臂头滑轮组与吊钩相连。起升机构工作时，卷筒将钢丝绳卷入或放出，从而通过滑轮组系统使悬挂在吊钩上的重物起升或下降。起升机构停止工作时，悬起的重物通过制动器制动，吊钩的起升和下降通过液压马达换向来实现，重物升降的速度则通过起升机构液压回路中的平衡阀来控制。

2. 液压控制原理

起重机工作时，每一个动作的实现都是由相应的液压控制回路来控制实现的。卷扬机构工作时，其相应的液压控制回路是如何控制卷扬机构实现重物升降功能的呢？下面将以QY25D型汽车起重机为例，参照起重机起升机构升降作业简单介绍起升液压系统的工作原理。图3-2-28所示为起重机起升机构升降作业原理图。

起升或下降速度 v 的计算公式如下

$$v = \frac{\pi D n B}{i}$$

式中　D——卷筒计算直径（m）；

　　　n——液压马达的回转速度（r/min）；

　　　i——主卷扬减速器的减速比；

　　　B——主卷扬钢丝绳倍率。

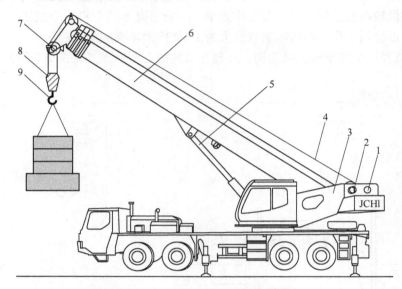

图 3-2-28　起重机起升机构升降作业原理图

1—副卷扬机构　2—主卷扬机构　3—转台　4—钢丝绳　5—变幅液压缸
6—吊臂　7—臂头定滑轮组　8—吊钩动滑轮组　9—吊钩

图 3-2-29 所示为 QY25D 汽车起重机起升系统液压控制回路。

主换向阀处于左位工作时，压力油进入液压马达，同时通过梭阀打开卷扬平衡阀进入制动器液压缸，打开制动器，液压马达通过减速器驱动卷筒并由钢丝绳带动重物上升；主换向阀处于中位工作时，液压泵卸载，液压马达停止工作，此时卷扬平衡阀在弹簧作用下回位，制动器油路通油箱，制动器在弹簧作用下制动，卷扬停止动作；使主换向阀处于右位工作时，油路换向，重物下降。制动油路中装有阻尼阀，当液压马达转动提升重物时，阻尼阀的阻尼作用使制动器液压缸进油滞后于液压马达转动，保证液压马达在有一定转矩后再打开制动器，避免重物在空中时使重物带动液压马达反转而产生下滑。液压马达停止转动时，制动器能迅速制动，保证安全。在下降回油路中，装有单向节流阀，在重物下降时可控制回油路中的压力和流量，使运动平稳并起到限速作用。

3. 吊钩及其钢丝绳

（1）吊钩　吊钩是起重机的重要部件，按形状可分为单钩和双钩。单钩制造简

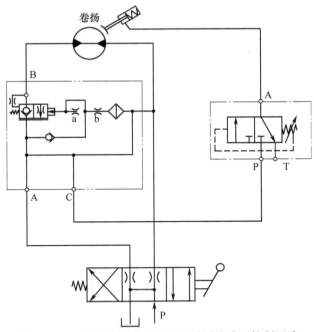

图 3-2-29　QY25D 汽车起重机起升系统液压控制回路

单，使用方便，但受力情况不好，适用于起重量在 80t 以下的工作场合；双钩受力对称，可用于起重量大的场合。按制造方法分为锻造吊钩和叠片式吊构。锻造吊钩为整体锻造，成本低，制造和使用都很方便，使用量最大；叠片式吊钩由数片切割成形的钢板铆接而成，安全性好，缺点是自重大，多用于大起重量的起重机上。

吊钩钩身的横截面有圆形、方形、梯形及 T 形。T 形截面受力情况好，但是锻造工艺复杂；梯形截面受力较为合理，且锻造工艺简单。铸造工艺无法避免铸造缺陷，一般不允许使用铸造吊钩。另外，也不允许焊接制造吊钩或用补焊的办法修补吊钩，因为无法避免焊接产生应力集中或可能产生裂纹。工程起重机中常采用钩身截面为 T 形或梯形截面的锻造单钩。

一般情况下，汽车起重机的吊钩是和多个滑轮组组合在一起使用的，滑轮轴安装在两块钢板做的夹板中间，配有青铜轴套（或滚动轴承）的滑轮装在轴上，能自由旋转。在夹板下方铰接一横梁，吊钩用螺母固定在横梁上，可沿钩柄垂直轴线转动。图 3-2-30 所示为 QY25D 汽车起重机的主钩结构图。

（2）钢丝绳　钢丝绳是起重运输机械中最常用的重要挠性构件之一，由于它具有强度高、自重轻、挠性好、弹性大、易弯曲、耐磨损、能承受冲击载荷、在卷筒上高速运转平稳、无噪声、极少突然断裂、工作安全可靠等优点，而且在断丝或损坏后易于检查发现，便于及时处理，因此在起升机构、变幅机构、牵引机构中获得广泛应用。

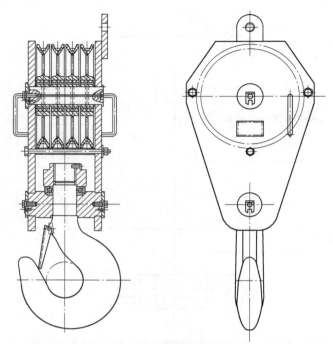

图 3-2-30　QY25D 汽车起重机的主钩结构图

　　钢丝绳是由多层钢丝捻成股，再以绳芯为中心，由一定数量股捻绕成螺旋状的绳。根据钢丝的表面处理不同，分为光面钢丝绳和镀锌钢丝绳。光面钢丝绳用于室内起重机；镀锌钢丝绳耐腐蚀，可用于潮湿环境。按钢和股的捻绕方向不同，分为顺绕绳和交绕绳。顺绕绳光滑耐磨，松弛状态下易扭转打结；交绕绳不易松散，挠性及寿命不及顺绕绳。按钢丝绳外层绳股的螺纹旋线方向不同，分为右旋绳和左旋绳。图 3-2-31 所示为钢丝绳顺绕和交绕的左、右旋钢丝绳。按股中每层钢丝之间的接触状态不同，分为点接触、线接触和面接触三种，如图 3-2-32 所示。点接触的特点是钢丝直径相同，各层钢丝节距不同，交叉成点接触，接触应力大；线接触的特

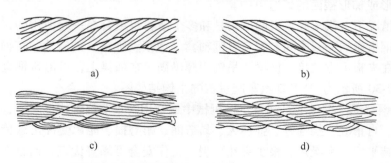

图 3-2-31　钢丝绳顺绕和交绕的左、右旋钢丝绳
a）顺绕左旋　b）顺绕右旋　c）交绕左旋　d）交绕右旋

点是各层钢丝节距相同，互相接触在一条螺旋线上，线接触应力比点接触应力小，寿命比点接触提高1~2倍，广泛应用于起重机中；面接触的特点是比线接触应力更小，表面光滑，但制造工艺复杂，很少被采用。

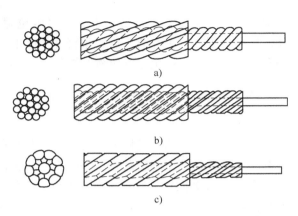

图 3-2-32　钢丝绳中钢丝与钢丝的接触状态

a）点接触钢丝绳　b）线接触钢丝绳　c）面接触钢丝绳

4. 安全辅助装置

为了保证汽车起重机安全工作，预防和防止因操作失误等造成重大安全事故，起重机上必须设置力矩限制器、起升高度限位器等安全装置。

（1）力矩限制器　它是大、中型轮式起重器尤其是超大型起重机必不可少的安全保护装置。目前，已广泛使用的力矩限制器能同时对各机构的运行情况进行检测、比较、判断以及进行有效的控制，从而减少操作者的失误。目前随着计算机技术的发展应用，力矩限制器已经实现了全自动化，具有自身自动监视和自诊断功能。

（2）起升高度限位器　起升高度限位器由电气限位开关、链索和重锤等组成（见图3-2-33），一般安装在吊臂头部。在正常情况下，悬于链索端部的重锤拉动电

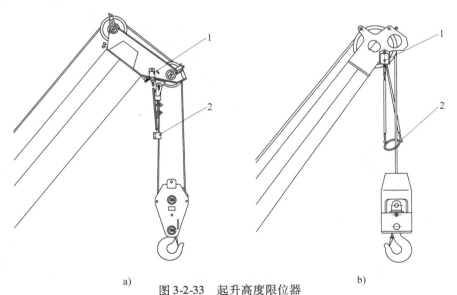

图 3-2-33　起升高度限位器

a）主钩过卷保护装置　b）副钩过卷保护装置

1—电气限位开关　2—重锤

143

气限位开关使其闭合。当吊钩上升到极限位置时，吊钩滑轮架接触重锤并推其上移，使电气限位开关释放开启，报警并切断电路，吊钩停止上升，从而可以防止吊钩和起重臂相撞，避免起升钢丝绳被拉断。调整链索长度可以控制报警时间。

四、转台

1. 概述

汽车起重机的转台是用于安装吊臂、起升机构、变幅机构、回转机构、上车发动机、驾驶室、液压阀组及管路等的机架。转台通过回转支承安装在起重机的车架上，可实现360°回转。对于汽车起重机，为保证其正常工作，转台应具有足够的刚度和强度，同时为了具有较好的通过性和较低的成本，应尽量减小转台的外形尺寸及质量。

QY8D、QY12D、QY25D、QY55H、QY75E、QY100E、QY130E 全系列汽车起重机转台均使用的是桁架式结构，即在底部拼接箱体，吊臂和变幅液压缸的力通过桁架、箱体、主立板传到转台底板及其加强圈上，再通过回转支承传给底盘车架。该结构具有重量轻、刚度好、应力分布均匀的特点，再结合高强度钢板的应用和有限元软件的分析优化，使转台能够可靠地保证整车作业的安全性和稳定性。

图 3-2-34、图 3-2-35 所示分别为 QY25D 和 QY100E 汽车起重机转台。

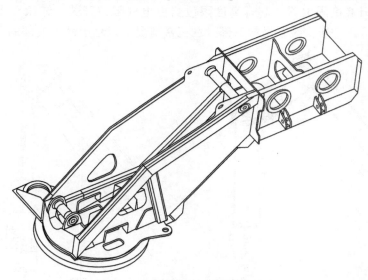

图 3-2-34　QY25D 汽车起重机转台

变幅液压缸和吊臂分别通过销轴安装在转台前、后铰轴上。通过对前、后铰点安装位置的几何公差（对称度、平行度、同轴度、垂直度）的控制来保证吊臂、转台和变幅液压缸三者组装后的对中性，可有效防止主臂吊载作业过程中产生的偏载，确保整机的使用性能。

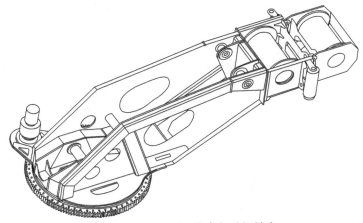

图 3-2-35　QY100E 汽车起重机转台

2. 转台布置形式

转台布置形式按前铰点的布置位置分为前置式、后置式、中置式三种，各自的定义、优缺点及主要应用见表 3-2-1。

表 3-2-1　转台布置形式

布置形式	前 置 式	后 置 式	中 置 式
定义	前铰点布置于转台回转中心前方区域	前铰点布置于转台回转中心后方区域	前铰点布置于转台回转中心附近区域
优点	变幅液压缸支承力较小，转台和吊臂受力小	底盘可进行紧凑式设计，上车结构对整车稳定性贡献较大	介于前置式和后置式之间
缺点	需要较大整车长度以进行必要的布置，上车结构对整车稳定性贡献较小	变幅液压缸支承力较大，转台和吊臂受力大	
主要应用	16～75t 汽车起重机及部分 200t 以上全路面起重机	100t 以下的全路面起重机	100～200t 的汽车起重机及全路面起重机

五、回转机构

1. 回转机构的结构和工作原理

汽车起重机起重时，其重要任务就是把重物送到预定的范围或位置，重物被吊起过程中在空中的运动是垂直和水平运动的复合，重物在空中的垂直运动主要靠起升机构来完成，而水平运动或水平位移必须依靠起重机的回转机构来实现。回转机构是汽车起重机上十分重要的机构，其功能是使起重机上车及其臂架相对下车部分（底盘）在设定的范围内回转，并承受起重机回转部分的垂直力、水平力和倾覆力矩。回转是围绕回转支承装置的中心轴线进行的，全回转机构可实现 360°范围的回转，既可顺时针方向运动，也可逆时针方向运动。回转运动所需功率比较小，要求也简单，所以比较容易实现，且机构所占的空间范围有限，总体布置也容易，故在大多数工程起重机中被广泛采用。

回转机构主要由回转马达、回转减速器、回转支承装置、回转制动装置、中心旋转接头装置、回转内圈和回转平台组成，如图3-2-36所示。回转支承装置将起重机的回转部分支承在固定部分上，回转驱动装置则驱动回转部分相对于固定部分回转。汽车起重机主要采用转盘式回转支承装置。

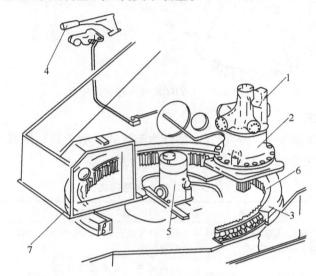

图3-2-36　单动力驱动全回转式回转机构示意图
1—回转液压马达　2—回转减速器　3—回转支承装置　4—回转制动装置
5—中心回转接头装置　6—回转内齿圈　7—回转平台

2. 回转机构的主要类型

根据不同的需要，回转机构往往有多种类型。

从回转范围来看，有全回转式和非全回转式两种类型。汽车起重机一般采用全回转式的回转机构，即可在左、右方向上任意进行回转。只有在特定的起重机上才设有非全回转式回转机构或不设回转机构，而用其他机构来调整空间位置。

从回转机构的动力驱动形式来看，可分为单动力驱动的回转机构和双动力驱动的回转机构两大类。一个液压马达驱动的回转机构主要是由回转液压马达把动力传到回转减速器，回转液压马达的高转速经多级减速装置，变为低速大转矩，带动回转减速器输出轴上的小齿轮，使其啮合回转支承的大齿轮，并以回转支承为中心进行平稳的回转运动。图3-2-36和图3-2-37所示分别为单动力驱动和双动力驱动的全回转式回转机构。回转机构经由回转换向阀使回转液压马达变换转动方向，获得整个平台的向左、向右回转。图3-2-40所示的双动力驱动的全回转式回转机构，采用了两套回转液压马达、两套回转减速器来共同完成回转动作。这两套回转动力装置的油路主要采用并联方式，一般分布在回转盘平面的对称位置。双动力驱动的全回转式回转机构可使回转更平稳。

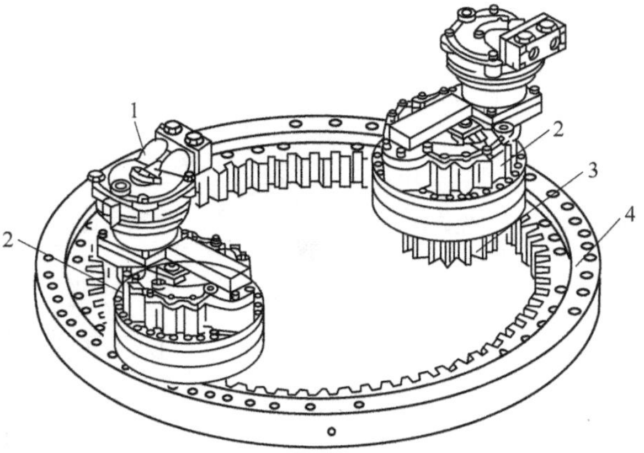

中、小型轮式起重机一般使用单动力驱动的全回转式回转机构，大型起重机可设置两个回转液压马达驱动的全回转式回转机构，即双动力驱动的全回转式回转机构。

此外，根据回转驱动力的种类不同，可分为电动式回转驱动装置和液压式回转驱动装置两种形式。

图 3-2-37　双动力驱动的全回转式回转机构
1—回转马达　2—回转减速器　3—小齿轮　4—回转轴承

电动式回转驱动装置通常装在起重机的回转部分上，电动机经过回转减速器带动最后一级小齿轮。小齿轮与装在起重机固定部分的内齿轮相啮合，以实现起重机回转。在起重机电动式回转机构中，常用的有卧式电动机与蜗杆减速器传动、立式电动机与立式圆柱齿轮减速器传动和立式电动机与行星齿轮减速器传动三种形式，均为机械式传动装置。

液压式回转驱动装置有三种常见形式：高速液压马达＋蜗杆减速器回转驱动、高速液压马达＋行星齿轮减速器回转驱动、低速大转矩液压马达回转驱动。

3. 回转机构的主要部件介绍

全回转式回转机构由回转液压马达、回转减速器、回转支承装置与回转平台、回转缓冲装置、回转制动装置、中心回转接头等部分组成。

回转液压系统由回转液压马达、回转控制阀、回转制动阀、过载溢流阀和锁紧阀等组成。上述这些阀构成一个控制阀组，安装在回转液压马达外壳上，通过油路管道构成完整的液压回路，从而使回转动作的起动和停止能够顺利进行。

齿轮泵内的液压油流入回转液压马达而使其转动，经过安装在液压马达中的减速器减速增扭后传递给驱动小齿轮，小齿轮再沿环形回转的内齿轮转动，从而带动回转平台顺时针或逆时针方向旋转。

（1）回转液压马达　回转液压马达（见图3-2-38）安装在回转平台上，回转液压马达轴的外端通过弹性联轴器与主动减速齿轮轴连接。当回转液压马达转动时，动力经联轴器→减速器→驱动齿轮，驱动小齿轮沿回转支承齿圈滚动，带动转台旋转。

回转机构的驱动力来自于回转液压马达，而回转液压马达的原动力来自于由起重机总动力源内燃机驱动的液压泵及其形成的高压油。

（2）回转减速器　回转减速器是回转机构中重要的机械传动装置，回转减速器

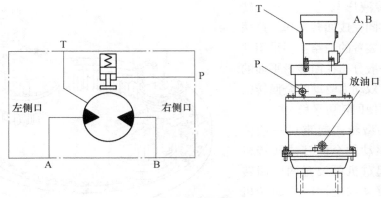

图 3-2-38　回转液压马达

一般为两级减速器，主要是配合回转液压马达起减速增扭的作用。它主要由内置多片式制动器、联轴套、摩擦片、太阳轮、行星架、行星轮、输出轴和驱动小齿轮等组成，如图 3-2-39 所示。

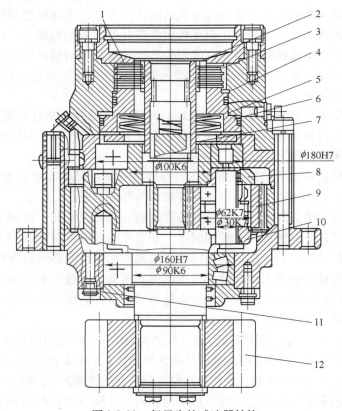

图 3-2-39　行星齿轮减速器结构

1—内置多片式制动器　2—联轴套　3—摩擦片　4—活塞　5—制动油腔　6—弹簧　7—太阳轮
8—行星架　9—行星轮　10—输出轴　11—放油塞　12—驱动小齿轮

（3）回转支承装置和回转平台　汽车起重机多采用转盘式回转支承装置。转盘式回转支承装置通常又分为支承滚轮式和滚动轴承式两种。支承滚轮式回转支承装置已经逐渐淡出市场，目前主要采用滚动轴承式。滚动轴承式回转支承内、外圈由高强度螺栓分别固定在回转平台和底盘车架上。

滚动轴承式回转支承装置有交叉滚柱式（见图 3-2-40）、单排四点接触滚珠式（见图 3-2-41）等多种形式。在大型、特大型起重机及各种工程机械中，可选用承载能力更高一些的回转支承装置形式，它们的接触角都制成大于 45°（75°～90°），另外还采用双排或多排滚动体，使其各自承受不同方向的力，故可在不增加更多尺寸的情况下提高承载能力。由于在回转支承中，向上的力始终小于向下的力，故下排滚动体的直径可以小些，因此也称为异径滚珠式回转支承装置。

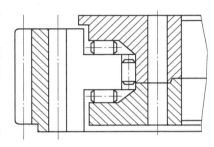

图 3-2-40　滚动轴承式回转
支承装置（交叉滚柱式）

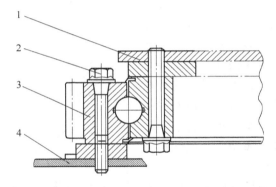

图 3-2-41　滚动轴承式回转支承装置（单排四点接触滚球式）安装示意图
1—回转平台　2—高强螺栓　3—回转支承　4—底盘车架

回转支承安装过程中应注意以下事项：

1）安装前要确认的因素：

① 回转支承装置在运输中没有受到损坏（如密封带等）。

② 确认安装回转支承装置不会产生连带不安全因素（如转速不超过计算数值，没有阻挠其回转的物体等因素）。

③ 安装支架具有足够的刚度，防止回转支承装置变形。

④ 安装基面与安装平台都必须清理干净，不允许有小碎片、焊渣及腐蚀现象，安装面的平面度应控制在一定范围内。

⑤ 支架螺栓孔应与回转支承装置安装孔（螺栓或螺纹孔）一致，避免安装变形。

2）安装时需注意：安装螺栓应为高强度螺栓（见图3-2-42），安装螺栓时可选用调质平垫圈（通常情况下不用），禁止使用弹簧垫圈；螺栓安装应有足够的预紧力，并在180°方向上对称地连续进行，以保证圆周上的螺栓有相同的预紧力（见图3-2-43）。

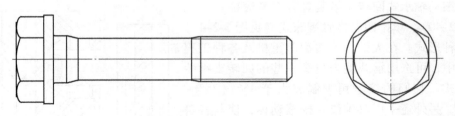

图 3-2-42　安装回转支承装置的高强度螺栓

不同的汽车起重机，往往采取不同的回转机构布置形式。常见的布置形式有两种。第一种布置形式是将回转机构布置在回转平台上，并随回转平台一起绕回转支承装置回转。回转支承装置外齿圈固定在底盘车架上。回转小齿轮既作自转运动，又作公转运动，推动内齿圈回转。这种布置对回转机构的维修比较方便，但有时使得回转平台比较拥挤。第二种布置形式是将回转机构固定在底盘车架上，回转小齿轮带动内齿圈回转，而外齿圈与回转平台连在一起。这种布置对回转机构的维修不方便，但回转平台显得比较整洁。

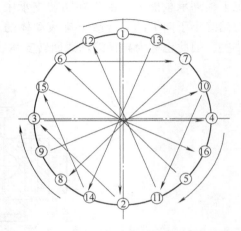

图 3-2-43　回转支承装置螺栓安装顺序示意图

（4）回转缓冲装置　回转机构用来改变作业方位，作业过程中回转机构要频繁地起动与制动。回转开始起动时的情况与制动时类似，如果起动过猛，也同样有可能损坏起重机的有关零部件。另外，考虑到钢丝绳上悬挂重物在运动过程中产生的惯性力最容易造成起重机的倾覆，回转机构工作中更应该考虑运动的微动性、平稳性和柔和性。为此，回转机构一般都设有缓冲装置。

小型汽车起重机的回转转速一般在 1 ~ 3r/min 范围内，惯性力矩不大，液压元件能够承受回转制动所带来的冲击，因此小型起重机回转油路中可不设缓冲阀组。但对于大中型起重机来说，因载荷较重，制动时载荷惯性摆动大，在油路内引起很高的冲击压力，惯性还会使臂架受扭力，因此在大型轮式起重机上，特别是采用液压传动的起重机上，常采用缓冲装置减小惯性冲击，以保护液压元件及整个液压系统，减轻臂架受扭程度。缓冲装置可装在减速器的箱体座上，或在液压马达与减速器间安装柔性联轴器,最好安装液力耦合器。

(5)回转制动装置 回转制动装置有常开式和常闭式两种。用手操作的是常开式制动装置,由制动盘、制动蹄、制动鼓、制动拉杆、制动拉索、制动操作杆等组成。当操作杆松开时,制动是常开的;当制动操作杆拉紧时,制动开始起作用。常闭式制动装置一般为湿式多片内置式或干式多片内置式制动装置。

为使起重机吊臂停在指定的位置上,应该在传动系统中采用可由驾驶员自由控制的常开式制动器,使起重机的回转部分在最不利的工作状态下能停下来,但制动力矩不宜过大。这是因为回转部分的惯性很大,如果制动过猛,有可能损坏起重机的有关零部件,故有的起重机在传动系统中设有力矩限制器,以限制回转力矩,这对起重机来说尤为重要。

(6)中心回转接头 中心回转接头位于转盘中心,用于连通底盘和转台之间的液压油道和电路,使油、电输送不受转台和底盘相对运动的影响。它由主中心回转接头和导电环等组成,图 3-2-44 所示为某中心回转接头的结构。

主中心回转接头由定子和转子组成。定子以螺栓固定在底盘支架上,其上制有暗油道和环槽,下部分外缘油孔通过油管分别与液压泵及油箱连通。转子在拨叉的作用下可随转台转动。转子上制有与定子油环槽相对应的油孔,油孔分别通过油管与主分配阀的进回油阀和液压马达泄油道相通。

导电环卡装在壳体上,以螺栓固定在主中心回转接头的转子上端,当主中心回转接头的转子转动时,导电环随转子一起旋转。

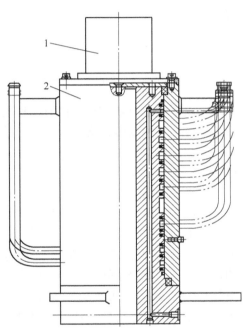

图 3-2-44 某中心回转接头的结构
1—导电环 2—主中心回转接头

六、支腿机构

汽车起重机的支腿是安装在车架上可折叠或收放的支承机构,一般为液压驱动。汽车起重机在进行吊载作业前必须首先打开或伸出支腿,作业完成后须将支腿折叠或缩回,这就要求支腿坚固可靠、伸缩方便。支腿的作用是:在不增加起重机宽度的条件下为起重机提供较大的作业支承跨度,从而保证在不降低起重机机动性能的前提下,提高其工作稳定性及起重性能。

支腿按其结构特点可分为以下几种:

1. H 形支腿

H 形支腿结构为当下汽车起重机最常用的结构，由固定在车架上的固定支腿箱、活动支腿、水平液压缸、垂直液压缸和支腿盘组成，支腿外伸后呈 H 形而得名，如图 3-2-45 所示。

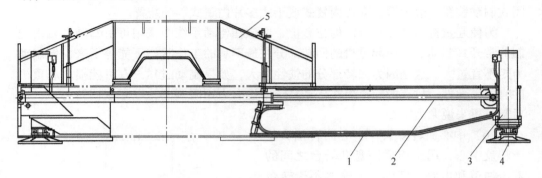

图 3-2-45　H 形支腿

1—活动支腿箱　2—水平液压缸　3—垂直液压缸　4—支腿盘　5—固定支腿箱

当水平液压缸活塞杆外伸时，推动活动支腿箱相对固定支腿箱外伸，随后垂直液压缸伸出，使支腿盘支承地面，起重机轮胎离地。H 形支腿的特点是：固定支腿箱与车架焊接，加强了车架刚度，改善了车架受力情况；同时支腿跨距较大，对场地适应性好，易调平。

2. 蛙式支腿

如图 3-2-46 所示，蛙式支腿由可旋转活动支腿 1、伸缩液压缸 3、销轴 2 和支腿盘 4 组成。当起重机工作时，液压缸活塞杆外伸，活动支腿绕销轴转动，使支腿盘撑地并使整车轮胎离地。在活动支腿 1 上开有滑槽，增加了液压缸力臂，从而改善液压缸的工作条件。

蛙式支腿的特点是结构简单，液压缸数量少（一根支腿只有一个液压缸），自重比较轻；但蛙式支腿长度受限制，从而影响支腿跨距，所以蛙式支腿只用在中小吨位的起重机上。

3. X 形支腿

如图 3-2-47 所示，X 形支腿由与车架 1 铰接的固定支腿 3、活动支腿 5、垂直液压缸 2、水平液压缸 4、支腿盘 6 组成。起重

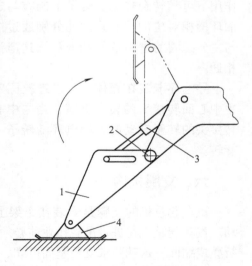

图 3-2-46　蛙式支腿

1—可旋转活动支腿　2—销轴

3—伸缩液压缸　4—支腿盘

机工作时，首先由水平液压缸 4 推动活动支腿 5 伸出，然后垂直液压缸 2 活塞杆伸出，使支腿盘 6 支承地面从而使起重机轮胎离地。

X 形支腿的特点是：垂直液压缸行程短、垂直液压缸 2 的负荷大、缸径较大、支腿离地间隙小、支腿盘支承地面的过程中有水平位移、结构简单，但支腿跨距小、相应的载荷活动空间比 H 形支腿大，因此常和 H 形支腿混合使用，形成前 H、后 X 的支腿形式。

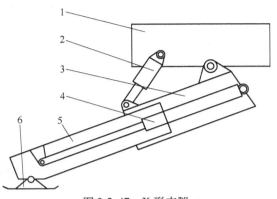

图 3-2-47 X 形支腿

1—车架 2—垂直液压缸 3—固定支腿
4—水平液压缸 5—活动支腿 6—支腿盘

4. 其他支腿形式

（1）第五支腿（图 3-2-48） 中小吨位起重机如 QY25D、QY55H、QY75E 型汽车起重机等，其前方区域的起重稳定性普遍弱于后方和侧方区域，所以在车架前方增加第五支腿，以保证起重机能在全周范围内作业。

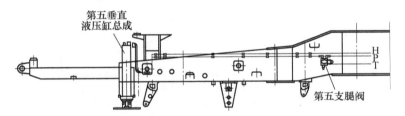

图 3-2-48 第五支腿

（2）两级伸缩支腿（见图 3-2-49） 两级伸缩支腿是 H 形支腿的加强版。为增大支腿的横向跨距以提高中、大幅度的起重能力，在整车车宽的限制下，普通的 H 形支腿已经不能满足需求，两级伸缩支腿应运而生。它由两节可伸缩活动支腿组

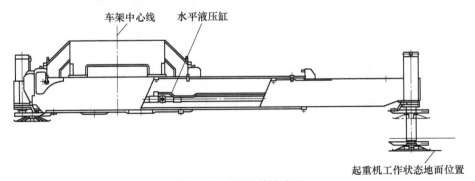

图 3-2-49 两级伸缩支腿

成，两节支腿同时或顺序伸出，其支腿跨距得到很大增加，运输状态下两级支腿收入固定于支腿箱体内。

两级伸缩支腿的结构形式有单缸加挡块式、双缸加挡块式、单缸加钢丝绳滑轮式、双缸单向阀控制式。

七、配重

为增强起重机的起升性能，需在上车转台后侧增加配重。配重按其安装方式可分为固定式和活动式配重，按其加工方式分为焊接填充式和铸造式配重。

固定式配重如图3-2-50所示，配重4通过销轴2安装在转台1尾部，通过调整螺钉3来使配重位置固定。

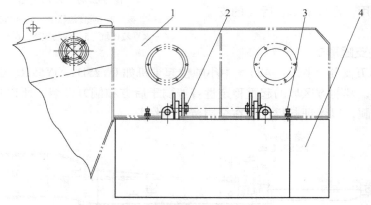

图3-2-50　固定式配重
1—转台　2—销轴　3—调整螺钉　4—配重

活动式配重通过配重液压缸悬挂在转台的尾部（见图3-2-51），配重液压缸1

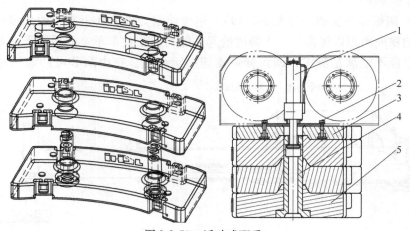

图3-2-51　活动式配重
1—配重液压缸　2—调整螺钉　3—固定配重　4—套筒　5—活动配重

固定在转台卷扬支架上，而活动配重 5 与套筒 4 组合在一起并通过套筒 4 悬挂在配重液压缸 1 上，通过配重液压缸 1 的伸缩来安装和拆卸配重。图 3-2-51 中的固定配重 3 与图 3-2-50 中的配重 4 不同，它由四条均布的螺栓固定在卷扬支架上。活动式配重拆卸方便，可根据不同的吊载工况采用不同的配重组合。

八、上车操纵室

汽车起重机采用独立的上车操纵室，上车操纵室一般布置在转台左侧，可随转台一起转动。上车操纵室为金属或非金属全封闭式，密封、保温、通风和防雨性能良好。操纵室设有第二出口（可用应急窗代替），第二出口易于从室内迅速打开，应急窗采用易于击碎的安全玻璃并在窗内邻近处提供一个击碎工具（安全锤）。

上车操纵室包含多项功能，包括整车点火开关、上车操纵系统、力矩限制器、控制板总成、上车电气箱等。

液压系统不同上车操纵室的布置也不同。QY25D 汽车起重机液压系统采用机械式控制，通过操纵杆操作各机构动作，其上车操纵室布置如图 3-2-52 所示。

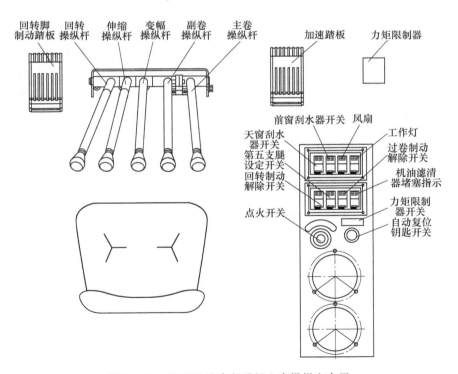

图 3-2-52　QY25D 汽车起重机上车操纵室布置

而 QY75E 汽车起重机则采用先导式液压控制系统，改为采用左右两个操作手柄控制整车各机构动作，其上车操纵室布置如图 3-2-53 所示。

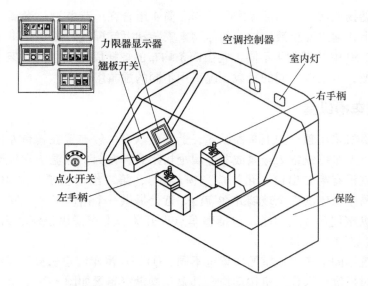

图 3-2-53 QY75E 汽车起重机上车操纵室布置

汽车起重机上车操纵室正前方和顶部均为钢化玻璃制成，以保证操作者工作时能有良好的视野。中小吨位上车操纵室一般为固定式连接，而中大吨位汽车起重机由于起升高度的增加，不仅增加操作者的疲劳强度，对其视野也有很大影响；所以其上车操纵室由固定式改为可根据实际情况向上翻转的活动式（见图 3-2-54）。通过下方翻转液压缸的伸缩变化可使上车操纵室根据操作者的需求旋转到一定角度，使操作者视野更好，工作更舒适。

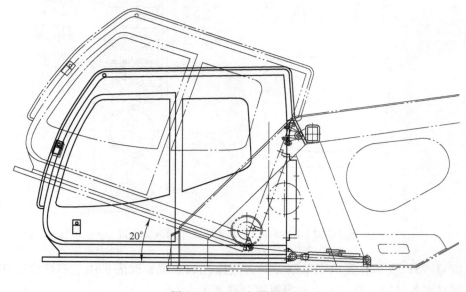

图 3-2-54 活动式操纵室

九、液压系统

1. 液压系统概述

（1）液压系统的组成元件　如果从主要构成元件的角度去考虑，液压系统一般都由动力元件、执行元件、控制元件、辅助装置和工作介质五部分组成，汽车起重机的液压系统也不例外。

1）动力元件。即液压泵，其职能是将机械能转化为液体的压力能，向系统供给压力油，它是液压系统的动力元件。

2）执行元件。其职能是将液体的压力能转换成机械能。执行元件包括液压缸和液压马达，液压缸带动负荷做往复直线运动，液压马达带动负荷做旋转运动。

3）控制元件。即液压系统中的各种控制阀，如溢流阀、平衡阀、限速阀等。在液压系统中各种阀用以控制和调节各部分液体的压力、流量和方向，从而控制重物的动作及升降的快慢，以满足液压系统的工作要求，完成一定的工作循环。

4）辅助装置。包括油箱、过滤器、油管及管接头、密封件、冷却器、蓄能器等。它们的作用是储存、过滤、输送及冷却油液等。

5）工作介质。液压系统的工作介质就是在液压回路中循环流动的液压油。

（2）液压系统的组成回路　如果从主要构成回路的角度去看，任何复杂的液压系统都是由一些比较简单的基本回路组成的。这些基本回路又由若干个标准的液压元件所组成。每一个基本回路都能完成一定的功能要求。例如：液压式汽车起重机液压系统一般由上车液压回路和下车液压回路所组成。而上车液压回路又由起升液压回路、伸缩机构液压回路、变幅液压回路等组成；下车液压回路由支腿水平伸缩回路和支腿垂直伸缩液压回路所组成。因此，当分析与比较复杂液压回路时，往往化零为整，从不同的简单回路着手。

（3）液压系统的重要参数

1）压力。压力就是液体在单位面积上所承受的垂直作用力，也称为压力强度（压强）。在实际系统中，系统的压力决定于泵的工作能力和执行机构负载的大小。系统的压力使液压执行机构产生一定的力或力矩。一般地，压力越大，执行元件动作的速度就越快。

压力单位是 MPa。

2）流量。流量是指在单位时间内进出液压缸（液压马达）或通过管道某一截面的液体的体积。系统的流量大小取决于泵的排油能力。

流量的单位是 L/min。

3）液压泵的流量。液压泵每转的排量乘以每分钟的转数即为液压泵的流量。液压泵每分钟的流量以 mL 计，每分钟转数以 r/min 表示。

2. 汽车起重机液压系统

汽车起重机液压系统由液压泵、支腿操作阀、上车多路阀以及卷扬（主、副）、伸缩、变幅、回转等油路组成。不同的车型，其液压系统也有所不同。

目前市场上的起重机有机械控制、液压先导控制和电比例控制三种控制方式：

1）机械控制一般是使用长控制杆机械操纵的汽车起重机，液压系统一般采用节流控制原理。为了得到良好的控制特性，要求阀芯上的精细控制沟槽与系统回路相匹配，这也给加工及制造工艺提出了较高的要求。因阀的精细控制范围与操纵力均与压力有关，随着负载压力的升高，精细控制范围变窄，操作控制难度增大而且费力。此外，采用该操作装置的起重机占用操纵室空间较大，外表也不美观。

2）采用液压先导控制的工作原理是采用较小的手动操作产生控制信号去对较大功率的主阀阀芯进行控制，即利用先导阀产生的控制油来控制多路换向阀从而进行方向控制，该控制方式具有操作简便灵活的特点，可以减轻驾驶员的劳动强度。

3）电液比例控制是通过比例阀对压力、流量进行连续的、按比例的远距离控制。它是在普通压力阀、流量阀和方向阀的基础上，引入比例电磁铁（电磁力马达）或力矩马达，代替原有的控制部分构成的。其特点是能较远距离连续按比例控制液压系统的压力和速度，并可减小或避免压力、速度转换时的冲击，简化系统，减少液压元件的数量，工作可靠。

以京城重工产品为例，其中 QY8D、QY12D、QY16D、QY25D 汽车起重机为机械式控制方式，QY25H、QY55H 汽车起重机为液压先导控制方式，QY75E、QY100E、QAY160E 汽车起重机为电比例控制方式。下面分别介绍机械控制、液压先导控制和电比例控制方式。

（1）机械控制　现以 QY25D 汽车起重机液压系统为例进行说明。

1）下车液压系统。目前 QY8D、QY12D、QY16D、QY25D 汽车起重机下车液压系统构造基本一致（见图 3-2-55）。下车多路阀为六联多路阀组，其中第一片（从右到左）为总控制阀。第二～六片为选择阀，分别选择水平或垂直位置（操作杆上抬为水平，下压为垂直）。

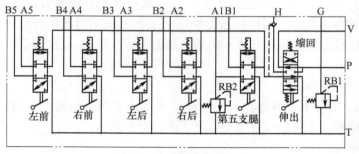

图 3-2-55　下车液压系统

当选择阀处于水平（垂直）位置时，操作第一片阀，可以实现水平（垂直）液压缸的伸出与缩回（上抬为缩回、下压为伸出）。支腿操作可以联动，也可以单独操作，实现动作的微调。多路阀中设有安全阀，设定压力值为 20MPa 的安全阀，其作用是限制供油泵的最高压力，对系统起保护作用；设定压力值为 3.5MPa 的安全阀，其作用是限制第五支腿伸出的最高压力，保护底盘大梁，防止其受力过大而变形损坏。

在 G 口可以安装测压工具，检测系统压力。当总控制阀在中位时，液压泵通过 V 口向上车回转系统供油。

在垂直液压缸上装有单作用液压锁，作用是防止起重机作业时垂直液压缸回缩。

2）上车液压系统。上车液压系统由多路阀控制主卷扬、副卷扬、变幅、伸缩四条油路，从右到左依次是主卷扬、副卷扬、变幅、伸缩四个阀片。如图 3-2-56 所示，在多路阀中设置了两个溢流阀 RB1、RB2，压力调定为 21MPa。图中 RB3 为压力补偿阀，压力调定为 2.5 MPa，作用是伸缩阀在中位时液压油通过该阀回油，当卷扬工作时该阀会根据反馈压力的大小，将该阀关闭，使压力油参与工作。这样可以节能降耗。

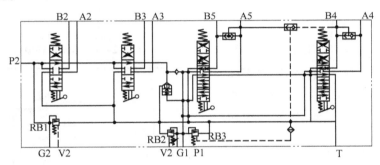

图 3-2-56　上车液压系统

① 卷扬油路：原理图如图 3-2-57 所示。主、副卷扬油路相同，在起升侧装有平衡阀，起升时压力油通过平衡阀中的单向阀给马达供油，实现重物的起升。下降时高压油打开平衡阀中的顺序阀，通过顺序阀回油，起防止重力失速、平衡限速的作用。卷扬上装有常闭制动器，卷扬工作时，通过液控换向阀从蓄能器取压，开启制动器。

② 变幅油路：变幅油路原理图如图 3-2-58 所示，在无

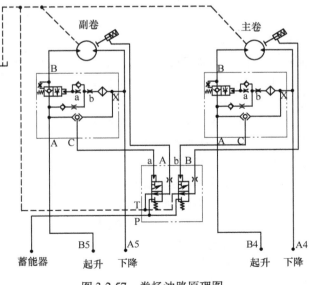

图 3-2-57　卷扬油路原理图

杆腔侧装有平衡阀，作用是防止液压缸在变幅下落的时候受重力而失控。在有杆腔和无杆腔侧分别安装有压力传感器，给力矩限制器提供压力信号。

③ 伸缩油路：伸缩油路原理图如图3-2-59所示，在无杆腔侧装有平衡阀，作用是防止缩臂时失控。

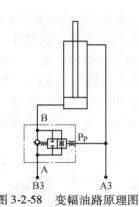

图3-2-58　变幅油路原理图

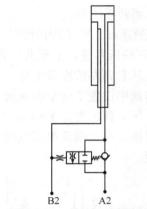

图3-2-59　伸缩油路原理图

④ 回转油路：回转油路原理图如图3-2-60所示，回转油路由回转马达、回转平衡阀以及回转制动器控制油路组成。回转平衡阀的作用是在制动停止时为回转马达补油，防止回转马达吸空以及延缓回转马达的制动时间，起到回转缓冲作用。控制油路中通过蓄能器、制动阀打开回转制动器，并与回转平衡阀相互配合，使回转制动柔和，避免冲击。电磁铁1YA、2YA同时得电实现自由滑移功能。

（2）液压先导控制　液压先导控制的主油路与机械控制大体相同，只是增加了先导控制油路，安全保护油路设置在先导控制油路中。先导控制油路的压力油通过齿轮泵或油源块提供。这里不进行详细介绍。

（3）电液比例控制　上车液压系统采用负载反馈式电液比例多路换向阀，主操纵阀为负荷敏感式电

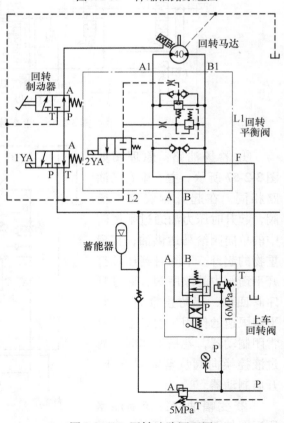

图3-2-60　回转油路原理图

液比例多路换向阀。主泵为变量泵,当泵出口压力与负载压力之间的压差产生变化时,通过负载反馈口来改变变量泵的配油盘倾角,从而改变泵的排量。采用负荷敏感变量泵,通过负载反馈使泵的压力、流量自动调节到最佳,使控制性能和节能效果大为提高。采用电液比例控制阀,先导阀手柄移动的角度与输入电流成正比,主操纵阀的阀芯开口位置与先导阀输入电流也成正比,所以整机具有良好的微动性。

十、电气系统

1. 起重机电气系统使用注意事项

1)不正确的力矩限制器/智能控制器设置,可能会带来严重的车辆损毁及人身安全事故。因此要正确设置钢丝绳倍率和工况。闭合主电源前,应使所有的控制手柄置于中位。

2)若起重机过载,应小心使用强制开关(强制开关接通时,力矩限制器/智能控制器虽能显示危急时刻的工况参数,但其保护功能将被解除)。

3)严禁关闭力矩限制器/智能控制器进行起重作业。力矩限制器/智能控制器是本机的一个非常重要的安全装置,绝对不允许将其关闭,而做一些不允许的起重作业动作(如负重伸臂等)。只有在作业之前,将重物状态对应于相应的起重量性能表,力矩限制器/智能控制器才能有效地发挥其功能。

4)起重机虽然备有智能控制器,驾驶员仍有安全操作的责任。在作业之前,驾驶员应对被吊物的质量有一个大概的了解,对照起重量性能表,以决定能否将该重物吊起。

2. 起重机电气系统的组成

(1)以 QY25D 汽车起重机电气系统(使用华德科技 MCS 系列力矩限制器)为例　电气系统采用下车直接供电,供电方式为 DC24V 负极搭铁单线制。其电气系统的组成如下:

1)发动机起动锁。将起动钥匙插入起动锁,顺时针转动至 Ⅰ 档,电源接通,上车控制系统供电,继续转动钥匙至 Ⅲ 档,发动机即可起动,每次起动时间不得超过 12s。一次不能起动,应停歇 2min 后再起动;若三次不能起动,则应停止起动,检查原因,排除故障。

2)发动机熄火开关。将熄火开关 S19 置于 Ⅰ 档,延时 1~2s 松开发动机即熄火,熄火后将起动钥匙置于 0 档。

3)力矩限制器。作业之前务必仔细阅读《MCS-400 型智能控制装置使用说明书》。

4)高度限位器。由主副臂端部限位开关和重锤构成,当起重钩中心起升至起重臂滑轮中心约 780mm 时,发出声光报警,并限制起重钩继续起升。

5)三圈保护器。当起重钩下降至卷扬钢丝绳剩余三圈时自动停止且报警。

6)操纵室电气控制面板(见图 3-2-61)。集中显示操作和安全工况。

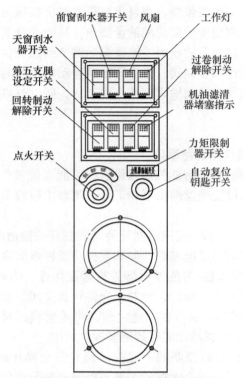

图 3-2-61　操纵室电气控制面板

7）中央控制盒（见图 3-2-62）。

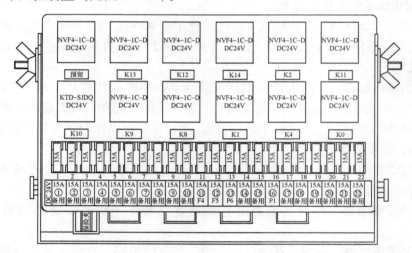

图 3-2-62　中央控制盒

K0—取力信号　K1—过放报警　K2—卸荷　K8—油温报警　K9、K10—三色灯　K11—第五支腿设定
K12—自由滑移、回转制动　K13—安全动作方向检测；预留—第五支腿前方组合信号

（2）以 QY55H 电气系统（使用赫思曼 HC 系列力矩限制器）为例　电气系统采用下车直接供电，供电方式为 DC24V 负极搭铁单线制。电气系统的组成如下：

1）发动机起动锁（不推荐使用）。将起动钥匙插入起动锁，顺时针转动至Ⅰ档，电源接通，上车控制系统供电。继续转动钥匙至Ⅲ档，发动机即可起动，每次起动时间不得超过 12s。一次不能起动，应停歇 2min 后再起动；若三次不能起动，则应停止起动，检查原因，排除故障。

2）发动机熄火开关。将发动机停机开关 S19 置于Ⅰ位，延时 1 ~ 2s 松开发动机即熄火，熄火后将钥匙开关置于 0 位。

3）HC3900 力矩限制器（详见 HC3900 力矩限制器控制说明书）。在起重作业前，严格按力矩限制器说明书的要求进行设置和操作。

4）高度限位器。由主副臂端部限位开关和重锤构成，当起重钩中心起升至起重臂滑轮中心约 780mm 时，发出声光报警，并限制起重钩继续起升。

5）三圈保护器。当起重钩下降至卷扬钢丝绳剩余三圈时自动停止且报警。

6）操纵室电气控制面板（见图 3-2-63）：集中显示操作和安全工况。

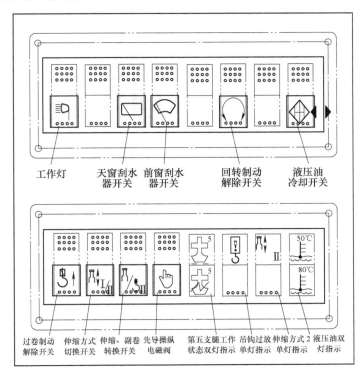

图 3-2-63　操纵室电气控制面板

7）右控制手柄（见图 3-2-64）。按下按钮可以控制喇叭。

8）左控制手柄（见图 3-2-65）。按下按钮可以控制自由滑转。

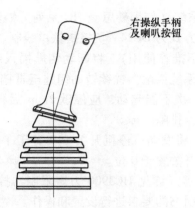

右操纵手柄
及喇叭按钮

图 3-2-64　右控制手柄

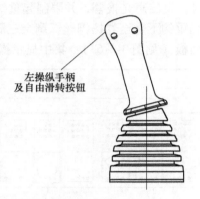

左操纵手柄
及自由滑转按钮

图 3-2-65　左控制手柄

第四篇 操 作 规 范

| 第一章 |
安 全 常 识

第一节 行 驶 安 全

一、道路交通安全提示

1）应注意市政和地方的交通规则，是否允许起重机在公路上行驶。起重机在市政公路和交通干线以及广场上行驶之前，应使起重机具备适合的条件，以便与市政和地方交通规则相符合。

2）行驶过程中上车操纵室禁止载人。

3）起重机在道路上行驶时，严禁人员在底盘走台板上站立、蹲坐或在其上堆放物品。

4）起重机行驶通过弯曲道路或其他原因视线不清楚时，要降低车速并连续鸣笛报警。

5）在起重机驶上公路之前，必须按照车辆许可证中所标定的参数，确保起重机整车质量、前后桥负载及整车尺寸不要超过规定数值。

如果起重机前后桥载荷或总质量超过了容许极限值，那么将降低车辆的制动效果。制动鼓也将会加速磨损，制动系统过热的危险性便会增大。这样，车辆的转向系统、行车制动器、停车制动器以及下坡缓行制动器便将不再符合规范要求。制动系统、车桥、轮毂、悬挂装置液压缸及轴承的寿命，也将随之下降。

6）严禁吊重行驶。

二、行驶前的注意事项

1）起重机起动前请注意车辆底下、周围有无他人，确认安全后方可开动车辆，避免造成人身伤害。

2）行驶前需确定活动支腿完全收回到位，并确定插好活动支腿定位销。否则，车辆行驶过程中，支腿可能会伸出，伤害行人及其他车辆。

3）驾驶时请务必检查驾驶室车门是否关紧并锁止，同时请系上安全带，防止发生事故时乘员被甩出车外。

三、行驶过程中的注意事项

1）换档时要注意逐档增加或减少。

2）行驶中起重机若出现异响、异味、异常振动、加速异常或转向盘、制动器异常时，应马上减速并将车辆停放在安全位置检查。如原因不明或不能排除时请交给专业修理厂修理。

3）各报警灯亮时应马上减速并将车辆停在安全位置检查。

4）注意各仪表的指示（包括机油压力表、水温表等）应在正常范围内。

5）上坡时应提前降档，以减少发动机和驱动系统的负荷。下坡前检查制动系统是否正常。

6）道路行驶时，吊钩必须安装在车架上的固定位置并绑缚可靠。起重机吊钩仅在下述情况下才可挂置在车前方：

① 车辆短途转场，穿绳倍率不要超过4倍。

② 把准备的钢丝绳挂在车前面的拖钩上，并把吊钩用一根辅助钢丝绳连接固定在拖钩上。

当起重机在公路上行驶时，驾驶员的视线不容许被吊钩滑轮遮挡住。

四、行车乘员安全提示

1）只有经过培训并经考试合格取得资质证书的人员方能操作起重机底盘，底盘驾驶员必须遵守《中华人民共和国道路交通安全法》及有关交通安全管理的规章规则。

2）遵守起重机上的安全标识，以免发生人员伤亡。

3）当身体不适、饮酒或服药后，不能正常工作时，不得从事任何操作工作。

4）出车前，驾驶员应对车辆的安全技术性能进行认真检查，不得驾驶具有安全隐患的车辆。

5）发动后，检查各种仪表、方向机构、制动器、灯光等是否灵敏可靠，并确认周围无障碍物后，方可鸣笛起步。

6）车辆行驶中，驾驶室准乘2人，驾驶室以外禁止载人。

7）驾驶员不准危险驾车。行车中严禁接打电话，确需接打应观察好路况停车应对。

8）在坡道上被迫熄火停车，应拉紧驻车制动器，下坡挂倒档，上坡挂前进挡，并将前后轮用三角或石块楔牢。

9）车辆通过泥泞路面时，应保持低速行驶，不得紧急制动。

10）配置必要的灭火器材，定期检查、更换。

第二节 人员的选择、职责和基本要求

起重机的操作安全取决于主管人员的选择。

合适的选派将会确保所有的相关人员能够被高效地组织起来，以保证工作处于相互协作的良好局面。因酗酒、吸毒或其他不良习惯的影响而削弱其工作效率的人员不允许进入工作人员队伍。所有工作人员都应明确自己的职责。应对正在接受培训的工作人员进行有效的监督。

一、指派人员

指派人员应负有以下的职责：

1）对机械操作相关事项进行审核，包括提出工作计划、起重设备的选择、工作指导和监管，以保证工作安全。还应包括与其他责任方的协商以及确保在必要时各相关组织之间的协作。

2）保证对起重机械的全面检查、检验，以及确认设备已经维护。

3）保证报告故障和事故的有效程序以及采取必要的正确处理方式。

4）负有组织和控制起重机械操作的责任。

指派人员应被赋予执行所有职责的必要权力。特别是在其认为继续操作可能产生危险时，指派人员拥有停止操作的权力。

二、驾驶员

1. 职责

驾驶员应遵照制造商说明书和安全工作制度负责起重机的安全操作。

2. 要求

驾驶员必须身体健康，反应敏捷，工作认真负责，思想集中。

安全应是驾驶员时刻挂在心头的大事情，时刻保持高度警惕。驾驶员有权拒绝他认为是不安全的施工作业，并且应该将他认为不安全的因素向有关责任人汇报，说明情况和理由。

驾驶员必须仔细阅读、深刻理解和领悟起重作业性能表，每次作业前，充分了解设备的构造和力学性能，应仔细检查机械各部位（尤其是所有的索具及索套等是否牢固可靠），确信无任何疑问，方可开始正常工作。

驾驶员必须熟悉起重机安全技术规程、制度；具有判断距离、高度和净空的能力；操作中应能及时发现或判断各机构故障，并能采取有效措施。

驾驶员应在作业前亲自查看作业场地等，确认作业区域无闲杂人员、障碍物及其他影响吊重作业的物体。作业区域应采取必要的安全隔离措施。

在恶劣危险的环境（如附近有高压输电设备、闲杂人员等）中作业或有障碍物影响驾驶员的视野等时，驾驶员应与现场作业指挥人员密切配合（因为驾驶员无法位于最佳位置，作出正确判断，更不能顾及各个角落）共同完成作业。驾驶员必须熟悉标准的起重作业指挥信号（手势、旗语等），并且只听从指定的指挥员发出的可明显识别的信号。

对于紧急停止信号（不管是谁发出的），在任何时候均应服从。驾驶员工作时不得随便离开起重机。

三、指挥人员

1. 职责

指挥人员的主要任务是协助驾驶员安全高效地完成吊重作业。驾驶员依靠指定指挥人员的大力协助，在不危及人身及设备的前提下，进行起重机的安全移动和起吊重物。

在起重机工作中，如果把指挥起重机安全运行和载荷搬运的工作职责移交给其他有关人员，指挥人员应向驾驶员说明情况。而且，驾驶员和被移交者应明确其应负的职责。

2. 要求

指挥人员应熟悉起重机的性能及相关参数，具有指挥起重机和载荷安全移动的能力；能熟练地运用标准的起重作业指挥信号（手势、旗语、哨声等），需要使用通信设备（如对讲机）时，能熟练使用该设备并能发出正确、清晰的口令；掌握防止构件在装载、运输、堆放过程中变形的有关知识；具备指挥单机、双机或多机作业的能力。

指挥员必须清楚要做的每一项工作，与驾驶员和机组成员协调一致，安全完成每一项吊重作业。

指挥人员站位要明确，以能安全地观察到整个施工区域为宜。发出的信号应明确无误。在驾驶员和指挥人员双方同意的前提下，视现场施工条件，可以采用其他双方约定的指挥信号。指挥人员工作时不得随便离开起重机。

四、全体机组人员

全体机组人员的职责及要求如下：

每次工作前须检查所有索具及索套是否牢固可靠。

发现施工现场有不安全的操作或不安全的现象时，有责任提出更正，或向现场施工负责人汇报。在设备周围工作的人员（包括起重工、设备维修保养人员等），不仅要注意自身安全，还要注意不危及他人。

进行设备组装、起重的工作人员，必须熟悉组装要领和起重要领。起重工应受过专门训练，具有判断重物的幅度及质量，并能够选择合适的起吊索具的能力。设备维护人员应熟悉所维修的起重机维护的有关工作程序和安全防护措施。

在整个工作过程中，要保持高度警惕，时刻注意各方面情况，有无人员、车辆等突然出现；有无地基不良现象；有无高压输电线等危险因素。如有异常，应及时向驾驶员及指挥人员发出警报。

第三节 标识说明

一、安全标识

关于安全标识的注意事项：

1）安全标识切勿随意移动。

2）起重机危险部位的标识应经常检查维护，如有褪色和损坏，应及时修正或更换，以保证标识的清洁、完整、正确、醒目。安全标识见表4-1-1。

表4-1-1 安全标识

序 号	图形符号	说 明
1		当心高空坠物
2		起吊点标志
3		小心齿轮
4		注意支腿伸出
5		高温烫手

（续）

序　号	图形符号	说　明
6		未经许可禁止入内
7		禁止通行
8		禁止烟火
9		禁止踩踏
10		限速行驶
11		灭火器

二、警示标识

警示标识用以警示危险的存在。为了避免这些情况的发生，在有危险警示标识的地方，严格按照警示标识中的要求进行起重作业。警示标识见表4-1-2。

表4-1-2　警示标识

序　号	图形符号	说　明
1	 ⚠ DANGER 危险　KEEP CLEAR OF LOWERING OR RAISING BOOM TO AVOID SERIOUS INJURY。主臂降下和升起时，下面不得有人进入，否则会引起严重伤害事故。	主臂降下和升起时，下面不得有人进入，否则会引起严重伤害事故

（续）

序　　号	图形符号	说　　明
2	**起重臂下严禁站人**	危险区域。起重臂下严禁站人，避免重物落下伤人
3	**作业半径内注意安全**	作业回转时避免挤压，请与机器保持安全距离
4		装置运转时，避免手及手臂绞入

第二章
安 全 操 作

每次起重机作业时，都需要严格按照安全操作规范进行操作。操作人员应能够熟练掌握起重机各个部件的安全操作要点，以防止在工作过程中发生不必要的财产损失和人身伤害事故。

第一节 安全操作规范

一、作业条件

1）起重机驾驶员必须持有安全技术操作许可证，严禁无证操作。严禁酒后驾驶、酒后作业。

2）起重机必须经有关部门检验合格，取得准用证，并在其有效期内使用。

3）起重机的各类限位装置、限制装置齐全、有效，制动器、离合器、操作装置零部件齐全、有效，钢丝绳安全状态符合要求。

4）夜间作业应保证良好的照明。

5）在化工区域作业时，应使起重机的工作范围与化工设备保持必要的安全距离。

6）在易燃、易爆区工作时，应按规定办理必要手续，对起重机的动力装置、电气设备等采取可靠的防火防爆措施。

二、作业前检查

1）检查作业条件是否符合要求。

2）检查影响起重作业的障碍因素，特别是铁路线或公路线附近的作业更应小心。

3）检查起重机技术状况，特别注意安全装置工况。

4）确定起重机的工作装置合乎要求，查看吊钩、钢丝绳及滑轮组的倍率。

5）松开吊钩，仰起起重臂，低速运转各工作机构。如在冬季，应延长空运转时间，保证液压起重机的液压油温度在15℃以上方可开始工作。

6）如果起重机装有电子力矩限制器或安全负载指示器，则应对其功能进行检查。

7）如果有蓄能器，则应检查其压力是否符合规定；利用离合器操纵手柄检查离合器的功能是否正常。

8）检查配重状态。

9）观察各种仪表、指示灯是否正常。

10）平稳操纵起升、变幅、伸缩、回转各工作机构及制动踏板，确认各部功能正常后，方可进行起重作业。

三、作业过程中的注意事项

1）一定要在起重性能表规定的范围内进行起重作业。

2）禁止起重机倾斜度大于1%时吊重回转。回转半径内严禁站人或堆放物品。

3）重物吊离地面后，因主臂发生挠曲会导致工作幅度加大，作业时要考虑这个因素（见图4-2-1）。

图4-2-1　工作幅度加大

4）在开始进行起重操作时，要慢慢操纵，逐步熟悉起重机（见图4-2-2）。

5）起重作业时要集中精力，不要东张西望（见图4-2-3）。

图4-2-2　慢慢操纵，逐步熟悉

图4-2-3　集中精力，不要东张西望

6）起重作业过程中要注意观察周围情况，避免发生安全事故（见图4-2-4）。

7）注意观察液压油的温度，当油温超过80℃时，要停止操作。液压缸、油箱内的液压油的体积随油温的变化而变化，因此，液压油在高温时吊臂伸出，油温下降时吊臂就回缩，应将主臂多伸出一些来补偿其回缩量。

提示：液压油的热膨胀系数为 8×10^{-4}，即油温每升高 1℃，液压油的体积约增加到原来体积的 1.0008 倍（见图 4-2-5）。

图 4-2-4　注意观察周围情况

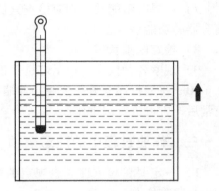

图 4-2-5　液压油的热膨胀

8）注意天气预报：

① 当风速超过 10m/s 时，不得进行起重作业。

② 如果有大风或雷电，要停止起重作业并收存主臂。

9）不得拖拽尚未离地的载荷，要避免侧载。

四、支腿操作

1）起重机要支承在坚固而平坦的地面上，若地面较软，要在支腿盘下边垫上结实的木块。所要求支腿支承面积＝支承压力／地面允许压力。如果没有任何关于在操作地点的地面负荷能力的资料，必须调查地面情况，如动力探测杆。

2）起重机支好调平后，轮胎要稍微离开地面。调平时应注意观察水平仪。

3）放支腿前应注意挂上停车制动器，拔出支腿销。

4）支腿必须伸到规定的全伸位置，并插上支腿销。

5）放好支腿后，应再次检查垂直支腿的接地情况，不得有三支点现象。

6）如果起重机上车有发动机，在下车支腿放好后，应将下车发动机熄火、取力器置于空档位置。

7）斜坡及沟渠。不能使起重机太靠近斜坡或沟渠，并且必须根据土壤的类别，与之保持一定的安全距离。如果不能保持安全距离，该斜坡或沟渠就须填平压实。否则，斜坡或沟渠边缘就会坍塌。

安全距离（必须从沟底算起）的算法（见图 4-2-6）如下：

在松软或回填土壤上的距离等于两倍的沟深，即

$$A_2 = 2T$$

在非松软的天然土壤上的距离等于沟深，即

$$A_1 = T$$

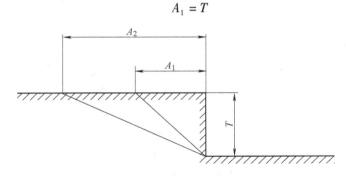

图 4-2-6　安全距离的算法

五、变幅操作

1）变幅时，应注意不得超过安全仰角范围。

2）严禁急剧地扳动变幅操纵手柄。

3）带载变幅时，要保持物件与起重臂的距离，防止物件碰触支腿、机体和变幅液压缸。

4）向上变幅可以减少起重力矩，比较安全；向下变幅将增大起重力矩，容易造成翻车事故。

5）起重臂角度的使用范围一般为30°～80°。除特别情况之外，尽量不要使用30°以下的角度。

6）桁架式起重臂使用较大仰角起吊较重物品时，如果将重物急速下落，起重臂会反向摆动，倒向后方，所以在注意起重臂角度的同时，还要缓慢下落重物。

六、伸缩臂操作

1）在保证工作需要的基础上，尽量选用较短的起重臂作业。

2）禁止起重臂带载伸缩。

3）进行起重臂伸缩时，应同时操纵起升机构，注意保持吊钩的安全距离，防止吊钩发生过卷。

七、副臂操作

1）转动副臂时，要用副起升钢丝绳或类似的工具将其拉住，缓慢转动（见图 4-2-7）。

2）副臂安装（收存）好后，将过卷装置导线接到副臂（主臂）侧的插座上。

3）拔出副臂固定销后，严禁操作起重机或使用起重机行走，否则会造成副臂脱落。

4）收存副臂时，不要过分绕起副起升钢丝绳。

八、起升操作

1）要严格遵守"十不吊"规定，不得违章冒险操作。"十不吊"内容如下：

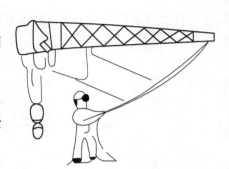

图 4-2-7　拉住副臂

① 超载或被吊物质量不明时不吊。

② 指挥信号不明确时不吊。

③ 捆绑、吊挂不牢或不平衡可能引起吊物滑动时不吊。

④ 被吊物上有人或有浮动置物时不吊。

⑤ 结构或零部件有影响安全工作的缺陷或损伤时不吊。

⑥ 遇有拉力不清的埋置物时不吊。

⑦ 歪拉、斜吊重物时不吊。

⑧ 工作场地昏暗并无法看清场地、被吊物和指挥信号时不吊。

⑨ 重物棱角处与捆绑钢丝绳之间未加衬垫时不吊。

⑩ 钢（铁）水包装得太满时不吊。

2）不要急剧地扳动起升机构操作杆。

3）检查滑轮倍率是否合适，以及配重状态与制动器功能等是否符合要求。对于倍率改变后的滑轮组，须保持吊钩旋转轴与地面垂直。

4）起吊较重物件时，先将其吊离地面少许，然后查看制动器、系物绳、整机稳定性及支腿的状况等。若发现有可疑现象，应放下重物，认真检查。注意起升操作应平稳，绝对不要使机械受到冲击。

5）在起升过程中，如果感到起重机接近倾覆状态或有其他危险时，应立即将重物降落至地面上。

6）即使起重机上装有防过卷装置也要注意防过卷。

7）当起吊物件质量较小、高度大时，可用油门调速及双泵合流等措施提高工效。

8）安装物件即将就位时，应采取发动机低速运转、单泵供油、节流调速等措施进行微动操作。

9）空钩时，可以采用重物下降提高工效。在扳动离合器杆之前，应先用脚踩住踏板，防止吊钩突然加速自由下落。

10）当放下重物低于地表面时，要注意卷筒上至少应留有三圈钢丝绳的余量，防止过卷事故。

11）如果卷扬钢丝绳缠绕不正确，切记不可用手去挪动，应用金属棒进行调整。

12）操作者应清楚起吊物与吊钩滑轮组的质量，当起吊的物件质量不明，但被认为有可能接近与该幅度下的临界起重量时，必须先将重物稍微升起，检查稳定性，确认安全后，才可将物件吊起。

13）当起吊物件在安装就位中需要焊接时，起重指挥人员应通知操作者切断电源。

14）起吊物件的质量不得超过该幅度对应的额定起重量。

15）暂时停止作业时，应将所吊物件放回地面。

表 4-2-1 对部分起重机操作禁止条例给出了相应图示。

表 4-2-1　起升操作禁止条例图示

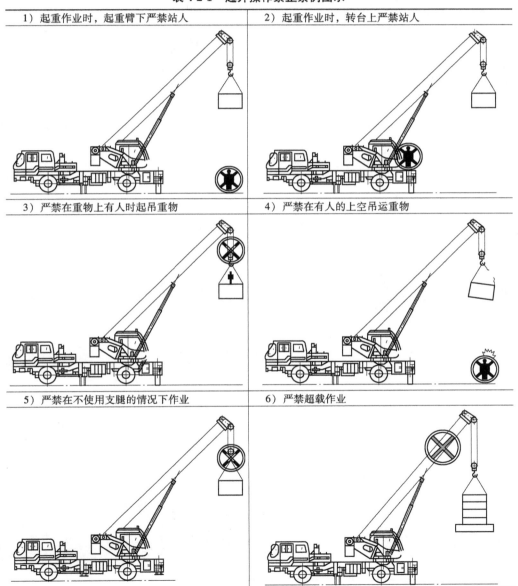

1）起重作业时，起重臂下严禁站人	2）起重作业时，转台上严禁站人
3）严禁在重物上有人时起吊重物	4）严禁在有人的上空吊运重物
5）严禁在不使用支腿的情况下作业	6）严禁超载作业

（续）

7）严禁雷暴天气下作业	8）严禁斜拉斜拽
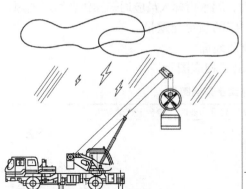	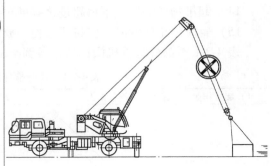
9）严禁起吊埋在地下或冻结在地上的物品	10）重物在空中停留时，操作人员不得离开操纵室
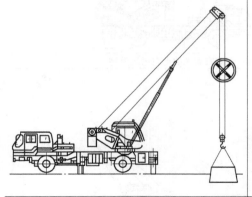	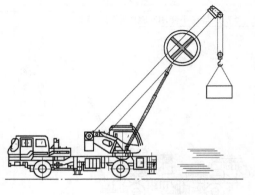
11）严禁带载伸缩	12）严禁带载行车
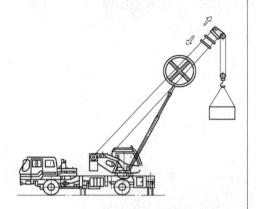	

九、回转操作

1）回转作业前，要确保回转销锁打开，并注意观察在车架上、转台尾部回转半径内是否有人或障碍物，起重臂的运动空间是否有架空线路或其他障碍物。

2）在起吊较重物件回转前，必须再次逐个检查支腿工况。因为在起重臂回转时，经常因个别支腿发软或地面不良而造成事故。

3）回转作业时，首先鸣喇叭提醒人们注意，然后解除回转机构的制动或锁定，平稳操作回转操作杆。

4）可在物件两侧系牵引拉绳，防止重物摆动。

5）起重物件未完全离开地面前不得回转。

6）回转速度应缓慢，不得粗暴使用油门加速，防止重物在摆动状态下回转。

7）在吊物回转到指定位置前，应先缓慢回收操作杆，使物件缓慢停止回转，避免突然制动，使物件产生摆动。

十、在发射塔附近操作

如果工作现场附近设有发射器，则会存在强电磁场。这些电磁场将会对人身或物体产生直接或间接危险（见图 4-2-8 和图 4-2-9），无论在何种情况下，当起重机

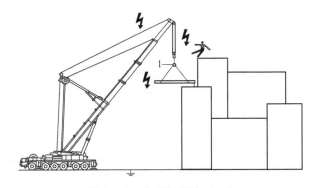

图 4-2-8　电磁场危险（一）

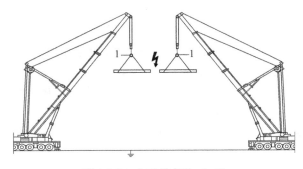

图 4-2-9　电磁场危险（二）

在发射器附近工作时，请向高频专家请教。

1）整个起重机需要接地。用肉眼或简单的检测仪检查，确保梯子、驾驶室与绳索滑轮都完全接地。

2）起重机上或大块金属板上的所有工作人员必须穿戴特制的绝缘手套和绝缘服以防止被烧伤。

3）如果感到温度升高，不必惊慌。这只是由于工具、组件及底盘受高频射线影响而造成的。

4）高频射线对物体温度的影响同物体的体积相关。比如：起重机、底盘、遮盖物的温度会更高一些。

5）起重机移动时，注意不要碰到其他起重机的载荷物（电弧）。这是由于燃烧会损伤钢索，使得载荷量降低。一旦有此种情况发生，请马上同主管联系，对钢索进行检查。

6）起重机的吊钩和吊具之间必须装有绝缘体。此绝缘体绝对不能撤走。

7）钢索绝对不能接触上述绝缘体。

8）当起重机提起或放下不带绝缘体的载荷物后，不要触摸起重机。

9）工作时绝对不可赤裸上身或穿短裤！

10）如有可能，请在水平方向移动载荷物，以减少载荷物的高频射线吸入量。

11）在进行必要的人工操作时，务必先将载荷物接地或绝缘（在所用工具与手套之间放置橡胶布）。

12）可用适当检测器测试所用工具的温度。例如：如果在距离工具 1～2cm 的范围内测得 500V 电压，则该工具不得用手触摸。距离越远，工具上的电压越高：在距离 10cm 的范围内，电压约为 600V；在距离 30cm 的范围内，电压约为 2000V。

13）为防止发生事故，在高空组件上工作时须系好安全带。

14）须在距离由大块金属板引起的电火花易发处至少 6m 远的地方对易燃物体进行处理（比如添加燃料）。添加燃料时，只可使用适当、可靠的橡胶管。

15）所有事故或特殊现象均须及时向本地主管或安全工程师报告。

十一、注意风力影响

起重机吊重物体体积越大，起升高度越高，风对整车稳定性的影响就越大，请加倍注意。下述情况更应引起特别小心：

1）在起吊钢板等迎风面积较大的重物时，受风力影响，重物可能击打臂架，造成臂架损坏，甚至会造成起重机倾翻的恶性事故。

2）空载、臂架长而仰角大，同时起重机又迎面受风，有可能使臂架倒向后方，造成起重机倾翻。

起重机在强风下作业时，必须认真观察和注意风速、设备状态及作业环境等各个方面。另外必须考虑到地面与高空、平地与街道地区的差别，应采取相应措施。

风速一旦超过 10m/s，就应该停止作业，把所吊重物放置在地面上，松开吊钩。臂架全部缩回并放置在吊臂支架上，关闭发动机。

风速可用在臂头上安装的风速仪测定，如未安装风速仪则可根据气象预测或物象来判断。

第二节　指挥手势

无论何时移动起重机，起重机操作者必须始终把注意力集中在载荷物上。而且即使起重机未带载荷物，起重机操作者也应时刻观察着起重机吊钩或起吊用具。每一次起吊作业总是意味着危险存在。如果这样做有一定困难，则起重机操作者必须按别人给他的指示信号来操作起重机。起重机操作者可根据指挥者的手势，也可通过对讲机来获得每步操作的指令。无论采用哪一种方式，都应注意消除误解动作所导致的危险。

必须对手势信号预先进行讨论，意见取得一致后再按已定好的手势信号规范地进行。误解动作将会引起严重事故。

有关手势信号请参看手势图及其手势信号标示的解释说明。为了保证作业的安全性，特推荐此手势信号。

（1）预备　手臂伸直，置于头上方，五指头自然分开，手心朝前保持不动，如图 4-2-10 所示。

（2）要主钩　单手自然握拳，置于头上，轻触头顶，如图 4-2-11 所示。

图 4-2-10　预备　　　　　　　　　图 4-2-11　要主钩

（3）要副钩　一只手握拳，小臂向上不动，另一只手伸出，手心轻触前只手的肘关节，如图 4-2-12 所示。

（4）吊钩上升　小臂向侧上方伸直，五指自然伸开，高于肩部，以腕部为轴转动，如图 4-2-13 所示。

（5）吊钩下降　手臂伸向侧前下方，与身体夹角约 30°，五指自然分开，以腕部为轴转动，如图 4-2-14 所示。

（6）吊钩微微上升　小臂伸向侧前上方，手心朝上高于肩部，以腕部为轴，重复向上摆动手掌，如图 4-2-15 所示。

图 4-2-12　要副钩

图 4-2-13　吊钩上升

图 4-2-14　吊钩下降

图 4-2-15　吊钩微微上升

（7）吊钩左右回转　左转：右手小臂向侧上方伸直，五指并拢手心朝外，朝负载运行的方向向下挥动到与肩相平的位置；右转：左手小臂向侧上方伸直，五指并拢手心朝外，朝负载运行的方向向下挥动到与肩相平的位置，如图 4-2-16 所示。

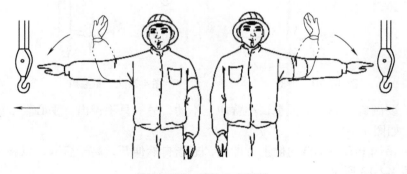

图 4-2-16　吊钩左右回转

（8）吊钩微微下降　手臂伸向侧前下方，与身体夹角为 30°，手心朝下，以腕部为轴，重复向下摆动手掌，如图 4-2-17 所示。

（9）吊钩微微左右回转 左转：右手小臂向侧上方自然伸出，五指并拢手心朝外，朝负载应运行的方向重复做缓慢的水平运动；右转：左手小臂向侧上方自然伸出，五指并拢手心朝外朝负载应运行的方向，重复做缓慢的水平运动，如图 4-2-18 所示。

（10）指示降落方位 五指伸直，指出负载应降落的位置，如图 4-2-19 所示。

图 4-2-17 吊钩微微下降

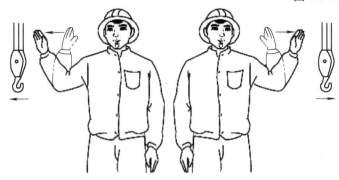

图 4-2-18 吊钩微微左右回转

（11）起臂 手臂向一侧水平伸直，拇指朝上，余指握拢，小臂向上摆动，如图 4-2-20 所示。

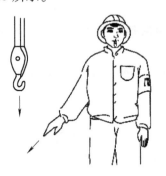

图 4-2-19 指示降落方位

图 4-2-20 起臂

（12）落臂 手臂向一侧水平伸直，拇指朝下，余指握拢，小臂向下摆动，如图 4-2-21 所示。

（13）微微起臂 一只小臂置于胸前一侧，五指伸直，手心朝下，保持不动；另一只手的拇指对着前手手心，余指握拢，做上下移动，如图 4-2-22 所示。

（14）微微落臂 一只小臂置于胸前一侧，五指伸直，手心朝上，保持不动；另一只手的拇指对着前手手心，余指握拢，做上下移动，如图 4-2-23 所示。

图 4-2-21　落臂　　　　　　　　　图 4-2-22　微微起臂

（15）伸臂　两手分别握拳，拳心朝上，拇指分别向两侧，做相斥运动，如图 4-2-24 所示。

图 4-2-23　微微落臂　　　　　　　图 4-2-24　伸臂

（16）缩臂　两手分别握拳，拳心朝下，拇指对指，做相向运动，如图 4-2-25 所示。

（17）停止　小臂水平置于胸前，五指伸开，手心朝下，水平挥向一侧，如图 4-2-26 所示。

图 4-2-25　缩臂　　　　　　　　　图 4-2-26　停止

（18）紧急停止　两小臂水平置于胸前，五指伸开，手心朝下，同时水平挥向两侧，如图 4-2-27 所示。

图 4-2-27　紧急停止

（19）工作结束　双手五指伸开，在额前交叉，如图 4-2-28 所示。

图 4-2-28　工作结束

第三章

工程起重机操作方法

第一节　底盘行驶操作

一、发动机的起动

1. 发动机起动前的准备

1）变速杆置于空档位置。

2）取力器关闭。

3）停车制动器在制动位置。

4）发动机的具体使用要求详见《发动机操作和维修保养手册》。

发动机额定转速为 2100r/min，任何情况下不要使发动机超速运转。

接通电源开关后，接通钥匙开关，观察发动机的故障警告灯，当故障警告灯亮时不能起动发动机，须进行故障诊断并排除，然后才能起动发动机。

发动机起动时不要踩下加速踏板，否则将导致发动机超速并严重损坏发动机。为避免损坏起动电动机，不要持续运转电动机超过 30s。起动电动机两次起动之间要间隔 2min。如果三次尝试后发动机仍不能起动，请检查燃油供给系统。若发动机起动的时候废气中没有蓝色或白色的烟，就表明没有燃油进入燃烧室。

2. 钥匙开关的操作

将钥匙开关从位置"ON"转动到位置"START"，可起动发动机。发动机起动后，松开钥匙会自动回到位置"ON"。

3. 冷起动装置

发动机在低温状态下起动时，需用冷起动装置。冷起动装置采用进气加热器。在钥匙开关接通时，ECM 检查进气岐管空气温度，根据这一温度，ECM 使等待起动的指示灯亮起（绿色），并向进气加热器通电。等待起动指示灯熄灭后，驾驶员可以起动发动机。

4. 起动过程

停车制动手柄处于制动状态时，变速杆在空档位置，发动机指示灯都不亮后，转动起动钥匙至"START"位置，发动机即可起动。如果在12s内未能起动，应立即使钥匙回到"ON"位置，过2min后再进行第二次起动。如果连续三次不能起动，则应停止起动并查找原因。

5. 起动后的机油压力

发动机起动后，机油压力表应在15s内显示读数，其读数应符合发动机使用要求（见发动机使用说明书）。如果没有显示读数，应立即停止发动机，同时检查原因。

6. 发动机的预热

发动机起动后，怠速运转时间不宜超过5min，然后逐步增加转速到1000～1200r/min，并进入部分负荷运转。待出水温度、机油温度、机油压力达到发动机的使用要求时，才允许进入全负荷运转。

在低温起动后，转速的增加应尽可能地缓慢，以确保轴承得到足够的润滑，并使加油稳定。

7. 发动机的熄火

发动机在重载工作后温度很高，应让它在怠速状态下运转3～5min后再熄火。这是为了让活塞、气缸、轴承和涡轮增压器部件充分冷却。然后将起动开关转到"ACC"位置（断电），发动机熄火停机，转到"LOCK"位置可将钥匙拔出。

8. 行驶中的操作注意事项

1）换档时注意要逐档增加或减少。

2）行驶中起重机若出现异响、异味、异常振动、加速异常或转向盘、制动器出现异常，应马上减速并将车辆停在安全位置检查。如原因不明或不能排除时请交给专业修理厂修理。

3）各警告灯亮时应马上减速并将车辆停在安全位置检查。

4）注意各仪表的指示（包括双针气压表、机油压力表、水温表等）应满足相关要求。

5）爬坡时应提前降档，以减小发动机和驱动系统的负荷。

6）过旋转极易损坏发动机。发动机转速应在2100r/min以下，从3档降档时应在1200r/min以下，否则有过旋转的可能。

7）如行驶中发生断油，空气可能会进入燃油系统，如补充燃油后仍不能起动发动机，则应对燃油系统进行排气。

8）严禁发动机熄火后溜车。

9. 下坡时的注意事项

1）在下坡之前检查制动系统是否正常。

2）在下长坡时，建议使用发动机排气制动。将变速杆挂入低速档，能使排气制动系统更有效地工作。

3）防止发动机过旋转。过旋转是指发动机反被车轮带动旋转而超过发动机允许的最高转速。

4）电控发动机熄火后要求等待30s才能关闭电源。

二、起步与换档

1. 概述

ZF系列变速器由一个四档主箱、一个高低档副箱和一个半档副箱组成。ZF系列变速器均为同步变速器。同步变速器可确保所挂档位的齿轮在挂档前以相应的速度转动，这样就可迅速、可靠并平稳地换档。变速器换档位置如图4-3-1所示。

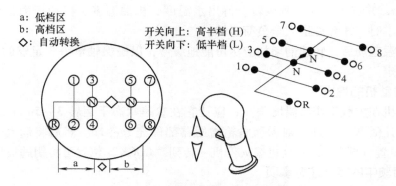

图4-3-1　变速器换档位置示意图

换档时应注意：

1）换高档位时不必两次分离离合器。

2）换低档位时，甚至在下坡或困难条件下行驶时，无需轻踩加速踏板和两次分离离合器。

3）双H型档位图有两个空档位，一个在低档区3/4档导槽处，另外一个在高档区5/6档导槽处。选1/2档或7/8档时，克服弹簧力，按所需档位方向移动变速杆。握住变速杆使档位挂合。如在中间区域松开变速杆，它会弹回空档位置。较强的止动弹簧将高、低档分开。

4）倒档导槽配有弹簧限位器，需要费些力量方可克服。

5）一系列不同弹簧力的止动弹簧确保变速杆的移动方向，从而达到准确换档的目的。

6）起动车辆之前，驾驶员一定要坐在驾驶员的座位上，将变速杆置于空档位置，踩下离合器踏板并且使用停车制动器。

7）任何情况下，不容许超过各档最高车速。

8）确定变速杆位于空档位置，停车制动器已使用；踩下离合器踏板，打开点火开关，起动发动机，使车辆气压升至 0.62 ~ 0.83MPa；踩下制动器踏板；移动变速杆到低档；松开停车制动器（手刹）；松开制动器；待离合器完全接合后再踩加速踏板，增加车速。

加档或减档前，一定要使用离合器，否则变速器的同步器有可能被损坏。

2. 加档

1）踩下离合器踏板将变速杆移至下一个所需的档位。

2）松开离合器踏板。

3）踩加速踏板，增加车速。

4）继续加档。

5）不容许省略或跳跃式换档。

3. 减档

1）踩下离合器踏板将变速杆移至下一个所需的档位。

2）松开离合器踏板。

3）放慢车速。

4）继续减档。

虽然该变速器为全同步变速器，但还应该注意减档至低档时车速应处在一个较低的速度下，以防止发动机超速。

4. 驾驶技巧

1）操纵变速杆时，一定要踩离合器踏板。

2）进行齿轮啮合时，不要粗暴地操纵变速杆。

3）变速杆处在空档位置时，不要滑行车辆，更不能熄火或踩下离合器踏板滑行车辆。

4）车辆行驶速度过高时，不要直接减档。

5. 停车和驻车

当遇到危险情况，来不及按正常程序换档、停车时，可踩下离合器踏板和制动踏板（或打开驻车制动开关）将车停住，并将变速杆置入空档位置。当需要进行驻车时，必须打开驻车制动开关，将车辆制动住。

停车时，将变速杆始终放在空档位置，以防无意中起动发动机；始终制动好停车制动器。

6. 紧急情况下的操作

1）当传动系统出现故障而又必须移动车辆时，被牵引的车辆行驶速度不能超过 10km/h，并且要打开危险信号（双闪）开关，使危险警告灯闪亮。

2）发动机、变速器损坏时，原则上应切断传动系统。

3）传动轴或驱动桥损坏时，原则上应切断传动系统。

三、离合器的操纵

1. 概述

汽车起重机底盘所选用的离合器为拉杆膜片弹簧离合器，如图 4-3-2 所示。离合器的操纵形式为静压油操纵、气助力，将离合器踏板踩到最大位置，离合器摩擦片与发动机飞轮分离，起到切断动力的作用。

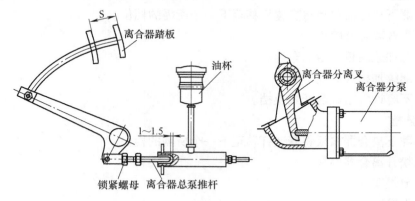

图 4-3-2　拉杆膜片弹簧离合器

在离合器分离叉不动的情况下，离合器踏板的自由行程 S 应在 40 ~ 60mm 的范围内。如不符合要求，应检查总泵推杆的间隙是否符合要求，以及系统油路中是否存在空气。

在离合器踏板踩到最大位置的情况下，离合器应能彻底分离，如果离合器不能彻底分离，应是系统油路中存在空气，致使离合器分泵推杆行程不够所造成。

2. 离合器操纵系统的调整方法

由于离合器操纵系统采用的是静压油流体介质，所以，在使用过程中应检查油杯的液面，保持在 4/5 高度或油杯的上下刻线之间。如更换离合器分泵，必须要对系统中的空气进行排除。

加油过程：打开驾驶室后围外板油杯盖，将内进油管拉出，然后往油杯内加注制动液，使液面高度是油杯容积的 3/4 ~ 4/5 或在上下刻线之间，加注完成后，放好内进油管，压紧油杯盖。

排气过程：

1）连续踩离合器踏板到最大行程，直至感觉到踏板力沉重，然后将离合器踏板踩到最大行程位置不动。

2）微微拧松离合器分泵上的放气帽，此时系统中的气泡从放气帽喷出，然后立即将放气帽拧紧。

3）放松离合器踏板，再连续踩离合器踏板到最大行程，感觉踩踏板的力越来越重后，再次将离合器踏板踩到最大行程位置不动，拧松离合器分泵上的放气帽，直至制动液从放气帽处喷出。然后，立即把放气帽拧紧，装好放气帽上的橡皮盖。在这期间应注意观察油杯中的油面高度，并按要求及时补油。

注意事项：

1）行车过程中如遇到路障，踩离合器踏板到最大行程，可临时停车。

2）变换档位时，必须踩离合器踏板，使离合器分离。

3）使用取力开关时，必须踩离合器踏板，使离合器分离。

4）系统排气时应两人配合进行。

5）离合器分泵推杆的长度是固定的，不能手动调整。

四、制动系统的操纵

1. 概述

制动系统的功用是根据需要使汽车减速或在最短的距离内停车，以确保行车安全，并保证汽车停放可靠，不致自动滑溜。

制动系统是由行车制动（脚制动）和应急制动（手制动）及排气制动组成的。

2. 行车制动

行车制动为制动踏板操纵，双回路气压制动，工作压力为 0.75MPa，三桥车第一回路作用于一轴的车轮上，第二回路作用于二、三轴的车轮上；四桥车则是第一回路作用于一、二轴的车轮上，第二回路作用于三、四轴的车轮上。一旦两个回路中有一个储气筒压力降到 0.55MPa 以下，即压力表指示值低于 0.55MPa 或低气压报警蜂鸣器响时，应立即停车并找出压力降低的原因。在短时间内连续多次进行制动，也可能导致压力降低到 0.55MPa 以下。

3. 应急、驻车制动

驻车制动可兼做应急制动，它是通过轴上的弹簧储能制动气室起作用的。当行车制动系统出现故障，或来不及使用制动踏板时，可操纵驻车制动手柄，实现应急制动。驾驶员停车后，操纵驻车制动手柄，可使汽车制动在原地不动，这就是驻车制动。驻车制动作用在中、后桥上，只有在制动系统压力大于 0.55MPa 时，驻车制动解除，驻车制动指示灯熄灭后，弹簧储能制动气室才能松开。

当连接弹簧储能制动气室的管路泄漏造成自行制动时，只要将制动气室后部的螺栓拧出，即可解除制动。解除制动前应先挂上 1 档，并检查行车制动是否正常。

4. 排气制动

操纵组合开关上的排气制动手柄，此时行驶的车辆可利用发动机消耗的能量做辅助制动。下长坡时，一定要用排气制动；在冰雪、泥泞路面上使用排气制动可减少侧滑；通过较差路面时可用排气制动提前减速。

5. 坡道上驾驶

下坡时应利用排气制动将车速控制在一个适当的安全速度范围内，不得超过各档位所规定的最高允许速度。

1）不要使发动机转速超过发动机最大转速，否则会导致发动机损坏。

2）请勿将脚停放在制动踏板上，或长时间使用制动踏板，否则会使制动鼓过热、机构磨损严重或制动气压下降，从而降低制动效果。

五、转向系统的操纵

1. 概述

操纵转向系统可以改变或控制车辆的行驶方向，目的是保证车辆在行驶中能按驾驶员的操纵要求，适时地改变行驶方向，保持车辆稳定地直线行驶。转向系统如图4-3-3所示。

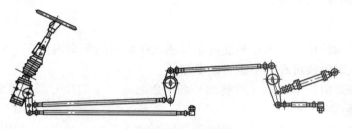

图4-3-3 转向系统

转向系统的操纵形式为动力转向、液压助力，驾驶员通过控制转向盘来控制车辆的直线行驶或转向。

2. 转向过程操作方法

（1）中间位置 车辆直线行驶时，驾驶员不对转向盘施加转向力，转向盘不转动。

（2）转向过程 当车辆需要转向时，驾驶员转动转向盘，实现转向。向左转动转向盘，车辆向左转弯；向右转动转向盘，车辆向右转弯。

（3）回位过程 完成转向后，不再转动转向盘，在回正力矩的作用下，车轮将向直线行驶位置运动，直至回到汽车直线行驶位置为止。

（4）路感效应 "路感"是驾驶员在实现转向动作的同时，通过转向器获得对路面状况和阻力变化的直接感觉。当驾驶员施力于转向盘上时，也就同时作用于转向器的扭杆上使之产生扭转变形，变形量的大小与车轮转向阻力大小成正比，驾驶员可以根据加在转向盘上力的大小来判断转向阻力的变化，以此获得"路感"效应。

注意事项：

1）动力转向器是依靠发动机驱动转向液压泵工作的，车辆不得熄火滑行，否则转向沉重，易发生意外事故。

2）转向系统如液压泵或油路出现故障时，转向器可当作机械转向机，强制转向到达修理地点，但长时间强制转向也会损坏转向器。

3）转向时，应避免转向盘转至极限位置。转向盘转至极限位置的停留时间应尽量控制在 1min 以内。

第二节　作业准备步骤

一、起重机作业准备

1）将起重机停在坚实平坦的地面上。

2）进行作业前的检查：

① 检查起重机的液压油位，保证液压油量达到规定值。

② 检查各零部件状态，确认无异常现象，严禁在异常情况下作业。

③ 起重机工作时不得进行检查和维修。

④ 发动机起动后应进行慢速空转，使发动机充分预热。

⑤ 接通取力装置前，必须确认各操作手柄和开关均处在"中位"或"断开"的位置上。

⑥ 空载操作，确认各操作手柄和开关无异常现象，严禁在异常情况下作业。

⑦ 检查所有安全装置（如报警指示灯等）有无异常。

⑧ 操作起重机前，应先接通下车操纵室内的电源开关。

3）接合取力装置，使液压泵运转。

4）支好支腿。

5）释放回转销锁，取出吊钩。

二、行驶的准备

1）收存吊钩，锁止回转销锁。

2）收存支腿。

3）脱开取力装置，停止液压系统的工作。

4）起重机准备行驶。

三、吊钩的收存和取出

1. 吊钩的收存

吊钩的结构如图 4-3-4 所示。吊钩收存的操作步骤如下：

1）使吊臂全部缩回。

2）将吊钩移到收存位置。

3）将吊钩固定在车架上平面。

4）落下吊臂并将其安放在吊臂支架上（落吊臂时适当收紧起升钢丝绳，防止

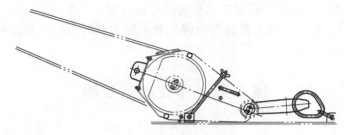

图4-3-4 吊钩的结构

乱绳）。

　　5）操纵起升机构，使钢丝绳略微收紧。

2. 吊钩的取出

吊钩取出的操作方法：

1）操纵起升机构，使钢丝绳略微松开。

2）将固定在车架上平面的吊钩从存放位置移开。

3）操纵起升机构，升起安放在吊臂支架上的吊臂。

4）使吊臂全部伸出。

第三节　安 全 装 置

一、水平仪

　　倾角传感器位于支腿操作面板上。车架上回转支承平面大致处于水平状态时，查看水平仪中的指示灯是否处于中间状态。中间绿灯亮，表示平衡；其他状态则表示倾斜，哪边亮灯，表示哪边处于高位。

二、过卷、过放报警装置

　　过卷、过放报警装置如图4-3-5所示。当吊钩接近吊臂头时，过卷报警装置发出声响报警；当卷筒只剩三圈半钢丝绳时，过放装置发出声响报警。蜂鸣器响时要停止操作并向反方向操纵吊钩。

三、起重量限制器（电子秤）

　　起重量限制器如图4-3-6所示。

1. 开机检查与自检

　　当上车的电源接通后或在任意时刻按下"自检"按键时，90%预警灯亮，100%警告灯亮，"倍率显示器"显示"**8**"字样，"起重量显示器"显示"**18 88**"

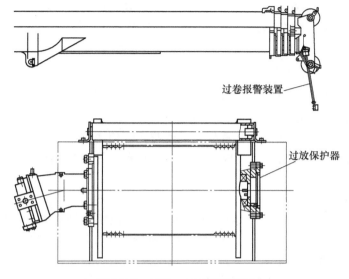

图 4-3-5　过卷、过放报警装置

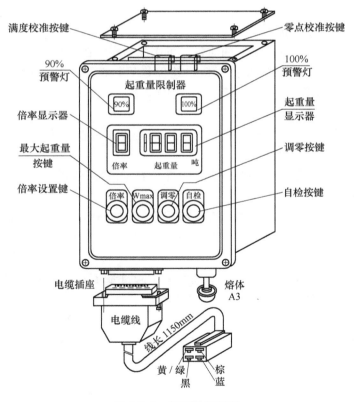

图 4-3-6　起重量限制器

字样，讯响器响，限制信号输出，系统进入自动诊断状态。若无故障，2s 后进入作业状态。若有故障，"倍率显示器"显示"Ĥ"字样，"起重量显示器"显示的内容为故障码。

2. 倍率设置与显示

当系统通电或按"自检"按键后，倍率自动设置为"Ч"。如果与起重机的实际使用倍率不符，请按"倍率"设置键进行调整。每按"倍率"设置键一次，"倍率显示器"的显示值变化一次，直到显示值与实际使用倍率一致为止。当实际使用倍率与设置的倍率不符时，将造成"起重量显示器"不能准确地显示起重量，也不能准确输出限制信号。

3. 起重量显示

"起重量显示器"随时显示当前实际起重量（包括起升物质量、吊钩质量及吊具质量）的值，分辨率为 10kg。定量观察起重量时应在吊钩停稳后进行。

4. 最大起重量显示

当按"Wmax"最大起重量按键时，"起重量显示器"窗口显示的内容为当前"倍率显示器"窗口指示倍率的最大起重量。QY12F 汽车式起重机在 6 倍率时最大起重量为 12t，4 倍率时最大起重量为 7t。

5. 调零（刨皮）功能

若用户想知道起吊物体准确的质量，可用此功能。在起吊物体前（空钩，也可有吊具，但吊具不能超过 600kg），待吊钩停稳后，按下面板上的"调零"按键，此时"起重量显示器"显示 0.15t（吊钩的质量）。若有吊具，则吊具的质量被刨掉。

例：在上述工况下，起吊的物体在显示器上显示的值为 1.28t，则物体的实际质量为：1.28t - 0.15t = 1.13t。

当断电及按"自检"按键后，此次调零值自动清除并恢复原态。

6. 预报警

当实际起重量达到 6 倍率最大额定起重量 12t 的 90%～99%，或 4 倍率最大额定起重量的 90%～99% 时，90% 预警灯亮，讯响器发出断续的声响。

7. 过载报警

当实际起重量大于或等于 6 倍率最大额定起重量 12t，或 4 倍率最大额定起重量时，100% 警告灯亮，讯响器发出连续声响。

8. 过卷报警

当吊钩过卷时，"倍率显示器"显示"Ĥ"字样提示过卷，同时讯响器发出连续声响的报警信号。

9. 操作故障报警

当操作人员错误操作时（例如：吊载时调零），系统将不执行此次操作，并在

"倍率显示器"上显示"**A**"字样（故障提示符）；"起重量显示器"上显示的内容为故障码，讯响器发出连续声响报警信号提醒用户注意，2s后恢复原态。

10. 故障报警

在作业中当系统出现故障时，"倍率显示器"显示"**A**"字样（故障提示符），"起重量显示器"显示的内容为故障码，讯响器发出连续声响报警信号，提醒用户注意，处理故障。

11. 限制功能

当过卷或实际起重量大于当前倍率最大额定起重量时，系统输出限制信号（24V，1A）。利用该信号自动停止起重机起升机构向危险方向的运动。

四、力矩限制器

力矩限制器显示界面如图4-3-7所示。在不同的操作界面，从上至下F1～F5共五个功能按键分别对应五个不同的功能。使用数字按键，可以直接输入需要的数值，或者对应显示器上的数字序号选择相应的选项。在主界面，按数字按键1可以增加显示亮度，按数字按键6可以减弱显示亮度。

主界面显示示例如图4-3-8所示。

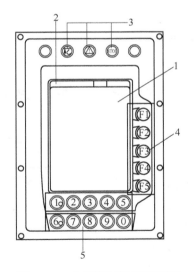

图4-3-7　力矩限制器显示界面

1—数据显示界面　2—力矩百分比条形码
3—指示灯　4—功能按键　5—数字按键

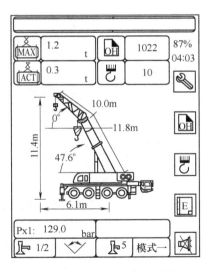

图4-3-8　主界面显示示例

当HC4900系统上电后，显示器显示开机界面，系统进行自检，待检测完毕后，自动进入主界面。系统操作流程图如图4-3-9所示。

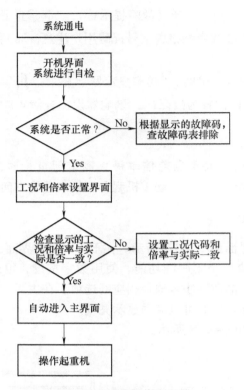

图 4-3-9　系统操作流程图

1. 工况设置

起重机作业之前，应按照起重机型号及实际工况在显示器的工况代码查询界面查找出对应的工况代码，并将显示工况调整到与实际工况相同。

按下主界面图标 ⓞ 的对应按键 **F2**，系统进入工况设置界面（见图 4-3-10）。

工况代码由四位数字 ABCD 表示，将起重机不同的工况划分为不同的工况代码，通过显示器上的工况代码表查询到当前实际工况需要设置的工况代码。

其中 ABC 三位代码根据外部开关状态自动生成，无需在显示器上设置，只有 D 位需要在显示器上输入。

F1：空。

F2：工况代码查询，进入到工况代码查询界面；在工况代码查询界面查询到需要设置的工况代码。通过数字按键输入正确的新工况代码数值。

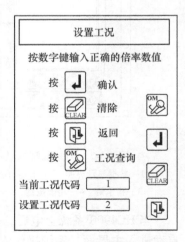

图 4-3-10　工况设置界面

F3：确认设置的新工况代码返回主界面（仅当输入的新工况代码正确，主界面显示的工况代码将与新工况代码相同）。

F4：新工况代码快速清零。

F5：取消工况设置，返回主界面。

2. 倍率设置

倍率设置用来为力矩限制器设置有关起升钢丝绳倍率的信息。操作者必须在起重作业前将显示倍率调整到与实际倍率相同。

在主界面中，按下图标对应 F3 按键，系统进入倍率设置界面（见图 4-3-11）。通过数字按键输入正确的新倍率数值。

F1：空。

F2：空。

F3：确认输入的新倍率并返回主界面（仅当输入的新倍率正确时，主界面显示倍率才与新倍率相同）。

F4：新倍率快速清零。

F5：取消倍率设置，返回主界面。

图 4-3-11　倍率设置界面

3. 功能界面

功能界面为起重机操作者提供了多种可定制的附加功能，操作者可以在功能界面设置角度上下限，选择显示中文或者英文语种，选择公制或英制单位，设置时间，查询 CAN 总线状态，查询模拟量输入，检测开关量状态。

在主界面中，按下图标对应按键，系统进入功能界面（见图 4-3-12）。

F1：中英文切换。

F2：公英制转换。

F3：角度上限设置。

F4：角度下限设置。

F5：返回主界面。

数字按键 1：时间设置。

数字按键 2：CAN 总线状态查询。

数字按键 3：模拟量状态查询。

数字按键 4：开关量状态查询。

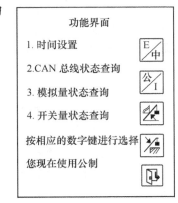

图 4-3-12　功能界面

（1）角度上、下限设置

1）首先起臂至需要设置的上限角度 α。

2）然后按下角度上限设置按键，此时相应的按键图标左方会出现"角度

α"（如果没有，表明设置失败），角度上限设置完成，此时主臂角度上限值显示角度 α；当起重机作业，主臂角度达到或大于角度上限值时，系统会报警。

3）落臂至需要设置的下限角度 β。

4）然后按下角度下限设置按键 ⌨，此时相应的按键图标左方会出现"角度 β"（如果没有，表明设置失败），角度下限设置完成，此时主臂角度下限值显示角度 β；当起重机作业，主臂角度达到或小于角度下限值时，系统会报警。

5）如果要取消主臂角度上下限值设置，按下数字按键"0"，此时主臂角度上限值和下限值清零，起重机将在吊重性能允许范围内不受角度上下限限制。

（2）时间设置界面 按下数字按键"1"进入时间设置界面（见图4-3-13）。

F1：光标向上移位选择要设置的"年、月、日、时、分"，通过数字按键输入选择位的数值。

F2：光标向下移位选择要设置的"年、月、日、时、分"，通过数字按键输入选择位的数值。

F3：确认光标位"年、月、日、时、分"输入的数值，则当前日期和时间将显示为输入的数值。

F4：取消光标位"年、月、日、时、分"输入的数值。

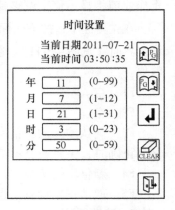

图4-3-13 时间设置界面

F5：返回主界面（仅当当前日期和时间显示正确时）。

（3）CAN 总线状态查询界面 按下数值按键"2"进入 CAN 总线状态查询界面（见图4-3-14）。操作者可以通过 CAN 总线状态查询界面了解力矩限制器系统通过 CAN 通信的各个部件的工作状态，当 CAN 通信出现故障时，可以通过 CAN 总线状态查询界面检查故障原因。

F5：CAN 总线状态查询结束，返回主界面。

（4）模拟量状态查询界面 按下数值按键"3"进入模拟量状态查询界面（见图4-3-15）。操作者可以在模拟量状态查询界面了解到模拟量的具体描述、A-D 值和实际值。

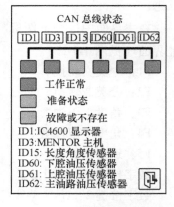

图4-3-14 CAN 总线状态查询界面

F5：模拟量状态查询结束，返回主界面。

（5）开关量状态查询界面 按下数值按键"4"进入开关量状态查询界面（见图4-3-16）。操作者可以在开关量状态查询界面了解到开关量的端口和对应状态。

1）当方框有颜色填充时，表示相应的开关量有信号。

2）当方框无颜色填充时，表示相应的开关量无信号。

F5：开关量状态查询结束，返回主界面。

模拟量输入		
传感器	A/D	实际值
上腔压力	1041	104.0
下腔压力	529	52.0
主油路压力	1297	129.0
长度传感器	3284	11.8
角度传感器	15620	47.6
Analog3	14458	0.0
风度仪	2732	0.0

图 4-3-15　模拟量状态查询界面

开关量检测					
1	DIN0	☐	10	DOUT5	☐
2	DIN1	☐	11	DOUT6	☐
3	DIN2	☐	12	DOUT7	☐
4	DIN3	☐	13	PWMOUT0	☐
5	DIN4	☐	14	PWMOUT1	☐
6	DIN5	☐	15	PWMOUT2	☐
7	DIN6	☐	16	PWMOUT3	☐
8	DIN7	☐	17	K1-AK	☐
9	DOUT4	☐	18	K2-AK	☐

☐24V 输入 / 输出

图 4-3-16　开关量状态查询界面

4. 故障码查询

当系统出现故障时，主界面会出现相应的故障码，操作者通过查询故障码列表了解故障原因，从而排除故障，使力矩限制器能够正常工作（操作者可以通过两种方法查询故障码：显示器中的故障查询和说明书中的常见提示信息及故障解决方法）。

在主界面中，按下图标 E 对应的按键 F4，系统进入故障码查询界面（见图 4-3-17）。

F3：向上翻页查询上一条故障码。

F4：向下翻页查询上一条故障码。

F5：查询结束，返回主界面。

5. 禁鸣

力矩限制器系统的蜂鸣器遇到下述情形时会发出警告：

1）起重机达到最大额定承载力矩。

2）起重机吊具接近高度极限位置。

3）超出起重机作业范围。

4）力矩限制器系统故障。

5）操作错误。

在主界面中，按下图标 ✕ 对应的按键 F5，可暂时关闭报警声。

E01:

工作幅度太小或吊臂角度太大

原因：

幅度超出性能表的最小幅度或角度高于性能表的最大角度，原因是变幅主臂向上变幅太大

解决办法：

向下变幅至性能表允许的幅度或角度

图 4-3-17　故障码查询界面

五、液压系统

在车辆准备起重作业前，首先检查液压油液位，如液面低于要求的液位，则应

及时补油到规定的液位。液压油箱液位示意图如图 4-3-18 所示。

采用电比例控制的负载反馈多路换向阀控制系统，主操纵阀为技术上较为先进的负载敏感式比例多路换向阀，当泵出口压力与负载压力之间的差产生变化时，通过负载反馈口来改变变量泵的配油盘倾角，从而改变泵的排量。采用恒功率变量泵控制方式，通过负载反馈使泵的压力、流量自动调节到最佳大小，使控制性能和节能效果大为提高。先导阀采用进口电比例控制阀，先导阀手柄移动的角度与输入电流成正比，主操纵阀的阀芯开口大小与先导阀输入电流也成正比，所以整机具有良好的微动性。

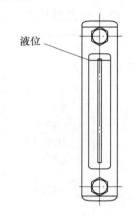

图 4-3-18　液压油箱液位示意图

六、电气装置

1. 操作方法

1）闭合主电源前，应使所有的控制器手柄置于中位。

2）本机置有过载、过放解除开关，若本机出现过载、过放，应小心使用该开关。

3）作业之前仔细阅读力矩限制器的使用说明书。

2. 自由滑移按钮

自由滑移按钮装在右手柄上。在起吊载荷时，如果载荷不是处于吊钩正下方，按下此按钮，开始进行起吊作业，吊臂会向载荷方向转动，使载荷能够垂直地吊起。

第四节　起重作业操作方法

一、起动开关

（1）发动机的起动　使驻车制动手柄处于制动状态，变速杆放在空档位置，将起动钥匙插入起动锁（SO）（见图 4-3-19），顺时针转动至 Ⅰ 档，接通电源，踩下加速踏板至适当位置（约为全负荷的 1/4），继续转动钥匙至 Ⅱ 档，发动机即可起动。如果在 12s 内未能起动，应将钥匙转回到接通电源位置，过 2min 后再进行第 2 次起动。

（2）发动机预热　发动机起动后应进行适当预热，预热应在怠速情况下进行，在水温达到 60℃ 以后

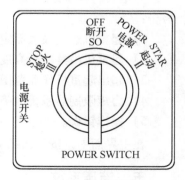

图 4-3-19　发动机起动
开关示意图（一）

再进行工作。冬季或寒冷地区暖机时间适当延长，以便使气缸升温，并使润滑油充分流动至润滑表面。不预热发动机就立刻负载作业会对发动机产生严重的磨损，降低发动机的使用寿命。

（3）发动机的熄火　将起动钥匙逆时针转动至Ⅲ挡（STOP）位，延时 1～2s 发动机即熄火，松手后开关复位（OFF）到断电位置（见图 4-3-20）。

在发动机起动后，使起动开关处于"接通"的位置，然后再操作上车。

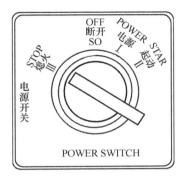

图 4-3-20　发动机起动开关示意图（二）

二、取力装置的操作

1. 接合取力装置

冬天发动机起动后，先无负荷运转 14～20min，以使液压油温度升高并达到可工作状态。

接合取力装置具体操作方法见表 4-3-1。

表 4-3-1　接合取力装置具体操作方法

序　号	接合取力装置	图　示
1	拉紧停车制动器，辅助气罐最大工作压力为 0.81MPa	
2	变速器操纵杆务必在中位，取力装置开关务必在"脱开"位置	
3	转动底盘起动开关起动发动机	
4	将离合器踏板踩到底	
5	接合取力装置	
6	慢慢松开离合器踏板	

2. 脱开取力装置

脱开取力装置具体操作方法见表 4-3-2。

表 4-3-2   脱开取力装置具体操作方法

序　号	脱开取力装置	图　示
1	将离合器踏板踩到底（最大工作气压为 0.81MPa）	
2	脱开取力装置	
3	松开离合器踏板	
4	关掉发动机	关 开 起动开关

三、起重机支腿放置运动的操作

1. 支腿各部件名称

支腿是由水平液压缸、垂直液压缸、活动支腿阀、单向阀和支腿盘等部件构成的，前支腿结构如图 4-3-21 所示，后支腿结构如图 4-3-22 所示。

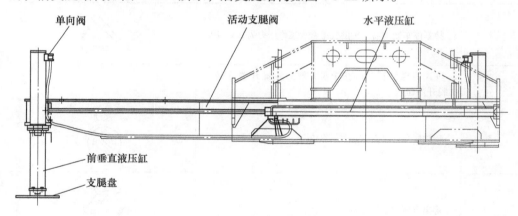

单向阀　　　　　　活动支腿阀　　　　　　水平液压缸

前垂直液压缸
支腿盘

图 4-3-21   前支腿结构示意图

2. 支腿操作

目前，可以通过两种方法来实现对支腿伸出运动和收存运动的控制。一种是通过操作支腿操纵面板来对支腿进行控制（电控式），另一种是通过操作支腿操纵杆来对支腿进行控制（直动式）。

（1）支腿操纵面板（电控式）　支腿操纵面板是由左前（后）支腿动作开关按钮、右前（后）支腿动作开关按钮、伸缩按钮、水平显示、四腿联动按钮和 PTO 档位控制按钮开关构成的，如图 4-3-23 所示。

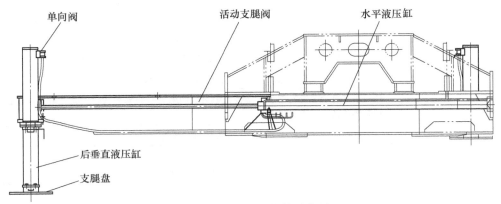

图 4-3-22 后支腿结构示意图

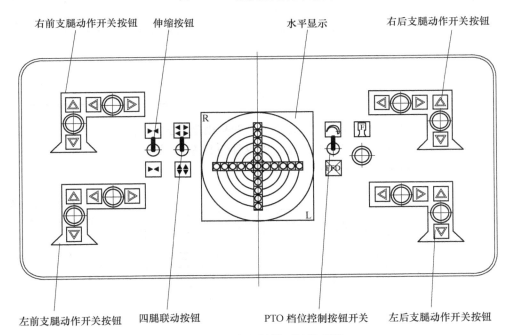

图 4-3-23 支腿操纵面板示意图

操作支腿操纵面板来实现对支腿伸出和收存运动的控制，具体操作方法分别见表 4-3-3 和表 4-3-4。

表 4-3-3 支腿伸出运动操作方法

操 作 步 骤	操 作 方 法
1	从前、后支腿上拔出活动支腿锁销
2	按下四个支腿操作水平方向开关按钮
3	扳动支腿伸缩按钮直至水平支腿伸至所需的半伸或全伸

（续）

操 作 步 骤	操 作 方 法
4	将各支腿操作水平方向开关按钮复位，并按下支腿操作垂直方向开关按钮
5	扳动支腿伸缩按钮并保持不动直到溢流阀发出"嘶嘶"声响为止
6	注视水平显示装置的指示灯是否在中央。如果处于非水平状态，应对垂直液压缸单独调整使其处于水平状态
7	将各选择操纵开关扳回到原位，并关闭所有开关

表 4-3-4　支腿收存运动操作方法

操 作 步 骤	操 作 方 法
1	按下支腿动作垂直方向开关按钮，扳动支腿伸缩开关按钮保持不动直到垂直液压缸全部缩回，并将支腿动作垂直方向开关按钮复位
2	按下支腿动作水平方向开关按钮，扳动支腿伸缩按钮并保持不动直到水平
3	液压缸全部缩回
4	将各选择操纵手柄扳回原位，并关闭所有开关
5	将活动支腿锁销插入相应的孔内

（2）支腿操纵杆（直动式）　支腿操纵杆是由选择操纵杆、伸缩及升降操纵杆和第五支腿操纵杆构成的。其中，选择操纵杆包括左前操纵杆、左后操纵杆、右前操纵杆和右后操纵杆，如图 4-3-24 所示。

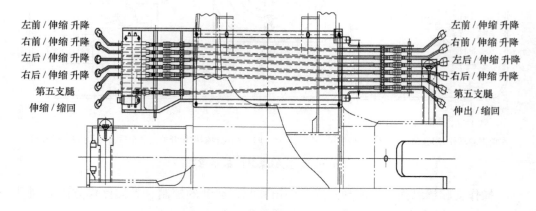

图 4-3-24　支腿操纵杆结构示意图

支腿操纵杆的使用说明：

① 支腿水平液压缸油路或垂直液压缸油路由各个操纵杆扳上或扳下选择，如图 4-3-25 所示。

在完成支腿操纵后，应立即将操纵杆放到中位。

② 扳动操纵杆，可使活动支腿水平液压缸及垂直液压缸伸出或缩回，如

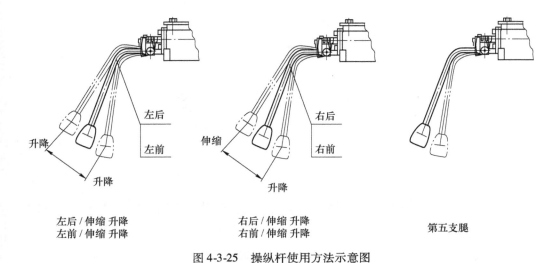

图 4-3-25 操纵杆使用方法示意图

图 4-3-26 所示。

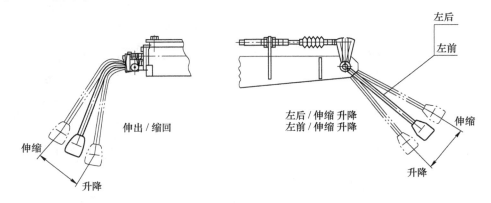

图 4-3-26 选择操纵杆使用方法示意图

③ 必须在四个活动支腿处于完全支好的工作状态下，才能伸出或收存第五支腿，如图 4-3-27 所示。

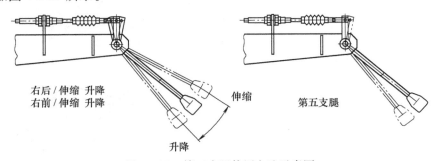

图 4-3-27 第五支腿使用方法示意图

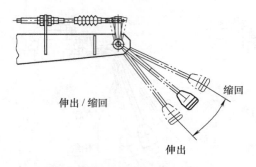

伸出/缩回

缩回

伸出

图 4-3-27　第五支腿使用方法示意图（续）

　　操作支腿操纵杆来实现对支腿伸出运动和收存运动的控制，具体操作方法分别见表 4-3-5 和表 4-3-6。

表 4-3-5　支腿伸出运动操作方法

操作步骤	名　　称	操作方法	图　　示
1	前活动支腿锁销	从前支腿上抽出支腿锁销	锁销
2	后活动支腿锁销	从后支腿上抽出支腿锁销	锁销
3	选择操纵杆	向右扳动所选的操纵杆	
4	伸缩和升降液压缸操纵杆	将所有的选择操纵杆扳到伸出位置	

（续）

操作步骤	名　称	操作方法	图　示
5	活动支腿锁销	扳动伸缩液压缸和升降液压缸操纵杆到伸出位置	
6	选择操纵杆	当活动支腿半伸或全伸后，将操纵杆扳回原位，再插入锁销	
7	伸缩及升降液压缸操纵杆	将各选择操纵杆扳到升降液压缸位置	
8	水平仪检查	将伸缩液压缸及升降液压缸操纵杆扳到伸出位置，并保持不动直到溢流阀发出"嘶嘶"声响为止	
9	选择操纵杆	将各选择操纵杆扳回到中位	

表 4-3-6　支腿收存运动操作方法

操作步骤	名　称	操作方法	图　示
1	前活动支腿锁销	从前支腿上抽出支腿锁销	
2	操纵杆	将各操纵杆扳到"升降液压缸"位置，然后将伸缩和升降液压缸操纵杆扳向"缩回"一侧	
3	操纵杆	将各操纵杆扳到"伸缩液压缸"位置，然后将伸缩和升降液压缸操纵杆扳向"缩回"一侧	
4	操纵杆	将各操纵杆扳到中位	
5	活动支腿	将活动支腿锁收好	

3. 支腿操作注意事项

1）伸出水平支腿前一定要拔出支腿锁销，否则会导致支腿锁死、销轴损坏。

2）使轮胎离开地面处于悬空状态。

3）起重机原则上呈水平状态支撑在水平而坚实的地面上，万一不得不在松软或倾斜的地面打支腿时，也一定要用与地面相适应的木垫板将起重机支平。

4）起重机支好后，必须确认每个支腿盘都与地面保持接触，并且没有地塌路陷的危险。

5）用支腿盘支平起重机以及收存支腿后，一定要确实插好活动支腿固定销。

6）使用前方支腿时，应先支好四个活动支腿后（水平和垂直）才能支出第五支腿，而收支腿时必须先收第五支腿。

四、加速踏板操作

1. 操作方法

电子加速踏板示意图如图 4-3-28 所示。踩下操纵室内的加速踏板可提高发动机转速，使回转、吊臂变幅、吊臂伸缩、起升各机构的动作速度加快；抬起脚，加速踏板可在弹簧力的作用下复位，发动机回到怠速状态。

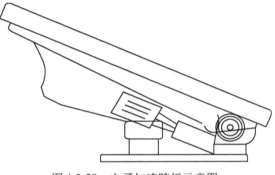

2. 操作注意事项

1）操作过程中请勿过猛地踩踏加速踏板，以免发生危险和损坏起重机，平稳地加油和减油既可使操纵安全平稳，也是延长发动机使用寿命、降低油耗的有效方法。

图 4-3-28　电子加速踏板示意图

2）加速踏板在出厂时已经调整好，不需要再调整。如果发现加速踏板回位不良、加速不畅等现象，则应对加速踏板进行调整。调整发动机加速踏板摆臂处的拉线和加速踏板下方的总泵推杆，使加速踏板空行程为 2～5mm，怠速为 800r/min，将加速踏板踩到底时最高转速不得高于 2100r/min。

五、起重机起升运动的操作

操纵机构分为两种形式，一种为手柄式，另一种为操纵杆式，下面分别介绍。

1. 主、副卷扬操纵手柄

通过操作主、副卷扬操纵手柄来控制起重机的起升运动。主、副卷扬操纵手柄操作示意图如图 4-3-29 所示，起重机起升运动示意图如图 4-3-30 所示。

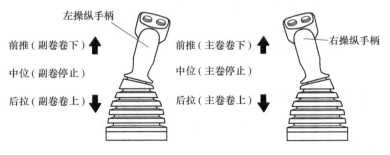

图 4-3-29　主、副卷扬操纵手柄操作示意图

主卷扬操纵手柄在右手柄上与变幅共用，通过手柄的前后操作调节主卷的上下移动；副卷扬操纵手柄在左手柄上与伸缩共用，通过手柄的前后操作调节副卷的上下移动。

1）主起升操作：将右操纵手柄向后拉，主吊钩上升；将左操纵手柄向前推，主吊钩下落。

2）副起升操作：将右操纵手柄向后拉，副吊钩上升；将左操纵手柄向前推，副吊钩下落。

图 4-3-30　起重机起升运动示意图

3）操作速度控制：起落速度由操作手柄和加速踏板来调节。按下伸缩卷扬高速开关时，起升速度会加快。

2. 主、副卷扬操纵杆

通过操作主、副卷扬操纵杆来控制起重机的起升运动。主、副卷扬操纵杆操作示意图如图 4-3-31 所示，起重机的起升运动示意图如图 4-3-30 所示。

通过操纵杆的推、拉操作调节主、副卷的上下移动。

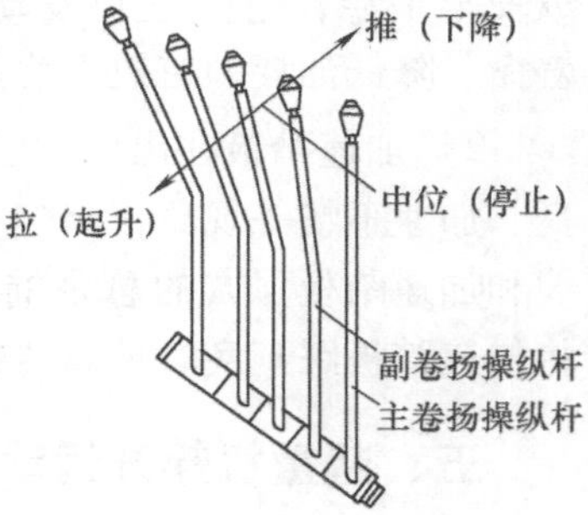

1）主起升操作：将主卷扬操纵杆拉回，主吊钩上升；将主卷扬操纵杆推出，主吊钩下落。

2）副起升操作：将副卷扬操纵杆拉回，副吊钩上升；将副卷扬操纵杆推出，副吊钩下落。

3）操作速度控制：起落速度由加速踏板来调节。

3. 操作注意事项

1）为了防止起吊重物时有侧载，在操作起升操纵杆起升的同时，按住自由滑移开关，使其具有自由滑移功能，吊臂自由滑移对正重物重心。待重物离地后再松开自由滑移开关。

图 4-3-31　主、副卷扬操纵杆操作示意图

2）不要猛烈操作起升机构手柄。

3）当完成起重机的操作以后，在行驶时，要保持起升控制机构处于下列状态：

① 起升操纵手柄处于中位并锁住。

② 吊钩收存于指定位置。

六、起重机吊臂伸缩运动的操作

操纵机构分为两种形式，一种为手柄式，另一种为操纵杆式，下面分别介绍。

1. 吊臂伸缩操纵手柄

通过操作吊臂伸缩操纵手柄来控制起重机的吊臂伸缩运动，伸缩操纵手柄在左

手柄上与副卷共用,通过手柄的左右运动可以调节吊臂的伸出和缩回。吊臂伸缩操纵手柄操作示意图如图 4-3-32 所示,起重机吊臂伸缩运动示意图如图 4-3-33 所示。

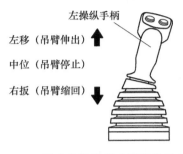

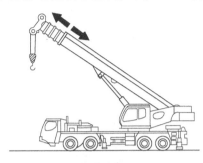

图 4-3-32　吊臂伸缩操纵手柄操作示意图　　图 4-3-33　起重机吊臂伸缩运动示意图

吊臂伸缩操作:将左操纵手柄向左移,吊臂伸出;将左操纵手柄向右扳,吊臂缩回。

2. 吊臂伸缩操纵杆

通过操作吊臂伸缩操纵杆来控制起重机的吊臂伸缩运动。吊臂伸缩操纵杆操作示意图如图 4-3-34 所示,起重机吊臂伸缩运动示意图如图 4-3-33 所示。

吊臂伸缩操作:将吊臂伸缩操纵杆推出,吊臂伸出;将吊臂伸缩操纵杆拉回,吊臂缩回。

3. 操作注意事项

1)在伸缩吊臂时,吊钩会随之升降。因此在进行吊臂伸缩操作的同时要操纵起升机构操作杆,以调节吊钩高度。在伸出吊臂后,经过一定的时间因液压油温度变化而吊臂会稍微伸缩。例如:吊臂伸出量为 5m 时,如液压油温度降低 10℃就缩回 40mm。

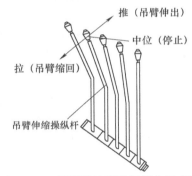

图 4-3-34　吊臂伸缩操纵杆操作示意图

2)另外,这种自然伸缩量除了受液压油温度变化影响外,还受到吊臂伸缩状态、主臂仰角、润滑状态等因素的影响而有所变化。为了避免吊臂的自然缩回,应注意下列事项:

① 不要使液压油温度上升过高(≤80℃)。

② 选择臂长和幅度时请注意自然回缩现象。

3)在吊臂伸缩时,可根据伸缩模式选择伸缩顺序。

4)伸缩运动只能在吊钩不吊重的状态下进行,一般在大于 60°的吊臂仰角下进行。

七、起重机变幅运动的操作

操纵机构分为两种形式,一种为手柄式,另一种为操纵杆式,下面分别介绍。

1. 变幅操纵手柄

通过操作变幅操纵手柄来控制起重机的变幅运动，变幅操纵手柄在右手柄上，通过手柄的左右运动可以调节变幅的起和落。变幅操纵手柄操作示意图如图 4-3-35 所示，起重机变幅运动示意图如图 4-3-36 所示。

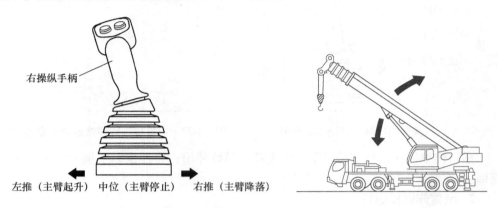

图 4-3-35　变幅操纵手柄操作示意图　　　图 4-3-36　起重机变幅运动示意图

变幅操作：将右操纵手柄向右推，落臂；将右操纵手柄向左推，起臂。

变幅速度控制：变幅速度由操纵手柄和加速踏板来控制。

吊臂仰角、额定起重量和工作幅度之间的关系：落臂时工作幅度加大，额定起重量则减小；反之，起臂时工作幅度减小，而额定起重量则增加。

2. 变幅操纵杆

通过操作变幅操纵杆来控制起重机的吊臂变幅运动。变幅操纵杆操作示意图如图 4-3-37 所示，起重机变幅运动示意图如图 4-3-36 所示。

变幅操作：将变幅操纵杆推出，落臂；将变幅操纵杆拉回，起臂。

变幅速度控制：变幅速度由加速踏板来控制。

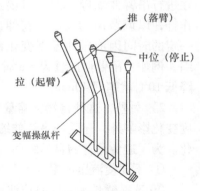

3. 操作注意事项

1）只能垂直起吊载荷，不许拖拽尚未离地的载荷，以避免侧载。

2）应遵守主臂仰角极限值：$-2.5° \sim 81°$。

图 4-3-37　变幅操纵杆操作示意图

3）开始和停止变幅操作时，要慢慢扳动变幅操纵杆。

4）降臂时工作半径加大，而额定总起重量则减小；起臂时工作半径减小，总起重量则增加。

5）除全伸支腿基本工况外，即使空载也不能过分落臂，否则会有翻车危险。

八、起重机回转运动的操作

操纵机构分为两种形式，一种为手柄式，另一种为操纵杆式，下面分别介绍。

1. 回转操纵手柄

回转操纵手柄在左操纵手柄上，通过手柄的左右移动可以调节回转的左转和右转。回转操纵手柄操作示意图如图 4-3-38 所示，起重机回转运动示意图如图 4-3-39 所示。

图 4-3-38 回转操纵手柄操作示意图   图 4-3-39 起重机回转运动示意图

回转操作：将左操纵手柄向左推，左回转；将左操纵手柄向右推，右回转。

回转速度控制：回转速度由操纵手柄和加速踏板来控制。

2. 回转操纵杆

通过操作回转操纵杆来控制起重机的回转运动。回转操纵杆操作示意图如图 4-3-40 所示，起重机回转运动示意图如图 4-3-39 所示。

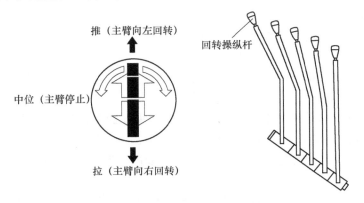

图 4-3-40 回转操纵杆操作示意图

回转操作：将回转操纵杆推出，向左转；将回转操纵杆拉回，向右转。

回转速度控制：回转速度由加速踏板来控制。

3. 回转支承

回转支承是支承整个旋转部分的支承装置，又是上车和底盘的连接部件。回转支承的内圈通过分布在同心圆上的 57 个 M27 螺栓与转台相连接，外齿圈通过分布在同心圆上的 60 个 M27 螺栓固定在车架上。

4. 回转运动的操作注意事项

1）只能垂直起吊载荷，不许拖拽尚未离地的载荷，避免侧载。

2）在开始回转操作前，应检查支腿的横向跨距是否符合规定值。

3）必须确保足够的作业空间。

4）开始和停止回转操作时，要慢慢扳动回转操纵手柄。

5）不进行回转操作时，回转机构制动器应处于制动状态。

6）在起重机回转之前，必须将转台锁定装置置于释放。

7）带配重行驶时，严禁回转。

九、主、副吊钩的检查

吊钩出现下列情况之一时应报废（吊钩的缺陷不允许焊补）：

1）吊钩表面有裂纹及破口。

2）吊钩开口尺寸超过所标尺寸的 10%。

3）危险断面磨损达原尺寸的 10%。

4）挂绳处断面磨损量超过原高的 15%。

5）吊钩扭转变形超过 10°。

6）吊钩的钩尾和螺纹部分等危险断面及钩筋有塑性变形。

十、钢丝绳的使用

1. 使用操作方法

1）打好支腿，使吊臂全缩并转到侧方或后方区。

2）降臂后将吊钩降到地面上。

3）卸下吊臂头部的绳挡及吊钩绳挡。

4）从钢丝绳卸下过卷停止装置重锤。

5）更换钢丝绳倍率时不需要将绳套从吊臂头部卸下，只需按图 4-3-41 所示将绳套上的限位销轴卸下，将钢丝绳从绳套中拉出，绕过相应的吊臂头部和吊钩上的滑轮，更换为所需要的倍率，将钢丝绳装入绳套内，安装绳套上的限位销轴和卡子即可。

6）变换钢丝绳倍率时，应一边进行降钩操作，一边用手往外拉出钢丝绳，如图 4-3-42 所示。

2. 安装重锤

1）过卷停止装置重锤的安装位置按照倍率的奇偶而不同。

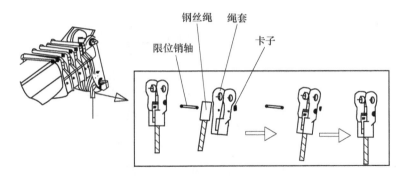

钢丝绳　绳套

限位销轴　　卡子

图 4-3-41　钢丝绳与绳套的安装示意图

① 当倍率为偶数时，将重锤装在有绳套的分支上，如图 4-3-43a 所示。

② 当倍率为奇数时，将重锤装在有绳套的分支的相邻分支上，如图 4-3-43b 所示。

2）不要将钢丝绳打乱。

3）行驶状态时，将钢丝绳绳头端用螺栓固定在转台挡绳板上。

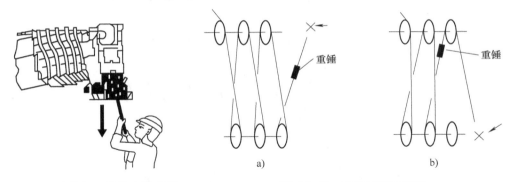

重锤　　　　　　　　　　　　　重锤

a)　　　　　　　　　　　　　b)

图 4-3-42　变换钢丝绳倍率示意图　　　　图 4-3-43　重锤安装示意图
　　　　　　　　　　　　　　　　　　　a）倍率为偶数　b）倍率为奇数

3. 推荐倍率参考绕绳方式

钢丝绳倍率的绕绳方法如图 4-3-44 ~ 图 4-3-50 所示。

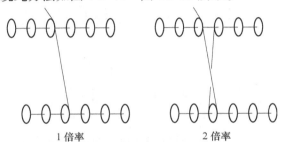

1 倍率　　　　　　　　　　2 倍率

图 4-3-44　钢丝绳 1 倍率和 2 倍率的绕绳方法

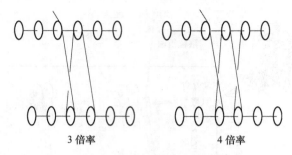

3 倍率　　　　　　　　　4 倍率

图 4-3-45　钢丝绳 3 倍率和 4 倍率的绕绳方法

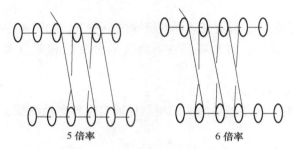

5 倍率　　　　　　　　　6 倍率

图 4-3-46　钢丝绳 5 倍率和 6 倍率的绕绳方法

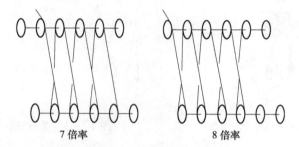

7 倍率　　　　　　　　　8 倍率

图 4-3-47　钢丝绳 7 倍率和 8 倍率的绕绳方法

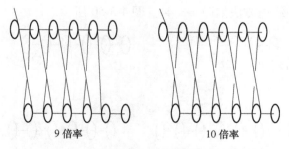

9 倍率　　　　　　　　　10 倍率

图 4-3-48　钢丝绳 9 倍率和 10 倍率的绕绳方法

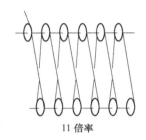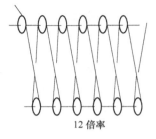

图 4-3-49　钢丝绳 11 倍率和 12 倍率的绕绳方法

4. 钢丝绳使用注意事项

1）向卷筒上卷新钢丝绳时，注意不要使其扭转。

2）绕好新钢丝绳后，应使用大约 10% 的额定载荷对起重机进行若干次运转操作。

3）钢丝绳检验和报废按《起重机钢丝绳保养、维护、安装、检验和报废》（GB/T 5972—2009）执行。

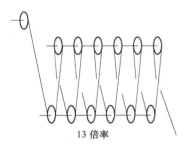

图 4-3-50　钢丝绳 13 倍率的绕绳方法

4）本机选用防旋转高品质钢丝绳，一般不会旋转，万一钢丝绳缠在一起，按下面步骤加以纠正：

① 查看钢丝绳绞缠方向，记下绞缠圈数。

② 将钢丝绳放到地面上（若吊钩能下降，则降下吊臂）。

③ 从吊钩（或吊臂）上取下绳索，顺钢丝绳方向将其转动 n 倍的绞缠圈数（由步骤①决定），然后将绳端固定在吊钩（或吊臂）上。

5）向卷筒上卷绕第一层时，要对钢丝绳施加适当的张力。

6）定期调换钢丝绳吊钩段和卷筒段，以延长钢丝绳使用寿命。

7）每个工作日都要对钢丝绳的任何可见部位进行观察，留意是否有损坏和变形现象。特别应留心钢丝绳固定部位。由主管人员定期检验如下部位：

① 钢丝绳运动和固定的始末端部位。

② 通过滑轮组和绕过滑轮的绳段。

③ 绳端部位：检验楔形接头内部和绳端内的断丝及腐蚀情况，确保楔形接头和钢丝绳夹的紧固性。同时在受载一两次以后应做检查，螺母需要进一步拧紧。

8）操作过程中应始终保持钢丝绳有一定的张力，当吊钩降至地面，钢丝绳不再负载时，不可再进行卷扬升降操作，否则极易导致乱绳。

9）应根据载荷的不同，按照起重性能表选择适当的钢丝绳倍率，选择过小的倍率会导致单绳拉力超载，选择过大的倍率会导致吊钩降不到地面，同时只能获得较低的重物起升速度。

十一、液压油路压力显示

如图 4-3-51 所示，在上车操纵室内操作面板上有三块压力表，分别显示液压泵的输出压力、回转压力和控制油路压力。在操作过程中应随时观察压力显示，如有异常，应及时采取措施。

图 4-3-51　液压油路压力显示

十二、空调及暖风

本机采用冷暖空调，暖风利用发动机的循环热水，冷风由空调系统中循环的制冷剂提供。冬天采用暖风时，必须打开暖风管路上的热水阀门，然后操作各种按键，设定暖风温度、风向。夏季采用冷风时，必须首先关闭暖风管路上的热水阀门，然后操作各种按键，设定冷风温度、风向。空调及暖风开关如图 4-3-52 所示。

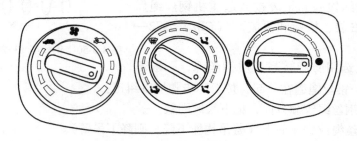

图 4-3-52　空调及暖风开关

制冷时务必关断热水阀门，采暖时务必打开热水阀门；当冬天需要对发动机冷却系统放水时，暖风管路中的水也必须放出。

1. 设定温度调节

按动温度增键或温度减键可在 17～29℃ 之间调节设定温度，调节完成后等待 5s 恢复显示车内温度。当设置温度低于 17℃ 时显示"LO"，当设置温度高于 29℃ 时显示"HI"。

2. 车内温度显示

车内温度显示范围：－30.0～80.0℃，当车内温度传感器损坏时默认为 25.0℃。

3. 模式风门工作情况

可按模式键调节车内气流，控制气流方向。

4. 循环风门工作情况

（1）手动模式　按动循环键可手动调节内、外循环。

（2）自动模式 默认为内循环，可手动进行调节。

5. 水阀风门、压缩机工作情况

以下采用的参数简称：RT：车内温度（回风口温度）；PT：化霜温度（蒸发器温度）；ST：设定温度（理想温度）。

（1）手动模式

1）制冷。按动"A/C"键切换压缩机工作状态，制冷符号点亮。RT > 0℃时，水阀处于全关位置；RT < 0℃时，水阀处于全开位置，风机按上一次风速档位运行。当设定温度高于29℃时，显示"HI"，制冷符号熄灭，不运行压缩机。压缩机运行时，风速至少为1档风。再次按下该键，关闭压缩机，进入制热模式。

2）制热。水阀从全关位到全开位的过程中：6℃ > ST − RT ≥ 3℃，水阀处于2/3打开位置；ST − RT ≥ 6℃，水阀处于全开位置。

水阀从全开位到全关位的过程中：3℃ ≤ ST − RT < 6℃，水阀处于2/3打开位置；−3℃ < ST − RT < 3℃，水阀处于1/3打开位置；ST − RT ≤ −3℃，水阀处于全关位置。

当ST显示为"HI"时，水阀处于全开位置；当ST显示为"LO"时，水阀处于全关位置。

（2）自动模式 当RT − ST ≥ 1℃时，开压缩机，制冷符号点亮；当RT − ST ≤ −1℃时，关闭压缩机，制冷符号熄灭。

（3）手动除霜模式 按下化霜键，进入化霜模式，水阀处于全开位置，外循环风门打开，风机风速开到最大（此时风机风速可以手动调整），关闭压缩机，也可按"A/C"键开启压缩机。

（4）自动化霜 当PT ≤ 1℃时，进入化霜模式，压缩机关闭，制冷符号不会熄灭；当PT ≥ 4℃时，自动开启压缩机。

压缩机关闭后要求延时6s后才能再次起动。

6. 风机工作情况

（1）手动模式 可手动调节风速。风速共分6档，最小为1档，最大为6档。

（2）自动模式 风速自动调节，也可手动调节。

当RT − ST ≥ 1℃，压缩机开；当ST − RT ≥ 1℃，压缩机关。

1）当风速从低速向高速调节时：

若0℃ ≤ |ST − RT| < 2℃，则风速为1档（最低风）。

若2℃ ≤ |ST − RT| < 4℃，则风速为2档。

若4℃ ≤ |ST − RT| < 6℃，则风速为3档。

若6℃ ≤ |ST − RT| < 8℃，则风速为4档。

若8℃ ≤ |ST − RT| < 10℃，则风速为5档。

若|ST − RT| ≥ 10℃，则风速为6档（最高风）。

当设定温度为"HI"或"LO"时，风速为6档（最高风）。

2）当风速从高速向低速调节时：

若 $7℃ < |ST - RT| \leqslant 9℃$，则风速为 5 档。

若 $5℃ < |ST - RT| \leqslant 7℃$，则风速为 4 档。

若 $3℃ < |ST - RT| \leqslant 5℃$，则风速为 3 档。

若 $1℃ < |ST - RT| \leqslant 3℃$，则风速为 2 档。

若 $0℃ < |ST - RT| \leqslant 1℃$，则风速为 1 档。

7. 记忆模式

当控制器掉电后再上电时，默认为待机状态，温度、模式风门、内外循环风门等记忆为掉电前的状态。

8. 关机

按下"OFF"键，系统进入关机状态，按任意键（除"OFF"键）激活系统。

9. 故障诊断功能

系统有故障时，长按"OFF"键，10s 后，温度显示区显示故障码，其含义如下：

C0：正常。

C3：车内温度传感器未装或损坏，温度传感器正常后，该故障自动消除。

C5：蒸发器温度传感器未装或损坏，温度传感器正常后，该故障自动消除。

C6：水阀转向器未装或损坏，维修正常后，关机再开机，该故障自动消除。

C7：模式风门未装或损坏，维修正常后，关机再开机，该故障自动消除。

C8：内外循环风门未装或损坏（暂不检测），维修正常后，关机再开机，该故障自动消除。

单击"OFF"键可查询故障，连续 5s 不按"OFF"键，则退出故障查询方式。

第四章
工程起重机维修及保养

起重机的使用寿命长短与定期检查、维护质量优劣有着密切的联系，为了延长起重机的使用寿命，必须坚持进行正确的保养与维护。起重机的维护与保养通常分为底盘部分（即行驶部分）和上车部分（即起重部分）。

第一节　底盘保养及维修指南

汽车起重机底盘部分是支承、安装整车各部件的整体，是整车正常行驶的载体。起重机底盘主要包括传动系、行驶系、转向系和制动系。底盘在工作过程中由于机械摩擦、化学腐蚀及变形等原因，零件原来的几何形状和尺寸发生变化，配合间隙增大或缩小，甚至产生裂纹损伤；同时某些零件的强度、硬度和弹性等机械性能也会变差，从而导致底盘技术状况变差，使用性能下降。下面主要介绍汽车起重机底盘的保养和维护。

一、底盘例行检查和保养的间隔里程

底盘例行检查和保养的间隔里程见表4-4-1。

表4-4-1　底盘例行检查和保养的间隔里程　　（单位：×1000km）

例行检查	一级保养	例行检查	二级保养	例行检查	一级保养	例行检查	三级保养	四级保养
5	10	15	20	25	30	35	40	—
45	50	55	60	65	70	75	—	80
85	90	95	100	105	110	115	120	—
125	130	135	140	145	150	155	—	160
165	170	175	180	185	190	195	200	—
205	210	215	220	225	230	235	—	240

二、各总成换油期

起重机底盘各总成换油期见表4-4-2。

表 4-4-2　各总成换油期

类　　别	发 动 机	变 速 器	前、后轴	备　　注
首次检查	●	●	●	
例行检查	●	●		
一级保养	●			
二级保养	●	●	●	
三级保养	●	●		
四级保养	●	●	●	

●需要换油。

注：表中首次检查为磨合期后进行的检查。

三、底盘的保养

1. 日常保养项目

1）检查驻车制动器和制动踏板的工作情况。

2）检查照明、信号系统及各种指示灯的工作情况（机油压力、储气筒压力、充电指示灯）。

3）检查空气滤清器负压指示器的工作情况。

4）检查刮水器的工作情况。

5）检查轮胎气压与状态以及轮辋螺栓的紧固情况。

6）检查发动机机油、冷却液与燃油液面。

7）检查变速器机油液面。

8）冬季需检查气路系统防冻情况。

9）检查气路系统是否有冷凝水。

10）检查万向节、轴承盖螺栓以及钢板弹簧的 U 形螺栓是否紧固可靠。

11）尾气处理系统中尿素罐底部的排污孔应定期清洁。

2. 各级保养项目

各级保养项目如下（仅作为参考，请以各零部件的保养说明为准）：

（1）发动机　发动机保养项目见表 4-4-3。

表 4-4-3　发动机保养项目

保 养 项 目	首次检查	例行检查	一级保养	二级保养	三级保养	四级保养
发动机						
更换发动机油（每隔 35000km）	●	●	●	●	●	●
更换机油滤清器或滤芯		每隔 35000km（最长间隔）				
检查调整气门间隙		240000km、4000h 或 4 年的保养				
检查喷油嘴开启压力	●				●	●

（续）

保 养 项 目	首次检查	例行检查	一级保养	二级保养	三级保养	四级保养
更换燃油滤清器或滤芯			●	●	●	●
清洗燃油泵粗滤清器			●	●	●	●
检查冷却液容量	●	●	●	●	●	●
更换冷却液	每隔 24 个月					
检查冷却液管路、紧固管卡	●					
紧固进气管路及简连接件	●		●	●	●	●
检查空气滤清器的集尘杯		●	●	●	●	●
清洁空气滤清器主滤芯	空气滤清器负压指示器显示时或间隔 100h					
更换空气滤清器主滤芯	当空气滤清器主滤芯损坏时					
更换空气滤清器安全滤芯	清洗 5 次主滤芯后					
检查和紧固三角皮带	●	●	●	●	●	●
检查增压器				●	●	●

●需要保养。

（2）变速器　变速器保养项目见表4-4-4。

表 4-4-4　变速器保养项目

保 养 项 目	首次检查	例行检查	一级保养	二级保养	三级保养	四级保养
检查变速器润滑油液面	每周检查一次					
更换润滑油	首次行驶 1000km，以后 20000km 一次					
更换滤清器、垫圈和 O 形圈	每次换油时					

（3）前轴、驱动轴　前轴、驱动轴保养项目见表4-4-5。

表 4-4-5　前轴、驱动轴保养项目

保 养 项 目	首次检查	例行检查	一级保养	二级保养	三级保养	四级保养
前轴						
更换轮毂润滑脂					●	●
检查、调整前轴轴承间隙	从第一次二级保养时开始进行					
驱动轴						
重新紧固传动轴螺栓	●	●	●	●	●	●
检查传动轴的连接和磨损				●	●	●

●需要保养。

（4）驾驶室　驾驶室保养项目见表4-4-6。

表4-4-6　驾驶室保养项目

保 养 项 目	首次检查	例行检查	一级保养	二级保养	三级保养	四级保养
检查刮水器的动作	●	●	●	●	●	●
检查及调整各操纵件	●			●	●	●
检查和紧固驾驶室前、后支承	●			●	●	●

●需要保养。

（5）制动系统　制动系统保养项目见表4-4-7。

表4-4-7　制动系统保养项目

保 养 项 目	首次检查	例行检查	一级保养	二级保养	三级保养	四级保养
储气筒防水	●	●	●	●	●	●
更换空气干燥罐	建议18个月更换一次或储气筒排水量增加时					
检查气路系统密封（气压表检查）	●		●	●	●	●
检查及调整调压阀输出压力		●	●	●	●	●
检查制动蹄摩擦片厚度，调整制动机间隙				●	●	●
清洁车轮制动器					●	●
检查制动管路易摩擦部位					●	●
检查制动气室	●				●	●

●需要保养。

（6）电气系统　电气系统保养项目见表4-4-8。

表4-4-8　电气系统保养项目

保 养 项 目	首次检查	例行检查	一级保养	二级保养	三级保养	四级保养
检查电气系统的工作情况（信号灯、前照灯、刮水器、暖风等）	●	●	●	●	●	●
检查蓄电池电解液液面和比重及蓄电池各单元的电压	●		●	●	●	●
检查转速表的正确性	●		●	●	●	●

●需要保养。

（7）转向系统　转向系统保养项目见表4-4-9。

表4-4-9　转向系统保养项目

保 养 项 目	首次检查	例行检查	一级保养	二级保养	三级保养	四级保养
检查和调整前轮定位	●					
检查转向油罐液面高度	●		●		●	●
更换转向油罐内的滤清器					●	●
检查转向系统工作情况					●	●

●需要保养。

（8）底盘及路试 底盘及路试保养项目见表4-4-10。

表 4-4-10 底盘及路试保养项目

保 养 项 目	首次检查	例行检查	一级保养	二级保养	三级保养	四级保养
检查和紧固车架连接螺栓	●	●	●	●	●	●
紧固前后悬挂骑马螺栓及支架	●			●	●	●
检查平衡梁悬挂工作情况	●			●	●	●
检查轮胎螺母的紧固情况	●			●	●	●
检查蓄电池的固定				●	●	●
检查燃油箱的固定				●	●	●
短途试车						
试车时检查驻车制动器、制动踏板效能	●		●	●	●	●
目测泄漏情况	●	●	●	●	●	●
检查各相关件紧固情况	●	●	●	●	●	●
各部位润滑						
离合器分离差轴	●		●	●	●	●
离合器分离轴承	●		●	●	●	●
变速器操纵支座	●	●	●	●	●	●
传动轴中间支承	●	●	●	●	●	●
传动轴万向节	●	●	●	●	●	●
前钢板弹簧销	●		●	●	●	●
前后钢板弹簧				●	●	●
后悬挂平衡梁	●	●	●	●	●	●
推力杆球头			●	●	●	●
转向节主销及轴承			●	●	●	●
转向摇臂轴承	●		●	●	●	●
前后轴轮毂轴承	●	●	●	●	●	●
前后制动凸轮轴	●	●	●	●	●	●
油门及制动踏板轴			●	●	●	●
驾驶室车门铰链		●	●	●	●	●

●需要保养。

3. 燃料、润滑油的牌号及加注量

燃料、润滑油的牌号及加注量见表4-4-11。

表 4-4-11　燃料、润滑油的牌号及加注量

名　　称	牌　　号	容　　量
发动机油	见发动机操作和维修保养手册	见发动机操作和维修保养手册
发动机燃油	见发动机操作和维修保养手册	按油箱容量 300L
发动机冷却液	-35 号发动机用乙二醇型冷却液	40L
变速器润滑油	85W/90	见变速器使用说明书
驱动桥润滑油	85W/90	按需
转向系统液压油	液力传动液 8 号	26L
钢板弹簧润滑脂	通用锂基润滑脂 L-XCCHA2	按需
离合器分泵总泵液压油	制动液 HZY32	按需
底盘其他部分	通用锂基润滑脂 L-XBCHA2	按需

注：表中所列为理论值，实际加注时应根据标尺、孔、箭头等而定。

四、常见故障及其排除

1. 概述

起重机底盘在使用过程中，由于某些原因，其动力性、经济型和安全可靠性变差，若不及时排除将对行车安全带来很大影响。如何预测汽车故障，采取有效措施避免发生故障，以及发生故障后如何及时排除，对于工作安全非常重要。在排除故障时，应掌握以下注意事项：

1）熟悉和了解汽车起重机底盘的性能和各部件的结构原理。

2）熟练掌握操作要领和严格按照使用说明书进行正确操作。

3）寻找故障时应遵循"由表及里，由外到内，由简到繁"的原则。

4）通过"手摸、眼看、耳听、鼻闻"的方法来发现各种反常现象。

5）积累经验，掌握故障发生规律。

为了能使用户及早地发现故障和尽快地排除，本章将从起重机底盘的传动系统、行驶系统、转向系统和制动系四方面，阐述底盘的常见故障以及相应的排除方法。

2. 主要螺栓拧紧力矩

主要螺栓拧紧力矩见表 4-4-12。

表 4-4-12　主要螺栓拧紧力矩　　　　　　　　（单位：N·m）

序　号	名　　称	拧紧力矩	备　注
1	轮胎螺母	500～600	
2	后悬挂推力杆螺栓	240～335	
3	后悬挂板簧固定螺栓	先 490～560 后 700～800	
4	前悬挂骑马螺栓螺母	550～580	
5	传动轴连接螺栓螺母	130～136	

3. 常见故障的诊断与排除

（1）离合器 离合器常见故障的诊断与排除见表 4-4-13。

表 4-4-13 离合器常见故障的诊断与排除

故障描述	原因分析	排除方法
打滑、爬坡无力、发臭	踏板自由行程太小	检查调整
	压力弹簧软弱或折断	更换弹簧
	摩擦片沾油	用汽油、煤油清洗
	摩擦片表面硬化、铆钉露头或磨损过薄	更换摩擦片
	从动盘钢片与槽毂凸缘的铆钉松脱	重铆
	槽毂的牙槽与变速器第一轴花键槽磨损过度，甚至打滑	更换
	分离套筒卡住	修正分离套筒以及变速器第一轴承盖
异响	离合器片毂与变速器第一轴轴承槽松旷	响声不大时可继续使用，严重时应更换
	分离杠杆或支架销磨损松旷	更换
	分离轴承缺油或磨损，回拉弹簧过软、折断或脱落	润滑轴承，更换回位弹簧
	摩擦片磨损，铆钉松动，铆钉头露出，扭簧折损，花键磨损	更换摩擦片
	踏板轴润滑不良、踏板回位弹簧过软脱落	润滑踏板轴，更换弹簧
分离不彻底造成挂档困难或响齿	踏板自由行程太大	调整到标准值
	从动盘变形或摩擦片破损	更换
	新摩擦片过厚或从动盘前后装反	更换标准的摩擦片或在离合器盖与飞轮壳之间加适当厚度的金属垫片
	分离杠杆支架螺栓松动或分离叉支持环销松动	紧固
	分离杠杆高低不一致	调整
	油管接头漏气或主缸、助力器漏油	排气，更换皮碗或更换活塞

（2）变速器 变速器常见故障的诊断与排除见表 4-4-14。

表 4-4-14 变速器常见故障的诊断与排除

故障描述	原因分析	排除方法
主变速器脱挡	变速器输入轴与发动机飞轮内的导向轴承不同心	检查与更换
	换档时齿轮之间猛烈碰撞，引起接合齿端面磨损	检查与更换
	接合齿磨损成锥状	检查与更换
	由于锁止弹簧变弱或损坏造成拨叉轴定位钢球上的压力不够	检查与更换

（续）

故障描述	原因分析		排除方法
主变速器脱挡	拨叉轴定位槽过度磨损		检查与更换
	换挡操纵机构的连杆调整不当，引起齿轮接合齿与滑套不能全长啮合		调整或更换
	当车辆以全功率行驶或在有负荷推动的情况下减速时常会发生脱挡		用正确操作方式
	当车辆行驶在不平路面上时，变速杆会产生像钟摆一样的摆动。变速杆的摆动会克服锁止弹簧的压力，引起掉档		调整换挡操纵机构的松紧程度
换挡困难	换挡操纵机构的连接杆件中的连接叉或衬套的磨损、咬合、调整不当和关节润滑不良		检查、调整、更换与润滑
	二轴滑套同同步齿套的花键咬在主轴上。这是由于主轴扭曲，拨叉弯曲或主轴主键弯曲所造成的		更换与润滑
	拨叉轴在上盖壳体内咬住。这是由于壳体破裂、换挡轴上锁止螺钉拧紧力矩过大，造成拨叉轴弯曲以及拨叉轴表面磕碰等引起的		更换并紧固到规定扭矩
	换挡轴上锁止螺钉松动		紧固到规定扭矩
变速器过热	润滑不适当。油面太低或太高、油的牌号不对		检查、使油质、油面达到要求
	长期在超过12°的坡度上行驶或环境温度太高		停车一段时间，使油温下降
	长时间低速行驶		采取正确驾驶习惯
	发动机转速太高		检查并调整发动机油门，使其最高转速符合要求
变速器噪声大	尖叫声	由齿轮的正常磨损而造成。包括长期使用后出现的麻点，在损坏前会产生尖叫声	更换
		齿轮啮合不当所造成。可由齿面的磨损不均匀来鉴别	更换
	轰鸣声	由"对齿"误差所造成。变速器重新装配时"对齿"不正确，或由于齿轮在副轴上转动所造成的"对齿"不正确都会产生轰鸣声	检查、调整
	"咔嚓"声	副轴及主轴轴承的轴向间隙过大，当扭矩变换方向时会产生咔嚓声。副轴轴承的径向间隙过大，会引起轴的中心距增大使负荷作用在齿顶上，这种情况还可能引起轮齿的折断	检查、调整或更换
发动机点不着火	整车无电		检查电源并修复
	空档开关无电		检查相应的线路并修复
	空档开关控制销卡死或开关常通或不通		更换相应零件
倒车灯常亮或不亮	整车无电		检查电源并修复
	倒档开关无电		检查相应线路并修复
	倒档开关控制销卡死或开关常通或不通		更换相应零件

（续）

故障描述	原因分析	排除方法
档位不清晰，挂档拐弯，空档位置不准	换档操纵杆系有干涉	检查、调整
	变速器 1/2 档拔叉轴及 1/2 档导块或 3/4 档拔叉轴及 3/4 档导块有问题	更换相应零件
高低档不转换倒档速度	变速器双 H 阀因碰撞完全损坏（外观是否完好）	更换双 H 阀
	变速器双 H 阀内部调整不当或磨损	拆下双 H 阀，手动转换，如正常，去掉双 H 阀衬垫装上再试
	双 H 阀触头严重磨损会导致无高档	更换或修复
	双 H 阀触头缩回卡死会导致辞无低档	更换或修复
某一档位难挂或难摘，手感沉重	挂档拔头肥大	对拔头两侧进行修磨，不可修磨拔头两端圆弧
	导块干涉	更换或修磨
起步挂档响，跑车挂档也响	操作不当	起步时应在踩下离合器稍等几秒钟后再挂档。跑车时应根据车速选择相适应的档位挂档，不可越档操作

（3）传动轴　传动轴常见故障的诊断与排除见表 4-4-15。

表 4-4-15　传动轴常见故障的诊断与排除

故障描述	原因分析	排除方法
起步、加速、减速时异响	万向节十字轴、滚针磨损松旷或碎裂	更换相应件
	传动轴花键齿与伸缩节花键槽磨损过度	更换相应件
	变速器第二轴花键齿与突缘花键槽磨损过度	更换相应件
	传动轴弯曲或传动轴突缘和轴管焊接不正	更换传动轴
	中间支承吊架的固定螺栓松动、位置偏斜	紧固或更换
	相邻传动轴连接螺栓松动	紧固
	传动轴平衡块脱落	更换或修复
	中间支承歪斜、过度磨损	调整或更换
	中间支承处的轴承滚珠脱落	更换轴承
	中间支承缺油	加 2 号锂基脂

（4）中后桥　中后桥常见故障的诊断与排除见表 4-4-16。

表 4-4-16　中后桥常见故障的诊断与排除

故障描述	原因分析	排除方法
异响	车辆加速或减速时，连续"咝…"的响声，可能是齿轮啮合间隙过小或啮合不良	调整
	新换齿轮造成的啮合不良	走合后再观察
	下坡或车速急剧变化时，产生"咯啦"的撞击声，正常行驶时撞击声消失或减小，则为齿轮啮合间隙过大	调整或更换齿轮
	行驶时连续发响，车速越高噪声越大，而在滑行时消失或减小，则主要是各部位轴承（轮毂轴承、主减速器轴承、差速器轴承）磨损松旷	调整或更换轴承
	加油不足、油液黏度不符合要求	使油位、油质达到要求
	若在直行时不响，转弯时发响严重，则可能是减速器两侧轴承间隙过大，差速器齿轮或推力轴承垫片磨损	调整或更换
发热	轴承装配过紧，啮合间隙过小	调整
	加油不足	补油至规定要求
	油液黏度不符合要求	更换合要求的润滑油
漏油	油封失效	更换油封
	轴颈磨损	更换相应件
	油位过高	放油至规定要求
	密封衬垫损坏	更换密封衬垫
	螺栓松动	紧固
	通气帽堵塞	清通

（5）转向系统　转向系统常见故障的诊断与排除见表 4-4-17。

表 4-4-17　转向系统常见故障的诊断与排除

故障描述	原因分析	排除方法
转向沉重	液压泵内部磨损严重而导致转向盘沉重	更换、拆检
	液压泵密封元件损坏而引起漏油	更换密封元件
	系统缺油、油液黏度不符合要求等使转向动力不足或有空气	检查油位高度，按规定牌号加足油，排气并检查油位高度和管路接头等的密封性
	液压泵驱动元件损坏	检查、更换
	液压泵安全阀弹簧太软或断裂而引起回油过多	修理安全阀，更换弹簧
	油管接头漏油，管路堵塞或管路吸扁、折弯	检查、清洗、更换管路与接头
	滤清器堵塞，系统清洁度太差	清洁滤清器及滤芯，换油

（续）

故 障 描 述	原 因 分 析	排 除 方 法
转向沉重	转向器内部漏损严重	检修或更换密封圈
	前轮抱死（制动不回位）	检查制动器卡滞处
	转向节主销，推力轴承、调整垫片损坏而引起间隙过大或过小	更换轴承，调整垫片，调整间隙
快速转向时沉重	液压泵内泄	检修液压泵
	系统油量不足	补充液压油
	转向器油封损坏或过度磨损导致内泄	更换油封
	吸入空气	排气、对系统的密封性进行检查
转向时忽轻忽重	转向液压泵浮动铜套卡滞，没有始终与轮端面紧密相贴	检修液压泵
	转向器活塞密封环处有脏物	清洗活塞密封环
	转向器丝杠上推力轴承坏	换轴承
	液压油不足、太脏或系统中进入空气	加油、换油或排气
	转向节销轴承损坏	更换轴承
左右转向轻重不等	转向器内部活塞两边漏油量大小不一	换密封圈
	单腔存有空气	排气
	转向器安装螺钉、动力缸支架安装螺钉松动	检查并紧固螺钉
	传动杆件球头销间隙过大	检查或更换
汽车在行驶中跑偏	左右转向轮胎气压不合要求（相差很大）	检查并充足气压
	转向轮中一个车轮经常处于制动状态	调整或检修制动器
	左右转向轮中轴承松紧不一（一个太松、一个太紧或卡住）	调整轴承间隙或更换轴承
	液压油中有气泡，方向不稳	检查并排除
汽车在行驶中跑偏	转向轮磨损不均	调换轮胎
	转向桥有卡滞现象	检查卡滞部位，检查输入轴是否有受到径向阻力
	车桥移位，如转向桥与中后桥不平行、错位等	检查并调整
转向盘自由间隙过大	转向传动杆件调整不当或磨损	调整间隙或更换杆件
	转向器内部传动副磨损，使间隙变大	将转向器侧盖上的锁紧螺母松开，向里旋进，调整至间隙合适后再将锁紧螺母拧紧。拧紧力矩为 130～180N·m
	转向器安装螺钉、悬挂支架紧固螺钉松动	检查并紧固螺钉
	传动杆件球头销间隙过大	检查或更换
	角传动器齿轮间隙过大	检查并调整

（续）

故障描述	原因分析	排除方法
前轮摇头	系统缺油，或有空气	补液压油或排尽空气
	油路密封不良吸入少量空气	检查油路，做好密封
	左右转向轮充气压力不等	测量气压，使左右转向轮充气压力相等
	前钢板弹簧骑马螺栓松动	检查并紧固
	车轮松动	检查并紧固
	传动杆件连接部松动	检查并紧固
	传动杆件连接部位缺润滑油	检查并加润滑油
	转向器内阻滞	检查并消除阻滞
转向盘回位困难	分配阀中有脏物，使滑阀阻滞	清洗分配阀，消除阻滞
	定心弹簧损坏	更换弹簧
转向器漏油	油封损坏漏油	检查更换油封
	O形密封圈漏油	检查更换O形密封圈
	油管漏油或损坏	检查或更换油管
	油管接头连接处漏油	检查漏油处
	液压油的黏度不够	合理用油
	转向器各液压元件接合面松动	检查、拧紧
转向时发异响	液压管路中油管有弯折的地方	检查油路、更换油管
	液压泵排量不稳定	更换液压泵
	油罐中缺油	加油
油罐冒泡	管路密封不好，进入空气	检查密封情况
高速行驶转向发飘	流量控制阀卡住	清洗流量控制阀

（6）制动系统 制动系统常见故障的诊断与排除见表4-4-18。

表4-4-18 制动系统常见故障的诊断与排除

故障描述	原因分析	排除方法
制动跑偏	制动器制动力不均匀	检查并调整制动器，制动鼓与制动蹄间隙为0.3~0.5mm
	各轮胎气压不一致	检查并充足气压
	制动蹄片磨损不同步	检查并更换制动蹄片
制动器抱死	制动蹄片与制动轮毂间隙小	检查并调整制动器，制动鼓与制动蹄间隙为0.3~0.5mm
	制动气室推杆回位不畅	维修或更换
	制动总阀、继动阀串通	维修或更换
	手制动未解除	检查并解除驻车制动

（续）

故障描述	原因分析	排除方法
制动失灵、 响应时间慢	制动气室内泄	维修或更换
	管路及阀件漏气	维修或更换
	空气干燥器失效	维修或更换
	四回路保护阀失效	维修或更换
差速锁不 工作	轮间及轴间电磁阀线圈损坏	维修或更换
	轮间及轴间电磁阀阀芯发卡	维修或更换
	轮间及轴间电磁阀端盖、管路漏气	维修或更换
	差速锁执行缸失效	维修或更换

（7）取力器　取力器常见故障的诊断与排除见表4-4-19。

表4-4-19　取力器常见故障的诊断与排除

故障描述	原因分析	排除方法
取力器 漏油	漏油部位油封或纸垫破损	更换
	漏油处纸垫未涂密封胶或只单面涂密封胶	将纸垫双面涂密封胶
	取力器侧盖未与变速器后盖壳体端面压紧	取下取力器侧盖修磨至两侧连接紧密
取力器不 工作	取力器电磁阀端盖、管路漏气	维修或更换
	取力器电磁阀阀芯发卡	维修或更换
	取力器电磁阀线圈损坏	维修或更换
	取力器操纵缸失效	维修或更换
	变速器加长中间轴损坏	检查、更换
取力器 异响	齿轮产生严重点蚀或断齿	更换
	轴承产生严重点蚀或滚针、滚子挤碎	更换轴承
	空心轴端部的螺栓松动	拧紧或更换

（8）尾气处理系统　尾气处理系统常见故障的诊断与排除见表4-4-20。

表4-4-20　尾气处理系统常见故障的诊断与排除

故障描述	原因分析	排除方法
爆胎	超载，用户自行在汽车上车上加装过多或行驶状态时不应搭载的重物	拆除重物，更换车轮
	长时间高速行驶	更换，采取正确的驾驶习惯
	轮胎外伤	更换
	轮胎使用超过磨损标识限制位置	更换

（9）轮胎　轮胎常见故障的诊断与排除见表4-4-21。

表4-4-21　轮胎常见故障的诊断与排除

故障描述	原因分析	排除方法
双侧转向轮胎内侧同等程度异常磨损	前束过小或为负值	按伸长方向调整转向前桥横拉杆，将前束值调整至规定值
双侧转向轮胎外侧同等程序异常磨损	前束过大	按缩短方向调整转向前桥横拉杆，将前束值调整至规定值
一侧转向轮内侧磨损，一侧转向轮外侧磨损	转向桥与驱动桥不平行或车桥错位	调整使车桥处于正确位置
	当一转向桥处于直线行驶位置时，另一前桥不在直线行驶位置（整车配置单转向桥时无此故障现象）	调整转向前桥横直拉杆使两转向前桥同时处于直线行驶位置
锯齿状磨损	车轮失圆引起轮胎驻波	重新装配车轮或更换
	车轮转动不平衡引起轮胎驻波	检查胎内是否存在过多板结滑石粉等物体
单侧车轮异常磨损	该车轮经常处于制动或半制动状态	调整该侧制动器间隙至正常值
	该侧轮胎规格或尺寸不符合要求	更换
驱动轮胎异常磨损	驱动桥严重不平行	调整
	轮间（轴间）差速锁开关未关闭而使驱动轮长时间处于差速锁定状态	正常行驶时应关闭轮间（轴间）差速锁
	轮间（轴间）差速锁故障而使驱动轮长时间处于差速锁定状态	检查、修复或更换相应部件
爆胎	超载，用户自行在汽车上车上加装过多或行驶状态时不应搭载的重物	拆除重物，更换车轮
	长时间高速行驶	更换，采取正确的驾驶习惯
	轮胎外伤	更换
	轮胎使用超过磨损标识限制位置	更换

第二节　起重机上车保养及维修指南

正确的检查和维护有助于确保作业的安全性和延长起重机的工作寿命。为了使起重机保持在巅峰状态及维持其最佳性能，必须在推荐的周期内对其进行检查和维护。这样，就能够防止故障或在其早期阶段发现问题。有两种推荐的检查和维护周期：一种以计时表的读数为依据；另一种以日历的月份为依据。按两者中最先到达的周期进行检查和维护。

检查的周期是以起重机在正常作业条件下使用为前提的，如果在恶劣或非正常条件下使用起重机，就要相应地缩短周期。

一、起重机上车保养与维护

1. 润滑

（1）保养中的润滑要求　润滑系的基本任务就是将清洁、具有一定压力和温度适宜的机油不断地供给各运动件的摩擦表面，使机油起到润滑、冷却、清洗、密封、减振、防锈蚀的作用。

（2）润滑脂的加注

1）混用不同牌号的润滑脂会改变润滑脂的特性，对机械产生有害的影响。在补给润滑脂时，润滑脂的牌号必须与机械正在使用的润滑脂相同。如果必须使用不同牌号的润滑脂，在加注新的润滑脂之前，一定要清除所有的余留的润滑脂。

2）润滑脂中的灰尘能够使滑动表面过早磨损，从而缩短起重机的工作寿命。在加注润滑脂之前，必须清扫油杯及其表面。在钢丝绳上涂抹润滑脂之前，应当使用钢丝刷、压缩空气等除去其表面的污垢。

3）用不合适的齿轮油、钙皂基润滑脂或废油润滑钢丝绳只会缩短其工作寿命。应当使用专用的钢丝绳润滑脂或其他特性适合钢丝绳的润滑脂。

4）下列部位也应当用润滑脂进行润滑，以防止生锈，并且保持平滑运动。

① 液压缸（变幅液压缸、支腿垂直液压缸等）完全缩回时暴露在空气中的活塞杆部分。

② 在出厂发货前已涂过润滑脂的连杆和滑动部分。

润滑点及润滑脂加注方法见表4-4-22。

表 4-4-22　润滑点及润滑脂加注方法

润滑周期	润 滑 点	数　量	润滑脂加注方法
每天	变幅液压缸上铰点	1处	油枪
	变幅液压缸下铰点	1处	油枪
	臂根销轴	1处	油枪
每周	二节臂的滑动面	1处	油枪
	二节臂上表面	2处	油枪
	滑轮和轴	2处	油枪、涂抹
	支腿升降液压缸上铰点	2处	油枪
	支腿升降液压缸下铰点	2处	油枪
	支腿连接销轴	2处	油枪
	支腿盘	2处	油枪
	回转支承及齿圈	4处	油枪、涂抹

（续）

润滑周期	润滑点	数量	润滑脂加注方法
	起升钢丝绳	2处	涂抹
每月	吊钩	1处	油枪
	传动轴	2处	油枪

注：1. 加油前，擦净油嘴和待涂油的表面。
2. 未列在表中的滑动表面也应定期加油。
3. 每个月都要给变幅液压缸活塞杆的外露部分涂抹一薄层润滑脂，涂抹时应将主臂放在主臂支架上。
4. 采用集中润滑装置的润滑点不在此表范围内。

2. 齿轮油维护

齿轮油维护见表4-4-23。

表 4-4-23　齿轮油维护

序号	项　目		数　量	检查周期				
				每周	100h	250h	500h	1000h
					1个月	3个月	5个月	1年
1	起升机构减速器	检查油量	1处				●	
		换油	4.0L×2			◎		●
2	回转减速器	检查油量	1处				●	
		换油	2.3L			◎		●

注：◎收存更换，●需要保养。

（1）起升机构减速器

1）检查油量。

① 将起重机放置在水平地面上。

② 取下油位螺塞检查油量。如果油位达到螺塞孔的下部，则不需加油；如果未达到则取下加油堵塞，通过加油螺塞加油。

③ 装好并拧紧油位螺塞和加油螺塞。

2）换油。

① 将起重机放置在水平地面上。

② 在排油螺塞的下面放置一个油盘，收集油液。

③ 取下排油螺塞、加油螺塞和油位螺塞，排出油液。

④ 全部油液排放完毕后，重新装好并拧紧排油螺塞。

⑤ 通过加油螺塞孔注入新的齿轮油，直到齿轮油开始从油位螺塞孔中流出为止。

⑥ 装好并拧紧加油螺塞和油位螺塞。

（2）回转机构减速器

1）检查油量。

①按照以下要领设置起重机：伸出支腿，将起重机放置在平坦的场所，将吊臂升起到不妨碍维护作业的角度。

②取下油位螺塞检查油量。如果油位达到螺塞孔的下部，则不需加油；如果未达到，则取下加油螺塞，通过加油螺塞孔加油。

③重新装好并拧紧油位螺塞和加油螺塞。

2）换油。

①按照以下要领设置起重机：伸出支腿，将起重机放置在平坦的场所，将吊臂升起到不妨碍维护作业的角度。

②取下排油螺塞并在排油口连接一根软管。取下加油螺塞和油位螺塞，排出油液。

③全部油液排放完毕后，取下软管，重新装好并拧紧排油螺塞。

④通过加油螺塞孔注入新的齿轮油，直到齿轮油开始从油位堵塞孔中流出为止。

⑤重新装好并拧紧加油螺塞和油位螺塞。

3. 液压系统

（1）液压系统温度　如果起重机长时间在液压油处于60℃以上的温度下工作，液压油就会很快变质，使液压元件的寿命降低。当液压油的温度超过60℃时，即使油温仍处于工作温度范围内，也应当使用冷却器控制液压油的温度。

液压油的温度很低时，其流动性较差。在寒冷的天气，如果不使液压油升温就让起重机在高速下进行重载荷的作业，液压元件就可能损坏。当环境温度低时，不要立即开始起重作业，应当让起重机充分地进行低速暖机运转，直至使油温升到大约20℃。

（2）液压系统维护（表4-4-24）　液压油的更换周期取决于所使用的液压油的牌号。

请委托最近的代理商或经销商更换表4-4-24中序号为6、7的管路过滤器。

表4-4-24　液压系统维护

序号	项　目		数量	检查周期					
				每日	250h	500h	1000h	2000h	4000h
					3个月	6个月	1年	2年	4年
1	回转燃油器（液压油箱）	更换	1处		◎	●			
2	通气装置	更换	1处			●			
3	回油过滤器	更换	1处					●	
4	管路过滤器（起升机构制动器）	更换	1处					●	

（续）

序号	项　目		数量	检 查 周 期					
				每日	250h	500h	1000h	2000h	4000h
					3 个月	6 个月	1 年	2 年	4 年
5	管路过滤器（自动停止回路）	更换	1处					●	
6	管路过滤器（蓄能器回路）	清洗	1处					●	
7	液压油箱	检查油量	1处	●					
		换油	773L ★1 985L ★2		◎				● ★3
8	蓄油器（油门用）	检查油量	1处	●					
		换油	0.7L ★1 0.6L ★2		◎			●	

注：★1—油箱容量；★2—总容量；★3—在使用装用液压油以外的液压油时，每2000h或2年更换；◎收存更换；●需要保养。

（3）液压油箱　注意事项：更换液压油后，由于在液压缸的吸油侧可能存在空气，因此液压泵必须排气。如果不先给液压泵排气就让它运转，会使它受到损坏。更换液压油以后，如果液压泵没有严格排气，那么就不得运转。关于液压泵的排气程序，请与最近的代理商或经销商联系。

1）检查油量。

① 使起重机以行驶的姿态停放在水平地面上。

② 使用油位计检查油量。油位计的刻度已经考虑了液压油温度变化对液压油体积的影响，并且以温度表示。确认油位是否处于 0℃ 的刻度和当时油温所对应的刻度之间。如果油量不足，打开液压油箱上面的盖，通过加油口补充液压油。

2）更换液压油。更滑液压油时，也要更换回油过滤器。

① 使起重机以行驶的姿态停放在水平地面上。

② 取下加油口处的盖子，使用一台液压泵将液压油从油箱中抽出到油桶或其他适当的容器中。

③ 取下油箱底部的排油螺塞，排出全部的液压油。

④ 检查油箱的内部，发现灰尘或异物时，将其清除。

⑤ 清洗排油螺塞，将其缠上密封带，重新装上并拧紧。

⑥ 注视油位计的油位，向油箱中注入新的液压油。

⑦ 将盖子重新装到液压油箱上。

⑧ 排出液压泵中的空气。

⑨再度检查油位。如果油量不足，则进行补充。

（4）蓄油器　检查蓄油器（在操纵室的前方）内的油量。油位应当处于"H"和"L"标记之间。如果油量不足，打开蓄油器上面的盖子，补充油液。在最近的代理商或经销商处换油。

（5）回油过滤器的更换

1）取下液压油箱的顶盖，取出回油过滤器。

2）从回油过滤器上取下弹性销，然后取下螺母。

3）换上新的滤芯，并重新组装回油过滤器。

4）将回油过滤器装回油箱，再装上顶盖。

（6）通气装置的更换（液压油箱）　松开通气装置的盖，将其取下；先拆下两个螺栓，再用扳手拆下滤芯座；换上新的滤芯。

（7）管路过滤器的清洗（蓄能器回路）　用箍带扳手（24mm）拆下过滤器壳体，取下滤芯，在煤油中用软尼龙拴住清洗；用压力为 300～400kPa 的压缩空气从滤芯内侧向外吹，并使其干燥，在 O 形密封圈上涂抹液压油，然后安装滤芯并装上过滤器壳体，拧紧力矩为 39～49N·m。

4. 回转系统

回转系统维护的主要内容是检查回转支承安装螺栓是否牢固。安装螺栓松脱或断裂会使起重机的上、下车部分分离，造成重大事故。要定期检查（检查周期为 6 个月），如果发现松动，请最近的代理商或经销商按规定的拧紧力矩将其拧紧。

5. 油门系统

油门系统维护的主要内容是必要时检查油门回路的排气是否正常。

油门回路的排气方法如下：

1）按照以下要领，利用转台内侧的排气螺钉排出油门回路中的空气：

① 将一根乙烯软管的一端连接到排气螺钉上，另一端放入接油的容器中。

② 踩下加速踏板 2～3 次，然后将其踩住，松开排气螺钉使空气与油液一起从回路中排出。

③ 当流出的油液减少时，拧紧排气螺钉。流出的油中不再有空气。

2）回路排气后，利用位于底盘车架内侧的排气螺钉重复以上步骤，排出油门缸内的空气。

3）检查蓄油器内的油位，油位低则添加油液。

提示：排气时，随着油液从回路中的排出，蓄油器里的液位会下降。应在排气时向蓄油器中注入新的油液，防止空气进入油路。

6. 需定期检查的项目

（1）驱动装置

操作杆和开关：操作状态。

取力装置：①有无松动和漏油；②有无异常噪声和发热。

传动轴：①法兰和连接件有无松动；②有无振动、划伤和磨损。

（2）液压系统及液压元件

液压油箱：①有无松动和损坏；②有无裂纹和漏油；③油量、污染度和黏度。

液压泵：①有无松动和损坏；②有无异常噪声、振动和发热；③有无漏油；④吸油管路是否吸入空气；⑤供油压力是否正常；⑥管路接头有无松动和漏油。

多路阀：①动作情况；②有无漏油；③螺栓有无松动。

溢流阀：调定压力。

管路：①连接部位有无松动；②有无漏油；③管夹有无松动和裂纹；④软管有无老化、扭曲和损坏。

（3）回转机构

转台：有无裂纹和变形。

减速器和回转支承：①油量和油的污染度；②齿轮箱有无裂纹、变形和漏油；③有无异常噪声和振动；④安装零件有无松动；⑤液压马达的工作压力是否正常；⑥油管接头有无松动和漏油；⑦制动性能。

回转接头：①有无漏油；②回转状态以及有无异常噪声、振动和发热；③炭刷与滑环间的导电状态。

（4）变幅机构

吊臂变幅液压缸：①支点销有无磨损和损伤；②支点销锁板螺栓有无松动；③有无漏油；④有无振动和噪声；⑤起重作业时液压缸是否自然缩回；⑥软管有无老化、扭曲和变形。

平衡阀：①有无漏油；②有无脉动；③油管接头有无松动和漏油。

（5）吊臂伸缩机构

起重臂：①有无裂纹、弯曲和损坏；②吊臂底端支点销锁板螺栓有无松动；③滑动表面有无划伤；④支点销套有无磨损和损伤；⑤滑动表面润滑状态；⑥吊臂支架有无变形和裂纹。

吊臂伸缩液压缸：①动作状态（有无脉动和噪声，动作顺序是否正常）；②有无漏油；③平衡阀的功能；④油管接头是否松动；⑤软管有无老化、扭曲和损伤。

钢丝绳：①直径、断丝；②扭结、变形；③锈蚀情况，润滑状态；④张紧状态。

（6）起升机构

液压马达：①安装零件有无松动和裂纹；②有无漏油；③有无噪声和振动；④油管接头有无松动和漏油。

减速器：①安装零件有无松动；②有无噪声；③轴承的磨损情况；④润滑情

况；⑤有无漏油；⑥制动性能。

平衡阀：①有无漏油；②油管接头有无松动和漏油；③有无脉动。

卷筒：①有无裂纹；②有无钢丝绳乱丝。

（7）吊钩和钢丝绳

吊钩和滑轮：①吊钩回转情况；②有无变形；③横梁摆动是否灵活；④横梁与吊钩的连接情况；⑤防脱钩销有无弯曲；⑥滑轮回转情况（有无异常噪声）；⑦滑轮有无裂纹和磨损；⑧滑轮支架和铲罩有无弯曲和损坏；⑨润滑情况。

钢丝绳：①直径；②断丝；③扭结；④变形；⑤锈蚀情况；⑥绳套、楔子位置是否正确；⑦钢丝绳绳夹、绳套的连接是否牢固可靠；⑧绳套销轴的衬套有无磨损裂纹；⑨钢丝绳绕过滑轮是否正确。

（8）操纵部分

上车操纵室：①螺母、螺栓有无松动；②窗、门锁开关功能。

熄火开关：①功能；②安装情况。

（9）支腿系统

支腿垂直液压缸：①起重作业时是否自然缩回；②行驶过程中是否自然下沉；③有无漏油；④双向锁的功能；⑤油管接头有无松动；⑥有无噪声和振动；⑦支腿盘有无变形和损坏。

固定支腿、活动支腿、支腿水平液压缸：①有无变形和损坏；②活动支腿固定销和销套有无损伤；③托架有无变形和裂纹；④有无噪声和振动；⑤油管和软管连接部位有无松动；⑥有无漏油。

多路阀：①动作情况；②油管接头有无松动；③螺栓有无松动；④有无漏油。

水平仪：①外观有无划伤和变形；②安装情况；③气泡的状态。

二、常见故障及其排除

起重机械是一种对重物能同时完成垂直升降和水平移动的机械。如果起重机出现故障，将影响用户的施工进度，给双方的经济效益和社会效益带来负面影响，甚至造成人员伤害，故必须及时诊断和排除，以挽回用户的经济损失，维护双方的企业形象。在排除故障时，应掌握以下注意事项：

1）熟悉和了解汽车起重机的性能和各部件的结构原理。

2）熟练掌握操作要领和严格按照使用说明书进行正确操作。

3）寻找故障时应遵循"由表及里，由外到内，由简到繁"的原则。

4）通过"手模、眼看、耳听、鼻闻"的方法来发现各种反常现象。

5）积累经验，掌握故障发生规律。

为了能使用户及早地发现故障和尽快地排除，本节将阐述起重机的常见故障以及相应的排除方法。

1. 电气系统故障及其排除（见表4-4-25）

表 4-4-25 电气系统故障及排除

故 障 描 述	原 因 分 析	排 除 方 法
灯不亮	灯泡损坏	更换
	熔断器烧毁	检修并更换
	接地不良	检修
	电路故障	检修
	开关失效	检修或更换
仪表板指示灯不亮	开关失效	更换
	电路故障	检修
过卷/过放指示灯常亮并有声音报警	过卷开关、过放开关坏	检修
	拉线盒故障	检修
	电路故障	检修
雨刮器不动作	熔断器烧毁	检修并更换
	开关失效	检修或更换
	电动机损坏	更换
	线路故障	检修
喇叭不响	熔断器烧毁	检修并更换
	开关失效	检修或更换
	继电器出故障	更换
	电路故障	检修
	蜂鸣器坏	更换
蜂鸣器不响	熔断器烧毁	检修并更换
	继电器出故障	更换
	电路故障	检修
	蜂鸣器坏	更换
上车无电源	导电环断路	检修或更换
	取力器信号开关损坏	更换
	电路故障	检修
在操纵室内不能起动发动机	断路器烧毁或松脱	检修或更换
	电路故障	检修
	起动开关坏	更换
	导电环断路	检修或更换
整车无动作	急停开关坏	检修或更换
	手柄上安全开关	检修或更换
	电路故障	检修
	电磁阀失效	检修或更换

（续）

故 障 描 述	原 因 分 析	排 除 方 法
过卷装置失效	过卷开关失效	更换
	拉线盒拉线对地短路	检修
	继电器坏	更换
	电路故障	更换
	电磁阀失效	检修或更换
过放装置失效	过放开关失效	检修或更换
	继电器坏	更换
	电路故障	更换
	电磁阀失效	检修或更换
发出噪声	液压油不足	加油
	吸油管路进气或不畅	检修
	安装螺栓松弛	拧紧
	液压油污染	过滤或换油
	传动轴振动	检修
	万向节磨损	更换
	液压泵出故障	更换
	蝶阀未全开启	开启

2. 支腿故障及其排除（见表4-4-26）

表4-4-26 支腿故障及其排除

故 障 描 述	原 因 分 析	排 除 方 法
不动作	下部操纵阀的溢流阀压力调整不当	调整
	溢流阀阀芯发卡	检修
	下部操纵阀失效	检修
动作迟缓	下部操纵阀内泄	检修
	下部操纵阀的溢流阀调定压力过低	调整
吊重时垂直液压缸下沉	双向液压锁失效	检修
	液压缸内泄	检修
行驶时垂直液压缸活塞杆自动伸出	双向液压锁失效	检修
	液压缸内泄	检修
	液压缸密封失效，漏油	检修

3. 回转机构故障及其排除（见表4-4-27）

表4-4-27 回转机构故障及其排除

故 障 描 述	原 因 分 析	排 除 方 法
制动器失效	制动器摩擦片磨损	更换
不回转	下部操纵阀的溢流阀调定压力过低	调整
	回转阀的溢流阀调定压力过低	调整
	回转缓冲阀调定压力过低	调整
	回转阀失效	更换
	回转马达损坏	更换
	回转减速器故障	检修
	制动器未打开	检修
回转动作迟缓	下部操纵阀的溢流阀调定压力过低	调整
	回转阀的溢流阀调定压力过低	调整
	回转阀故障	检修
	回转缓冲阀故障	检修
	回转马达故障	检修

4. 变幅机构故障及其排除（见表4-4-28）

表4-4-28 变幅机构故障及其排除

故 障 描 述	原 因 分 析	排 除 方 法
液压缸活塞杆伸不出	主阀溢流阀调定压力过低	调整
	主阀内泄	检修
	液压缸内泄	检修
液压缸活塞杆缩不回	变幅平衡阀出故障	检修或更换
	主阀次级溢流阀调定压力过低	调整
液压缸下沉	液压缸内泄	检修
	变幅平衡阀出故障	检修

5. 伸缩机构故障及其排除（见表4-4-29）

说明：伸缩液压缸由于结构复杂，拆卸困难，一旦出现故障，修理难度较大，一定要生产厂商指派专人或有相当技术经验的专业维护人员才能进行修理。

表4-4-29 伸缩机构故障及其排除

故 障 描 述	原 因 分 析	排 除 方 法
主臂缩不回	伸缩平衡阀出故障	检修
	主阀次级溢流阀调定压力过低	调整
	主阀内泄	检修

（续）

故障描述	原因分析		排除方法
主臂伸不出	主溢流阀调定压力过低		调整
主臂伸不出	控制阀出故障		检修
	主阀出故障		检修
主臂回缩	液压缸内泄		检修
	伸缩平衡阀出故障		检修
	液压缸、阀或接头漏油		检修
主臂不能完全回缩到位	回缩钢丝绳松弛		调整
液压缸外泄	导向套处密封件损坏		更换
	活塞杆表面拉伤		修复或更换
液压缸下沉	液压缸内泄	密封件失效	更换
		钢桶内表面拉伤	更换
	平衡阀故障	平衡阀内泄	更换或修复
		平衡阀外O形密封圈损坏	更换O形密封圈
		平衡阀安装孔表面损坏	修复或更换活塞杆
液压缸活塞杆不能伸缩	活塞或活塞杆卡死（异物或钢筒变形）		拆检、维修或更换
	平衡阀卡死或控制管路堵塞		修理或更换

6. 起升机构故障及其排除（见表4-4-30、表4-4-31）

表 4-4-30　起升机构故障及其排除

故障描述	原因分析	排除方法
不能起钩	主阀溢流阀调定压力过低	调整
	卷扬马达出故障	更换
	主阀出故障	检修
	组合控制阀出故障	检修
	卷扬制动器未打开	检修
不能落钩	主阀溢流阀调定压力过低	调整
	卷扬马达出故障	检修
	主阀出故障	检修
	组合控制阀出故障	检修
	平衡阀出故障	检修
	卷扬制动器未打开	检修

表 4-4-31　液压马达和平衡阀故障排除

现　象　1	现　象　2	故　障　原　因	排　除　方　法
卷扬马达不转动	压力上不去	溢流阀压力设定过低	正确设定溢流阀压力
		泵故障	必要时修理
		换向阀故障	
	压力上去	制动器释放泵或换向阀故障	修理释放泵或换向阀
		液压马达故障	更换液压马达
		齿轮损坏（减速器）	必要时修理
		超载	降低载荷
液压油泄漏	接合面漏油	接合面划伤	用砂纸打磨划痕
		螺栓松动	紧固
	壳体漏油	螺塞松动	紧固
		被飞石击中	更换液压马达
	减速器油封处漏油	滑动表面非正常磨损或粘接	更换液压马达
		O 形密封圈损坏	
	液压马达漏油	螺栓松动	紧固
		O 形密封圈损坏	更换 O 形密封圈
		密封面有划痕	用砂纸打磨划痕
起重作业时载荷带动马达转动	液压油泄漏增加	液压马达容积效率低	更换液压马达
	机械制动器不起作用	制动器释放压力没有完全排除	清洗节流塞（可拆下来清洗）
		弹簧损坏	更换弹簧
		摩擦片磨损	更换摩擦片及压盘
减速器壳体温度升高		润滑油不足	按规定加足润滑油
		轴承损坏	更换液压马达
		液压油漏进齿轮箱	更换油封
速度上不去	液压泵排量不足	泵工作不正常	修理或更换液压泵
		液压泵油大量外泄	
		液压泵油大量外泄	更换液压泵
噪声	来自液压马达	液压马达或减速器损坏	更换液压马达或减速器
	来自管路	管路振动	将管路固定好

典 型 案 例

| 第一章 |

吊装方案案例

第一节 综合厂房起重机吊装方案

一、工程概况

某公司综合厂房，位于高新工业区，建筑面积为 9700m²，其起重机吊装任务委托给某建设集团安装公司吊装工程处施工。该厂房为 18m 跨距、单层、三联跨车间，纵轴为 A、B、C、D、E、F 六轴，横轴为 1 ~ 25 轴，建筑标高 13.5m。工期短，任务重，焊接量大，技术要求高，计划 ××月××日开工，××月××日竣工，质量标准为优良。

二、吊装对象说明

吊装对象说明见表 5-1-1。

表 5-1-1 吊装对象说明

名　　称	规　　格	质　　量	数　　量
混凝土薄腹屋架	18m	9.3t	88
混凝土柱	400mm×700mm	8.5t	104
抗风柱	400mm×600mm	9t	12
混凝土柱	400mm×500mm	6t	20
行车梁	400mm×900mm	3.5t	144
屋面板	1500mm×6000mm	1.25t	810
嵌板	900mm×6000mm	1t	162
天沟板	580mm×6000mm	1.5t	162

（续）

名　　称	规　　格	质　　量	数　　量
走道板	800mm	0.8t	24
走道板	400mm	0.5t	48
系杆及支承			若干

三、起重机的选择

根据汽车起重机的起重能力、现场道路安全和现场物件质量及经济效益等各方面因素，并结合几何尺寸安装高度来选择起重机。

1）以最重柱9t计算：起重量 = 9t × 1.2 = 10.8t（1.2为动力系数），柱高 = 13m（以抗风柱计）+ 2m（吊索）+ 0.5（离地高度）= 15.5m，即为起重高度。

根据汽车起重机起重性能表，选用京城重工QY55H汽车起重机起吊。

2）薄腹屋架吊装计算：起重量 = 9.3t × 1.2 = 11.16t，起升高度 = 10.4m（柱顶标高）+ 2.5m（腹高）+ 5.1m（索具高度）+ 0.5m（安装时柱顶到薄腹梁底的距离）= 18.5m。

梁吊装绳长度根据吊点位置，吊装角度为55°，绳长14m。

根据吊装质量查表选绳。选用6 × 19，d = 18.5mm钢丝绳，其破断拉力总和为19.9t。因19.9t/6 = 3.3t > 9.3t/（2 + 2sin55°）= 2.55t（其中6为安全系数），故选用此钢丝绳安全。

QY55H汽车起重机满足吊装要求。

四、吊装流程、方法

1. 施工准备

1）组织班组认真学习施工图样，并了解安装的技术要求，进行技术及安全交底。

2）认真核对材料及连接件的数量、质量、规格参数。

3）核对构件的就位尺寸，了解相互关系。

4）对各构件及支承件进行分类编号。

5）检查构件是否有严重裂纹、扭曲、破损等缺陷，其质量是否达到技术标准要求；如未达到要求，应立即停止使用，采取妥善措施。

6）查看构件、预埋件及吊环是否齐全、安全可靠。

2. 上装流程

翻柱身→立柱找正→走道板及柱间支承安装→吊动行车梁→薄腹屋架、屋面支承及层面板安装→行车梁找正及固定。

3. 施工方法及要求

（1）翻柱身

1）作业前柱身检查。必须检查、核实柱子的强度是否 100% 达到设计要求，以及型号是否正确，有无损伤、质量问题。

2）钢筋混凝土柱子采取平卧叠放，翻身吊装位置无吊环，为预留钢管，应先作工装才能进行，柱子翻身呈侧立状态后，水平吊到适宜于竖立的位置，按编号使柱根靠近埋装口，并提顺方向。

（2）柱子吊装

1）绑孔。起吊柱子时用吊索直接绑扎，用活络卡环连接，为防止捆绑绳索摩损柱子表面影响外观，在柱子与绳索接触的棱角处垫胶皮。

2）使用专业吊具垂直吊起柱子，采用旋转法吊装。

具体措施：柱子的柱根靠近埋装口，使起吊点、柱根、埋装口基本在以吊车为圆心的圆弧上，吊车在起钩时同步进行旋转，即将柱子吊到埋装口上方。吊车缓慢落钩，设两名起重工在地面配合，使柱子就位。柱子就位后，用坚实的木楔临时固定。

（3）柱子找正固定

1）平面找正。对定位线的程序是：先是小面，着力于角上，后是大面，着力于中间，使柱子平稳。在柱子吊装就位过程中，利用撬棍配合，做好定位工作。使用大锤锤击木楔固定，定位偏差控制在 ±5mm 范围内。

2）垂直度找正。采用无缆线找正法，其特点是在柱子底部对准定位线，并在埋装口处着力找正垂直度。找正时，先在杯底柱子四周塞紧木模，使柱脚不能移动，然后用千斤顶作用于柱子侧面，同时使用两台经纬仪在纵横两个方向观察柱子的垂直度偏差，即可找正，找正后其垂直度偏差严格控制在 ±10mm 内。柱子找正完毕后应尽快在埋装口内灌入规定标号的细石混凝土，达到一定强度后，撤掉木楔，进行二次灌浆。

（4）走道板及柱间支承安装　按施工及有关图样的要求，将走道板托架焊接于柱子理铁上后，采用京城重工 QY8D 汽车起重机进行走道板的吊装就位，然后进行焊接固定。柱间支承的安装采用 QY8D 汽车起重机配合，先点焊固定后满焊。

（5）吊运行车梁

1）行车梁在吊装前应进行清理，检查构件强度，标设中心线和编号，防止端部有伸缩缝的梁与一般梁混淆而吊错位置。

2）在柱子二次灌浆强度达到要求，柱间支承安装后吊装行车。行车梁起吊的绑扎，应使吊车梁起吊后能保持水平，两端均设溜绳，防止碰撞柱子或其他物体，在离地面 20～30cm 时用溜绳和撬棍引导吊车梁慢慢定位对线。将吊车梁两端中心线与支腿上所画的定位线对准，目测吊车梁表面中心线是否在一条直线上。

3）行车梁起吊完毕后，找正行车梁垂直度及直线度，并按图样要求焊接固定。

（6）薄腹屋架吊装　吊装前甲方应提前联系好运输事宜。采用旋转吊装法。

1）起吊前应做好放线工作，按图样要求在柱顶处焊好垫板。

2）先进行试吊，当屋架稳定后吊离地面20cm，检查各吊点与吊索具以及构件受力，确保无问题后方可正式吊装。

3）起吊后使梁中心对准安装中心，然后平稳起钩，当梁吊离到高于柱顶30～50cm时即停车起钩，用溜绳旋转梁头对准柱顶，然后慢慢落钩。

4）用撬棍使屋架中心线对准柱顶的定位线，刚接触柱顶时，及时制动。

5）采用目测、尺量及吊线坠的方法，进行梁的定位垂直度的找正工作，然后采用三边式进行临时固定，调整好后，进行焊接固定。

6）进行焊接固定时，梁两端同时分段对称进行，不得在同一侧施焊，避免梁垂直度受影响。

7）施焊完毕即可摘钩。

8）技术要求：梁垫板三面围焊，梁端两面焊，焊缝厚度为8mm，梁定位偏差在±5mm范围内。

（7）屋面支承件安装　索固时一定要使用麻绳套以防滑脱，按标准图样的要求做好支承和连接件的连接和焊接固定。

（8）屋面板吊装

1）屋面板按设计吊点四点起吊后由两块天沟板开始向屋脊对称由低向高进行，每完成一块板，马上进行焊接固定。

2）按弹线位置吊装就位，使板两端一梁的搭接长度和板缝均匀。

3）屋面板采用焊接固定，每块板至少保证三点焊接，焊接长度不小于8cm，焊厚不小于5mm。

五、安全技术措施

1）吊装前，做好安全教育及安全技术交底工作，做好起重绳、起重机的检查，发现问题及时解决。

2）吊装时保证吊装角度不小于55°，立柱选用扁铁提起，以保证构件不被损坏。

3）吊装作业区域内非操作人员严禁入内，柱子及屋架的吊装应在试吊无误后进行，吊装时设专人指挥。

4）施工人员应遵守安全技术操作规程，严禁违章作业和野蛮施工，严格执行"十不吊"。

5）所有计量工具应检测合格，测量时尽量减小误差，做好必要的复测。

6）特殊工种人员必须持证上岗，严禁顶岗和无证操作。

7）施工人员应正确使用劳动保护用品，进入现场须戴安全帽，在2m以上高空时须系挂安全带、穿绝缘鞋，吊装屋架前在安全架上绑好安全绳，安装时高空作业人员将安全带拴于安全绳上，确保安全。

8）吊装时，应先勘察地理强度，仔细调整吊车液压支腿，确保吊车的稳定性，避免支腿下沉而失稳。

第二节 某变电站支架吊装方案

一、工程概况

根据供电局对某110kV变电站综合改造工程的具体施工要求，特针对主变压器停电施工制订专项的施工方案，确保在工期较紧张的情况下，各项施工作业有较完备的施工技术指导、详尽的施工时间计划为依据。

根据现场实际情况，本次主变压器更换施工涉及的具体施工任务如下：将原主变压器拆除，并更换为40000kV·A三相三卷铜心油浸自冷有载调压低损耗变压器，将原主变压器35kV、10kV母线桥上的LMY-125×10铝母线更换为电缆；更换主变压器高压套管引上线、构架跨线、中性点引出线、主变110kV 1101开关、CT、刀闸及两侧引线；更换35kV、10kV母线桥避雷器及引下线；重做新主变基础、拆除原主变压器35kV、10kV侧混凝土构架、横梁及10kV母线桥支柱；更换主变压器间隔相关的一次、二次设备及一次、二次电缆。

二、吊装对象说明

吊装对象说明见表5-1-2。

表5-1-2 吊装对象说明

名 称	数 量	备 注
110kV主变压器本体结构架	1组	拆除
110kV主变压器35kV构架	1组	拆除
110kV主变压器10kV构架	1组	拆除
110kV主变压器本体结构架	1组	新增

三、起重机选择

1）根据构架高度、质量，配备京城重工QY25D汽车起重机吊车一台。

2）构架柱、钢梁钢丝绳的选择：采用斜吊绑扎法，绑扎点位于构架柱顶部，采用两个绑扎点；选用8×28的钢丝绳。查资料可得钢丝绳破断拉力总和大于296kN。

3）临时拉线的选用及设置：构架柱吊装临时拉线选用直径 ϕ15mm，公称抗拉强度为 1550N/mm^2 的 6×37 钢丝绳。

四、吊装程序、方法

吊装顺序（拆除主变压器旧构架）：吊车进场后，首先进行旧 110kV 主变压器本体构架拆除吊装；然后进行旧 110kV 主变压器 35kV 构架拆除吊装；最后进行旧 110kV 主变压器 10kV 构架拆除吊装。

新建主变压器构架基础及吊装构架施工流程：场地和车道准备→杯基口清理、拼装→吊装就位→核对、找正→二次灌浆→养护→封钢柱灌浆孔→保护帽。

1）在杯形基础做好之后，把杯口遮盖好，以防污物落入，在未竖杆时，近基础的土面最好低于杯口，以免泥土或地面水流入杯内。

2）吊装前先采用水泥砂浆找平杯口底（找平标高为低于设计立柱标高 2cm），然后准备 5mm 厚钢板（200mm×300mm），在吊装时用于标高调整加垫。

3）吊装前各支承面均应弹出构件各方向的就位线，构件要弹出吊装基准线，作为构件对位、找正的依据。

4）当构架柱基础的杯口深度与柱长之比小于 1/20 时，仅靠柱脚处的楔块将不能保证柱临时固定的稳定，这时则应采取增设缆绳或加斜撑等措施来加强临时固定的稳定。

5）构架柱与横梁拼装：

① 构架杆件卸车前在相应的位置上用枕木辅好堆场及拼装平台，为防止泥土污染杆件，堆场与拼装平台均匀辅垫 100mm 厚石粉（砂地除外）。

② 拼装前对构件进行全面检查验收，符合设计和规范要求，并能满足对位试拼后才能拼装。

③ 柱帽焊接：保证柱帽平面与立柱轴线角度准确，焊缝高度应符合施工图要求，焊条采用 E43。

④ 螺栓连接：螺栓方向正确，加固时采用扭力扳手，保证加固扭矩符合设计要求。

6）构架柱与横梁的吊装与就位：

① 先将各构架柱与横梁拼装完毕，将立柱放置于相应的位置上，标出各立柱的统一水平控制线（最好标在离底部约 1.5m 部位），安装时可用作标高基准测量点。

② 起吊时用吊机调整立柱标高与位置，使立柱基本按要求就位，初步调整柱脚轴线位置与水平标高后，用短螺纹钢与立柱脚焊接成"井"字形支架，或用楔块将柱脚固定于杯口内，使其不能移位及下降。用 ϕ10mm 钢丝绳分四方向拉好攀线，防止立柱倾倒。

③ 使用专业工具精调立柱上部位置，通过调节四方向攀线，精调垂直度，使

其符合图样尺寸要求。

④ 使用经纬仪复核立柱轴线位置与垂直度，用水准仪复核水平位置，用千斤顶精调柱脚位置，用钢管及钢丝绳等加固保证位置正确后，柱体开始进行横梁吊装。

⑤ 横梁吊装后再一次复核及整体调整立柱位置及垂直度，使其完全符合图样尺寸。

7）垂直度的检查方法：用一台经纬仪和一个吊锤去检查支架吊装基准线的垂直度。

8）二次灌浆：构架吊装定位并经复核无误后，采用 C20 细石混凝土进行杯口灌浆，灌浆过程中用钢棒分层捣实，混凝土要灌满杯口及立柱灌浆孔以下管内空位，最后要及时养护。

9）构架柱吊装完毕后，所有焊缝均要涂红漆一道，银色防锈漆两道。

五、安装技术措施

1）吊装前先对全部吊装人员进行安全交底，对吊装作业的安全注意事项进行交底。

2）施工现场，与吊装作业无关人员不得进入。

3）起重机驾驶人、焊工和高空作业人员必须持证上岗。

4）吊装时应设专人进行现场监护。起重机驾驶人应遵守起重吊装"十不准"原则。

5）吊装前要对机具进行安全检查，检查钢丝绳的直径和型号是否符合本方案要求，特别是起重机和吊索。检查钢丝绳是否有断丝，若有不得使用。

6）吊装由专人指挥，操作人员对任何人发出的危险信号必须听从。

7）进入施工现场必须正确佩戴安全帽，高空作业人员必须使用安全带，穿胶鞋，不得穿硬底鞋、拖鞋和钉底鞋。

8）起重机安放处的场地应平整坚实，防止吊装过程中出现下沉。

9）注意防火，焊接时应先清理易燃物，并准备好干粉灭火器。

10）起重机严禁超载，严禁任何人在吊臂和构件下方通过或停留。

11）起吊构件离地面 100mm 后应对吊索、起重机支腿等各处进行检查，确认各部位正常后，特别是构架柱的两根吊索应确保同时均衡受力，才可正式起吊。

12）构件起吊过程中必须用溜绳控制构件的摆动，避免碰撞或摆幅过大。

13）梁、柱宜尽快组成一个稳定结构单元，临时拉线宜在梁、柱焊接完，梁、柱得到有效固定后方可拆除。

14）遇雷雨、大风等恶劣天气不宜进行吊装，且必须对已吊装部分的结构进行加固加强。

第三节　某电子有限公司厂房设备吊装方案

一、工程概况

1）锅炉 3 台，吊至一楼并就位。

2）冰水机组总共 6 台，全部吊至二楼并就位。

二、吊装对象说明

吊装对象说明见表 5-1-3。

表 5-1-3　吊装对象说明

名　　　称	数量/台	尺寸（长×宽×高）/（mm×mm×mm）	质量/t
锅炉	3	5210×2780×2810	13
冰水机	4	5283×2845×3077	23.8
	1	5373×2845×3550	23.6
	1	5045×1984×2623	8.8

三、起重机选择

根据现场作业条件、设备质量、设备外形尺寸和设备上吊耳的位置，锅炉采用京城重工 QY55H 汽车起重机进行吊装，冰水机组采用 1 台 QY55H 汽车起重机和 1 台 QY25D 汽车起重机联合吊装。

四、吊装程序、方法

由于现场作业条件的限制，锅炉不能一次吊至楼面，需分两次脱钩吊装，即在吊机的主钩上挂一只 10t 手拉葫芦（见图 5-1-1），放在锅炉进楼的前端，锅炉的后端利用锅炉的吊耳挂好钢丝绳，钢丝绳规格为 6×37×D26（两道）。

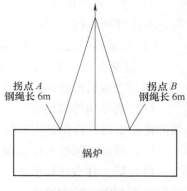

拐点 A
钢绳长 6m

拐点 B
钢绳长 6m

锅炉

图 5-1-1　吊装锅炉

1. 锅炉垂直吊装

利用专门工具调整锅炉中心质量，使锅炉保持平稳。将锅炉吊至楼层高度时缓慢松放，锅炉的前端进入楼层后，在锅炉前端的底部放上鞋底板，利用卷扬机作动力牵引锅炉缓慢松放，进行第一次脱钩。锅炉后端的钢丝绳仍连接着锅炉，慢慢跟着锅炉进入楼层。锅炉后端完全进入楼层后，在锅炉后端的底部也放上底板，进行第二次脱钩。垂直吊装完成后，将进行锅炉的水平移位。

2. 锅炉水平移位

在锅炉底部放四只底板，每只底板分布9个滑轮，单只受力8t。用1t卷扬机作动力，穿三道钢丝绳，将锅炉移到旁边。

3. 锅炉就位安装

用专用工具提高设备高度，放上道木，使之与基础高度一致。

4. 锅炉吊装受力分析

由锅炉受力分析（图5-1-2）可知：

（1）水平方向

$$F_1 \sin\alpha = F_2 \sin\beta$$

其中 $\alpha = 15°$、$\beta = 15°$。

（2）垂直方向

$$F = G = F_1 \cos\alpha + F_2 \cos\beta$$

其中锅炉重 $G = 130000\text{N}$，代入公式得

$$F_1 = F_2 = 67293\text{N}$$

取安全系数为5.0，得钢丝绳最大载荷为336465N。

查有关资料后，选用钢丝绳规格为 $6 \times 37 \times D26$，钢丝直径为1.2mm，公称抗拉强度为 1700N/mm^2，破断拉力为426500N。

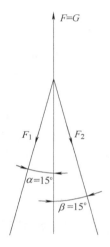

图 5-1-2　锅炉受力分析

五、并机吊装工艺流程

1. 并机

采用一台 QY55H 汽车起重机和一台 QY25D 汽车起重机联合吊装，吊装采用4根长8m、直径为26mm的两道钢丝绳（见图5-1-3）。

2. 并机垂直吊装

并机到达楼层高度准备进入楼层时，用两只10t的手拉葫芦固定在二层顶部的大梁上，手拉葫芦的挂钩与并机前端的两个吊耳处连接。手拉葫芦收紧的同时，在并机前端的底部放上垫板，并机前端的吊车慢慢松放，并机后端的吊车随并机运动的方向慢慢跟进，利用卷扬机作动力牵引并机，然后将并机前端的吊钩松掉。随着卷扬机的牵引，并机后端的吊车也随之跟进。当整个并机进入楼层

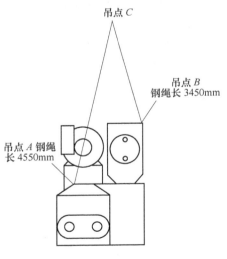

图 5-1-3　并机吊装

时，在并机后端的底部也放上垫板，同时并机后端的吊车进行脱钩。

3. 并机水平移位和就位安装

并机水平移位和就位安装的方法和锅炉吊装相同。

4. 并机吊装受力分析

由并机吊装受力分析（图5-1-4）可知：

（1）水平方向

$$F_1 \sin\alpha = F_2 \sin\beta$$

其中 $\alpha = 8°$、$\beta = 11°$。

（2）垂直方向

$$F = G/2 = F_1 \cos\alpha + F_2 \cos\beta$$

其中 $G = 238000\text{N}$，代入公式得

$$F_1 = 69738\text{N}、F_2 = 50876\text{N}$$

取安全系数为5，得到钢丝绳最大载荷为348690N。

查有关资料后，选用钢丝绳规格为 $6 \times 37 \times D26$，钢丝直径为1.2mm，公称抗拉强度为170N/mm²，破断拉力为426500N。

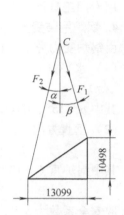

图 5-1-4　并机吊装受力分析

六、安装技术措施

1）成立由业主、总包单位、施工单位组成的领导小组，负责准备阶段、吊装过程的施工技术和安全措施。吊装方案必须经过审批。

2）坚持"十不吊"原则，施工人员做到持证上岗。

3）吊装时，采用立体吊装即无线指挥结合手势，使作业人员明白信号内容。

4）吊装前设立警戒线和安全危险标志，严禁闲杂人员进入吊装区域，并安排专人管理。

5）做好吊装前的安全教育，必要时施工人员由甲方进行教育。

6）吊装前，认真检查吊具是否符合要求，发现问题及时处理。

第二章

汽车起重机事故典型案例

第一节　汽车起重机吊臂焊缝撕裂事故

一、事故概况

1）事故发生时间：1986 年 10 月。

2）事故发生单位：某市一建公司。

3）起重机设备类型：汽车起重机。

4）作业地点：吊钢屋架。

5）事故类型：吊臂开裂。

6）事故危害程度：1 人死亡。

二、事故过程简介

1986 年 10 月，某市一建公司用 16t 汽车起重机吊钢屋架（1.7t），吊起距地面 30cm 时，吊臂底座两侧钢板焊缝全部撕裂，吊臂下落砸人致死。

三、事故原因

1）直接原因：吊臂底座两侧钢板焊缝焊接质量不合格。

2）间接原因：制造过程中检验存在漏洞，未进行认真检测。

3）主要原因：吊臂底座两侧钢板焊缝焊接质量不合格，制造过程中未进行认真检测。

四、事故结论

1）制造单位在制造过程中未认真检测吊臂焊接质量，使不合格产品出厂，留下事故隐患。

2）吊臂底座两侧钢板焊缝焊接质量不合格，吊装作业时焊缝全部撕裂造成事故。

五、事故预防措施

1）加强制造过程监督检验，不合格设备不出厂。

2）投入使用前一定要认真进行性能试验。

第二节　两台汽车起重机吊装主梁坠落

一、事故概况

1）事故发生时间：2006 年年底。

2）事故发生单位：某起重机有限公司。

3）起重设备类型：汽车起重机。

4）作业特点：两台汽车起重机吊装桥式起重机主梁。

5）事故类型：钢丝绳断裂，主梁坠落。

6）事故危害程度：设备损坏。

二、事故过程简介

2006 年年底，某起重机有限公司为工业开发区的某模具有限公司制造了一台 10t 桥式起重机，并承担安装工作。由于起重机主梁安装到位需要汽车作业，就按照马路边的小广告找了两台汽车起重机进行吊装作业。当两台汽车起重机同时吊装起重机主梁时，绑扎主梁的钢丝绳突然断裂，致使主梁坠落至地面，造成主梁弯曲变形，所幸未造成人员伤亡。

三、事故原因

1）直接原因：吊装起重机主梁作业时钢丝绳捆绑错误，吊装指挥失误，造成吊装过程中钢丝绳突然断裂，主梁坠落地面。

2）间接原因：出租起重机单位无起重机吊装资质，驾驶员中有一人无证操作。

3）主要原因：出租起重机单位无起重机吊装资质，驾驶员无证操作；主梁捆绑错误，吊装指挥失误，造成吊装过程中钢丝绳突然断裂，被吊的起重机主梁坠落至地面。

四、事故结论

1）出租起重机单位无起重机吊装资质，驾驶员无证操作，埋下事故隐患。

2）吊装起重机主梁作业时钢丝绳捆绑错误，吊装指挥失误，造成吊装过程中钢丝绳突然断裂，主梁坠落至地面报废。

3）安装单位随意请无起重机吊装资质的单位进行吊装作业，增加了吊装作业的风险。

五、事故预防措施

1）严禁无起重机吊装资质的单位从事吊装业务，严禁无证操作。

2）不得雇用无起重机吊装资质的单位进行吊装作业。

3）加强对作业人员的安全技术培训。

第三节　汽车起重机倾斜吊物坠落事故

一、事故概况

1）事故发生时间：2006 年。

2）事故发生单位：某市工程机械有限公司。

3）起重设备类型：汽车起重机。

4）作业特点：吊装组合机床的平衡锤作业。

5）事故类型：吊物坠落。

6）事故危害程度：设备损坏，经济损失达 250 余万元。

二、事故过程简介

2006 年，某市工程机械有限公司机械加工车间为了提高机加工的技术含量，斥巨资购买了一台数控组合镗铣机床。事故当天他们使用一台租借来的 QY50K 汽车起重机吊装组合机床的平衡锤。作业过程中，汽车起重机突然发生向左后方的倾斜，使得平衡锤向组合机床的主柱砸去，进而发生了平衡锤的吊耳断裂，钢丝绳被拉断，平衡锤从 5m 左右的高空坠落在机床导轨上的事故，瞬间造成这台新安装的组合机床的主导轨报废。整个工程被迫延长 6 个月，直接经济损失达 250 余万元。

三、事故原因

1. 直接原因

超载 150%，力矩限制器又未能切断上升和幅度增大方向的动力源。起重机左后支腿的支撑道木不坚固，导致起重机整体向左后方倾斜，平衡锤坠落。

2. 间接原因

1）公司没有审核吊装单位的资质和能力，没有与吊装单位签订工作合同，没有提出吊装要求和施工工艺要求，就把重要的吊装工作交给无安装资质的单位进行吊装施工。

2）指挥人员在知道超载情况后，没有及时停止作业，抱着侥幸心理继续指挥吊装。

3）起重机驾驶员在看到负载显示器已显示实际吊装质量明显超载后，没有按操作规程的要求停止超载作业。

3. 主要原因

超载150%，力矩限制器失效；起重机左后支腿的支撑道木不坚固，导致起重机整体向左后方倾斜，平衡锤坠落砸坏了组合机床的导轨；无证非法施工，违章操作。

四、事故结论

1）事故单位在安排起重作业施工前，没有审核吊装单位的资质和能力，也未签订合同，由无吊装能力的单位进行吊装，埋下事故隐患。

2）安装单位在施工前未制订吊装施工方案；吊装过程中违章指挥，违章操作，在已超载150%，力矩限制器失效，而且指挥人员也知道超载的情况下，继续指挥吊装，造成事故。

3）驾驶员在看到负载显示器已显示实际吊装质量明显超载后，没有按操作规程的要求停止超载作业，盲从于现场指挥，未能避免事故发生。

4）起重机左后支腿的支撑道木不坚固，增大了起重机整体向左后方倾斜的危险性。

五、事故预防措施

1）吊装施工应由有安装资质的单位进行。

2）吊装大型设备时必须有施工方案，并应制订吊装工艺。严格按照吊装程序进行，并应有安全预防措施。

3）吊装作业单位应认真执行规章制度，严禁违章作业。

第四节　汽车起重机超载倾翻事故

一、事故概况

1）事故发生时间：2006年6月。

2）事故发生单位：某食品有限公司。

3）起重设备类型：汽车起重机。

4）作业特点：安装钢梁。

5）事故类型：整机倾翻。

6）事故危害程度：1人重伤。

二、事故过程简介

2006 年 6 月，某食品有限公司在建厂房工地发生事故：一辆 25t 汽车起重机的吊臂将工地脚手架砸塌，一名工人被砸成重伤。

厂区内的这个建筑工地上，当时汽车起重机正在起吊安装钢梁，在重达 3t 的钢梁刚刚吊起时，汽车起重机突然失去平衡，20 多米长的吊臂和钢梁一同砸落下来。起重机高高翘起，6 个液压固定支架中有 2 个连根断裂，一根重达 3t 的钢梁滑落在地。20 多米长的吊臂砸倒在一侧，约 $100m^2$ 的脚手架被砸塌。

三、事故原因

1）直接原因：驾驶员违反汽车起重机操作规定，吊臂伸长后的作业半径超过规定时仍继续作业。

2）间接原因：

① 汽车起重机的力矩限制器失效。

② 汽车起重机的支撑腿随意用道木支撑，在作业时道木失稳，起重机失去重心侧翻。

3）主要原因：驾驶员违章超载操作，汽车起重机的力矩限制器失效，汽车起重机的支撑道木失稳。

四、事故结论

1）驾驶员违反汽车起重机操作规定，吊臂伸长后作业半径超过规定范围时仍继续作业，造成事故。

2）汽车起重机的力矩限制器失效，未能防止超载侧翻事故发生。

3）汽车起重机的支撑道木失稳，加重危险程度。

五、事故预防措施

1）加强对驾驶员的安全教育，严禁违章操作。

2）保证安全装置处于完好状态。

第五节　汽车起重机吊拔电柱事故

一、事故概况

1）事故发生时间：1981 年 6 月。

2）事故发生单位：某市装卸公司。

3）起重设备类型：汽车起重机。

4）作业特点：吊拔电柱。

5）事故类型：电柱滑落。

6）事故危害程度：1人死亡。

二、事故过程简介

1981年6月，某市装卸公司用汽车起重机吊拔电柱，拔出后，由于电柱大头沉而失去平衡，小头在汽车起重机前方，挂钩工准备重新绑扎时，电柱滑落，打在其头部致死。

三、事故原因

1）直接原因：电柱拔出后失去平衡滑落。

2）间接原因：电柱的重心位置未计算准确；指挥失误，失去平衡后未加防护即去绑扎。

3）主要原因：吊装方案考虑不周，重心位置未计算准确；指挥失误，失去平衡后未加防护即去绑扎。

四、事故结论

1）施工单位吊装方案考虑不周，对吊拔电柱的危险性认识不足；电柱的重心位置未计算准确，电柱拔出后失去平衡而发生滑落事故。

2）指挥失误，失去平衡后未加防护即去绑扎造成砸人事故。

五、事故预防措施

1）严密制订吊装方案，对不规则的物体应准确计算重心位置。

2）出现故障后，必须先放下吊物再处理故障。此类事故较多。

3）提高现场指挥的技术水平。

第六节　汽车起重机臂杆触电事故

一、事故概况

1）事故发生时间：1988年5月。

2）事故发生单位：某机电安装公司。

3）起重设备类型：汽车起重机。

4）作业特点：吊装变压器。

5）事故类型：臂杆触电。

6）事故危害程度：1人死亡，4人受伤。

二、事故过程简介

1988 年 5 月，某机电安装公司用一台 8t 汽车起重机吊装变压器。将变压器卸去后，在吊杆恢复稳定过程中，吊杆顶端碰在变压器室前 8.6m 高的一根 10kV 高压线上，造成 5 人触电，其中 1 人死亡，4 人受伤。

三、事故原因

1）直接原因：施工位置离高压线太近，且无专人指挥。

2）间接原因：超载作业，在该工况下的安全工作负荷应为 1.2t，而变压器重 2.39t，超载近 100%，造成吊装过程中吊杆前倾低于高压线，卸载后吊杆恢复性抬高而触碰高压线。

3）主要原因：施工位置离高压线太近，且无专人指挥；超载作业，卸载后吊杆恢复性抬高而触碰高压线。

四、事故结论

1）事故单位作业现场管理混乱，未安排专人指挥，埋下事故隐患。

2）起重机驾驶员停车位置离高压线太近，且未采取安全防护措施。

3）超载作业，卸载后吊杆恢复性抬高而触碰高压线，造成触电事故。

五、事故预防措施

1）保证设备与高压线间的安全距离或采取安全保护措施。

2）现场考察，制订吊装方案，规定安全操作方法。

3）现场专人指挥。

附　录　工程起重机操作工职业标准

（本工程起重机操作工职业标准参照国家有关职业标准编写）

一、职业概况

1. 职业名称

工程起重机操作工。

2. 职业定义

使用工程起重机或指挥工程起重机，将重物吊、移至指定位置的人员。

3. 职业等级

本职业共设四个等级，分别为：初级（国家职业资格五级）、中级（国家职业资格四级）、高级（国家职业资格三级）、技师（国家职业资格二级）。

4. 职业环境

室内、室外、常温。

5. 职业能力特征

见表 A-1 ~ 表 A-4。

6. 基本文化程度

初中毕业。

7. 培训要求

（1）培训期限　全日制职业学校教育，根据其培养目标和教学计划确定。晋级培训期限：初级不少于 240 标准学时；中级不少于 200 标准学时；高级不少于 180 标准学时；技师不少于 120 标准学时。

（2）培训教师　培训初、中级的教师应具有本职业高级及以上职业资格证书；培训高级的教师应具有本职业技师职业资格证书或相关专业中级及以上专业技术职务任职资格；培训技师的教师应具有本职业技师职业资格证书 4 年以上或相关专业技术职务任职资格。

（3）培训场地　理论培训场地应为标准教室。实际操作培训场地应为具有工程起重机械的施工现场。

8. 鉴定要求

（1）适用对象　从事或准备从事本职业的人员。

（2）申报条件

1）初级（具备以下条件之一者）：

① 经本职业初级正规培训达规定标准学时数，并取得结业证书。

② 在本职业连续见习工作 2 年以上。

③ 本职业学徒期满。

2）中级（具备以下条件之一者）：

① 取得本职业初级职业资格证书后，连续从事本职业工作 3 年以上，经本职业中级正规培训达规定标准学时数，并取得结业证书。

② 取得本职业初级职业资格证书后，连续从事本职业工作 4 年以上。

③ 连续从事本职业工作 6 年以上。

④ 取得经劳动保障行政部门审核认定的、以中级技能为培养目标的中等以上职业学校本职业（专业）毕业证书。

3）高级（具备以下条件之一者）：

① 取得本职业中级职业资格证书后，连续从事本职业工作 4 年以上，经本职业高级正规培训达规定标准学时数，并取得结业证书。

② 取得本职业中级职业资格证书后，连续从事本职业工作 6 年以上。

③ 取得高级技工学校或经劳动保障行政部门审核认定的、以高级技能为培养目标的高等职业学校本职业（专业）毕业证书。

④ 取得本职业中级职业资格证书的大专以上本专业或相关专业毕业生，连续从事本职业工作 3 年以上。

4）技师（具备以下条件之一者）：

① 取得本职业高级职业资格证书后，连续从事本职业工作 5 年以上，经本职业技师正规培训达规定标准学时数，并取得结业证书。

② 取得本职业高级职业资格证书后，连续从事本职业工作 8 年以上。

③ 取得本职业高级职业资格证书的高级技工学校本职业（专业）毕业生，连续从事本职业工作满 4 年。

（3）鉴定方式　分为理论知识考试和技能操作考核。理论知识考试采用闭卷笔试方式技能操作考核采用现场实际操作方式。理论知识考试和技能操作考核均实行百分制，成绩皆达 60 分及以上者为合格。技师还须进行综合评审。

（4）考评人员与考生配比　理论知识考试考评人员与考生配比为 1：20，每个标准教室不少于 2 名考评人员；技能操作考核考评员与考生配比为 1：5，且不少于 3 名考评员；综合评审委员不少于 5 人。

（5）鉴定时间　各等级理论知识考试时间为 120 分钟；各等级技能操作考核时间为 120～180 分钟；综合评审时间不少于 30 分钟。

（6）鉴定场所设备　理论知识考试在标准教室进行。技能操作考核在具有满足技能操作鉴定场所需要的工地或场地进行，配备有起重操作的各种吊具、工具、吊件等。

二、基本要求

1. 职业道德

职业道德基本知识：

（1）职业守则

1）爱岗敬业，忠于职守，遵章守纪，精心作业。

2）团结互助，安全第一，文明施工，保护环境。

3）刻苦学习，提高技能，勤俭节约，爱护设备。

（2）基础知识

1）识图知识：

① 识图基本知识。

② 机械零件图一般知识。

③ 工程起重机安装图知识。

2）数学基础知识：

① 面积和体积的计算。

② 应用几何知识。

③ 应用三角知识。

3）物理基础知识：

① 质量和重心的计算。

② 力的基本概念。

③ 摩擦与惯性。

4）材料的基本知识：

① 钢材的基本知识。

② 材料的力学性能。

5）电气、机械基本知识：

① 电工学基本知识。

② 机械基本知识。

6）现场安全知识：

① 工程起重机安全操作规范。

② 安全用电常识和触电急救方法。

③ 消防基本知识。

④ 紧急救护知识。

7）相关法律、法规知识：

① 劳动法的相关知识。

② 建筑法的相关知识。

三、工作要求

本标准对初级、中级、高级和技师的技能要求依次递进，高级别涵盖低级别的要求（见表1～表4）。

表1　初级

职业功能	工作内容	技能要求	相关知识
1. 施工前的准备	（1）了解图样等技术资料	1）能看懂一般构件图和设备安装平面图 2）能了解施工现场电源、水源及材料设备库的位置	1）构件图、平面图基本知识 2）施工现场平面布置的基本要求
	（2）一般起重索具、工具的准备	1）能正确使用和保养钢丝绳 2）能按要求准备一般起重工具	1）钢丝绳的结构知识 2）起重工具的种类和性能
	（3）工程起重机的准备	能按作业幅度和质量要求准备起重机	起重机构工作原理
2. 使用起重机吊运物件	（1）常用索具、工具的使用	1）能正确使用钢丝绳 2）能正确使用钢丝绳卡 3）能正确使用卡环 4）使正确使用吊环与吊钩	1）吊装绳索的简单受力计算 2）钢丝绳卡的计算知识 3）卡环的构造及允许荷重的估算 4）吊环与吊钩的构造及允许荷重的估算
	（2）起重机的操作	能正确操作起重机	工程起重机的类型、结构、使用和保养方法
	（3）设备的吊装	1）能正确确定简单吊件的重心 2）能完成一般小型设备的吊装作业 3）能完成小型储罐的组装、吊装作业	1）找吊件重心的知识 2）小型设备吊装方法
3. 配合吊车吊装物件	（1）设备的吊装	1）能正确绑扎一般设备 2）能正确配合吊车驾驶人吊装小型设备	1）起重机的种类和性能 2）设备的绑扎方法和要求 3）指挥信号的知识
	（2）构件的吊装	1）能准确选定构件的吊点 2）能正确绑扎构件 3）能准确吊装就位	1）构件的知识和选定吊点的方法 2）绑扎构件的方法和要求 3）吊装方法
4. 物件的装卸和运输	（1）物件的装卸	1）能正确配合完成设备构件的装车作业 2）能正确配合完成设备构件的卸车作业	1）装车的一般知识和要求 2）卸车的一般知识和要求
	（2）物件的运输	能正确配合完成设备、构件的运输工作	设备运输的种类和安全要求

表2 中级

职业功能	工作内容	技能要求	相关知识
1. 施工前的准备	（1）了解图样等技术资料	1）能看懂较复杂的设备安装图 2）能领会吊装方案	较复杂设备安装
	（2）起重机的准备	能按要求准备并维护工程起重机	起重机性能和故障排除方法
2. 使用起重机吊运物件	（1）设备的水平运输	1）能指挥50t以下设备、构件的整体水平运输作业 2）能指挥25t以下设备及异形件翻身作业	1）水平运输的方法及要求 2）设备翻身的方法及受力情况 3）设备翻身工作的注意事项
	（2）设备的吊装	1）能完成10m以下多种钢管桅杆的立、拆和移动作业 2）能指挥50t桥式起重机的吊装作业 3）能指挥75t/h锅炉的吊装作业 4）能指挥中型塔类容器的整体吊装作业	1）多种钢管桅杆的结构和立、拆方法 2）50t桥式起重机的吊装方法 3）75t/h锅炉的吊装方法 4）中型塔类容器的吊装方法
3. 配合吊车装物件	（1）设备的吊装	1）能正确选择工程起重机 2）能组织中型气柜的吊装作业 3）能指挥中型容器、设备的整体吊装作业	1）起重机的类型、性能和选择方法 2）中型气柜的组装和吊装方法 3）中型容器、设备的整体吊装方法
	（2）构件的吊装	1）能指挥10m以下立柱的吊装 2）能指挥16m以下跨距层架的吊装 3）能指挥混凝土层面板的吊装	1）立柱的吊装方法 2）层架的吊装方法 3）混凝土层面板的吊装方法及注意事项
4. 物件的装卸和运输	（1）物件装卸	能指挥50t以下的设备和构件整体装车和卸车作业	50t以下物件的装卸车方法及注意事项
	（2）物件的运输	能指挥50t以下的设备和构件整体运输作业	50t以下物件的运输方法及注意事项

表3 高级

职业功能	工作内容	技能要求	相关知识
1. 施工前的准备	（1）了解图样等技术资料	1）能看懂大型工程项目施工现场总平面布置图和设备布置图 2）能绘制一般设备和结构的吊装图 3）能了解相关工种的工艺要求	1）施工现场总平面图、设备布置图的识读方法 2）绘制一般设备吊装图的方法 3）钳工、铆工、管工、焊工的一般工艺知识
	（2）参加制订吊装方案	1）能参加制订大型设备、构件的吊装方案 2）能提出利用建（构）筑物进行吊装的方案	1）大型设备、构件吊装方案的编制内容和制订方法 2）利用建（构）筑物件吊装的方法

（续）

职业功能	工作内容	技能要求	相关知识
1. 施工前的准备	（3）检查起重机和索具	1）能检查和维护工程起重机 2）能检查起重索具的磨损程度，并鉴别其安全性能	1）各种起重机的检查和维护方法及要求 2）起重索具磨损程度的检查和鉴别方法
2. 使用起重机具吊运物件	（1）大型设备的水平运输	1）能指挥100t以下大型设备的水平运输作业 2）能设备6t以下的缆索起重机	1）大型特殊设备的水平运输方法 2）缆索起重机的计算知识
	（2）大型设备的吊装	1）能组织高50m以下，起重量100t以下的单柱桅杆和桅杆式起重机的竖立与拆除工作 2）能组织100t下桥式吊车的吊装工作 3）能组织机床、锻压、发电等重型机械设备的吊装工作 4）能组织大型塔类容器的吊装工作 5）能组织100m以下回转窑的吊装工作	1）格构式桅杆的立、拆知识 2）桅杆起重机的受力分析和计算知识 3）大型桥式吊车的吊装方法 4）重型机械设备的吊装方法 5）大型塔类容器的吊装方法 6）大型回转窑的吊装方法
	（3）大型结构的吊装	1）能组织大型网架结构的整体吊装工作 2）能组织大型塔类结构的竖立工作	1）大型网架结构的整体吊装方法 2）大型塔类结构的竖立方法
3. 配合吊车吊装物件	（1）大型设备的吊装	1）能组织大型塔式起重机的立、拆工作 2）能组织大型锅炉组合件的吊装工作 3）能组织特殊条件和特殊环境下的吊装工作 4）能指挥多台起重机协同吊装作业	1）大型塔式起重机的结构与立、拆方法 2）大型锅炉结构与组合件的吊装工艺 3）在特殊条件和特殊环境下的吊装作业知识 4）多台起重机协同吊装的方法和基本计算方法 5）多台起重机协同吊装的注意事项
	（2）大型构件的吊装	1）能组织多台起重机抬吊大型网架 2）能组织大型锅炉钢结构的吊装工作	1）多台起重机抬吊大型网架的方法及注意事项 2）大型锅炉钢结构的吊装程序及施工方法
4. 物件的装卸和运输	（1）物件的装卸	1）能组织100t以下设备和构件的装车和卸车工作 2）能组织有毒、易燃、易爆、易碎等特殊物品的装车和卸车工作	1）大型设备和构件装卸车的要求和方法 2）特殊物品装卸车的要求和方法
	（2）物件的运输	1）能组织100t以下设备和构件的运输工作 2）能组织特殊物品的运输工作	1）大型设备和构件的运输要求和方法 2）特殊物品的运输要求和方法

（续）

职业功能	工作内容	技能要求	相关知识
5. 生产管理	（1）班组管理	1）能进行经济核算，并组织完成班组各项经济技术指标 2）能制订班组作业计划，并做出总结	1）班组管理的基本知识 2）成本分析核算的有关知识 3）质量管理的有关知识
	（2）安全管理	1）能组织班组开展安全教育活动 2）能在施工中贯彻执行各项安全技术规程 3）能及时发现施工中存在的安全隐患，并提出改进措施	1）安全教育活动内容及方法 2）安全技术规程的知识
6. 指导培训	技术培训	1）能对初、中级工进行技能培训和考核 2）能传授起重作业中判断问题和处理问题的技艺	培训和考核的基本要求和方法

表 4　技师

职业功能	工作内容	技能要求	相关知识
1. 施工前的准备	（1）了解图样等技术资料	1）能编制施工组织设计中有关本职业的内容 2）能绘制较复杂的设备和结构吊装图 3）能审核本职业施工项目的施工方案和安全措施	1）施工组织设计的知识 2）网络计划编制知识
	（2）参与大型工程项目施工准备	1）能提出大型工程项目所用工程起重机的类型 2）能对所用工机具进行全面的安全性检查 3）能提出施工项目的工、料预算 4）能对施工准备工作进行检查，并能提出改进措施	1）编制工程起重机计划的方法 2）施工组织要求 3）工、料预算的内容
2. 吊装特殊物件	特大型设备和结构的吊装	1）能组织高 50m 以上，起重量100t 以上的单柱桅杆和桅杆式起重机的竖立与拆除工作 2）能组织特大型设备的吊装工程 3）能组织特大型组织的吊装工程 4）能全面组织、指导大型工程的起重工作	1）大型桅杆式起重机立、拆知识 2）特大型设备吊装工程知识 3）特大型结构吊装工程知识
3. 组织管理	技术管理	1）能制订本职业技术管理计划和撰写工作总结 2）能参与起重技术方案和重要措施的审定 3）能参与新工程投标中技术标书的编制和施工组织设计的编制	1）应用文写作知识 2）技术管理基本知识 3）ISO 9000 系列标准知识 4）工程投标知识
4. 指导培训	技术培训	1）能对低级别起重工进行培训和考核 2）能进行特殊结构的起重技术的培训 3）能进行特殊环境条件下起重作业技术的培训	1）特殊结构的起重技术 2）特殊环境下的起重作业方法

四、知识比重

知识比重见表5与表6。

表5　理论知识

项　　目		初级（%）	中级（%）	高级（%）	技师（%）
基本要求	职业道德	8	5	5	3
	基础知识	20	15	10	5
相关知识	施工前的准备	了解图样等技术资料	8	6	4	4
		一般起重索具、工具的准备	5			
		工程起重机的准备	5	4		
		检查起重机具和索具			4	
		参与大型工程项目施工准备				8
		参加制订吊装方案			4	
	使用起重机具吊运用物件	常用索具、工具的使用	5			
		设备的水平运输	5	10		
		设备的吊装	12	14		
		大型设备的水平运输			7	
		大型设备的吊装			11	
		大型结构的吊装			8	
	配合吊车吊装物件	设备的吊装	8	13		
		构件的吊装	8	13		
		大型设备的吊装			8	
		大型构件的吊装			8	
	物件的装卸和运输	物件的装卸	8	10	7	
		物件的运输	8	10	7	
	吊装特殊物件	特大型设备的结构和吊装				35
	生产管理	班组管理			5	
		安全管理			5	
	指导培训	技术管理				25
		技术培训			7	20
合计		100	100	100	100

表6　技能操作

项　目			初级（％）	中级（％）	高级（％）	技师（％）
技能要求	施工前的准备	了解图样等技术资料	10	8	4	4
		一般起重索具、工具的准备	5			
		起重机具的准备	5	5		
		检查起重机具和索具			2	
		参与大型工程项目施工准备				6
		参加制订吊装方案			5	
	使用起重机具吊运用物件	常用索具、工具的使用	5			
		常用机具的操作	5			
		常用起重操作	5			
		设备的水平运输	10	14	9	
		设备的吊装	10	20	13	
		结构的吊装			8	
	配合吊车吊装物件	设备的吊装	12	16	10	
		构件的吊装	12	14	8	
	物件的装卸和运输	物件的装卸	12	12	10	
		物件的运输	9	11	9	
	吊装特殊物件	特大型设备和结构的吊装				40
	生产管理	班组管理			8	
		安全管理			7	
	组织管理	技术管理				25
	指导培训	技术培训			7	25
合计			100	100	100	100

参 考 文 献

[1] 张质文. 起重机设计手册 [M]. 北京：中国铁道出版社，1998.

[2] 张青，张瑞军. 工程起重机结构与设计 [M]. 北京：化学工业出版社，2008.

[3] 吉林大学汽车工程系. 汽车构造 [M]. 北京：人民交通出版社，2005.

参考文献